普通高等学校"十二五"规划教材
卓越工程师教育培养计划配套教材

互换性与测量技术基础

第2版

主 编 柴 畅
副主编 吴仲伟 周 丹
参 编 郑盛新 常伟杰 潘晓蕙

中国科学技术大学出版社

内 容 简 介

"互换性与测量技术基础"课程是高等工科院校机械类和近机类各专业的一门重要技术基础课,从课程体系看,它是联系机械设计和机械制造类课程的纽带,是从基础课教学过渡到专业课教学的桥梁。本课程旨在让学生初步掌握机械及其零部件的几何量精度设计,正确理解设计图纸上的精度要求,合理设计产品质量检验方案和进行测量结果的数据处理。

本书可作为高等工科院校机械类和近机类专业"互换性与测量技术基础"课程的教材,也可供生产企业和计量检验机构的专业人员参考使用。

图书在版编目(CIP)数据

互换性与测量技术基础/柴畅主编. —2 版. —合肥:中国科学技术大学出版社,2016.8
ISBN 978-7-312-04058-0

Ⅰ. 互⋯　Ⅱ. 柴⋯　Ⅲ. ① 零部件—互换性 ② 零部件—测量技术　Ⅳ. TG801

中国版本图书馆 CIP 数据核字(2016)第 203935 号

出版	中国科学技术大学出版社
	安徽省合肥市金寨路 96 号,邮编:230026
	网址:http://press.ustc.edu.cn
印刷	合肥市宏基印刷有限公司
发行	中国科学技术大学出版社
经销	全国新华书店
开本	787 mm×1092 mm　1/16
印张	18
字数	461 千
版次	2014 年 8 月第 1 版　2016 年 8 月第 2 版
印次	2016 年 8 月第 2 次印刷
定价	29.00 元

第 2 版前言

"互换性与测量技术基础"课程是高等工科院校机械类和近机类各专业的一门重要技术基础课,从课程体系看,它是联系机械设计和机械制造类课程的纽带,是从基础课教学过渡到专业课教学的桥梁。通过本课程的学习,旨在让学生初步掌握机械及其零部件的几何量精度设计,正确理解设计图纸上的精度要求,合理设计产品质量检验方案和进行测量结果的数据处理。本书将"机械设计基础"课程中的减速器设计作为主要实例,分析其几何量精度设计,加深学生对几何零件公差的理解,强化培养学生的工程能力和创新能力。

本书可作为高等工科院校机械类和近机类专业"互换性与测量技术基础"课程教材,也可供生产企业和计量检验机构的专业人员参考使用。

经过两年的教学实践,编者决定出版《互换性与测量技术基础》第 2 版。本书对第 1 版的部分内容做了更新,在编排上做了改进,修改了书中有关文字、图表和图样标注中的错误和遗漏。

本书以几何量精度设计与检测为主线,遵循"加强基础、精选内容、调整体系、重在应用"的编写原则,依据全国高校本课程的教学基本要求,采用我国最新的国家标准,阐述了本学科的基本理论和基本知识。全书分为 3 个部分:第 1 部分为几何量精度设计基础,包括绪论、尺寸精度、几何精度和表面粗糙度轮廓,构成了较为完整的几何量精度基础体系。第 2 部分为典型零件几何量精度设计,内容包括滚动轴承、键和花键、圆柱螺纹、渐开线圆柱齿轮等,这部分不仅是几何量精度设计内容的贯彻应用,还揭示了典型零件的特殊性。第 3 部分为几何量精度综合设计与检测,内容包括几何量精度综合设计与综合实验、孔及轴尺寸的检测、几何误差的检测和表面粗糙度轮廓的检测等,这部分讲述了几何量精度检测的基本知识和基本方法,介绍了常用的几何量测量仪器原理与测量方法及数据处理,可作为实验指导书使用。在每章的结尾附有习题,为相关知识点的巩固提供支持。

本书的编者是合肥工业大学长期教授"互换性与测量技术基础"课程的骨干教师,由柴畅担任主编,吴仲伟和周丹担任副主编。全书共分 11 章,其中第 1 章、第 2 章和第 5 章由柴畅编写,第 3 章和第 9 章由吴仲伟编写,第 4 章、第 6 章、第 7 章和第 8 章由周丹编写,第 10 章由周丹、郑盛新和常伟杰编写,第 11 章由吴仲伟、周丹和潘晓蕙编写。

由于编者水平有限,书中难免存在不足之处和错误,欢迎读者批评指正。

编 者
2016 年 6 月 8 日

第1版前言

"互换性与测量技术基础"课程是高等工科院校机械类和近机类各专业的一门重要的技术基础课,从课程体系看,它是联系机械设计和机械制造类课程的纽带,是从基础课教学过渡到专业课教学的桥梁。通过本课程的学习,旨在让学生初步掌握机械及其零部件的几何量精度设计,正确理解设计图纸上的精度要求,合理设计产品质量检验方案和进行测量结果的数据处理。

本书可作为高等工科院校机械、电子和仪器仪表等专业"互换性与测量技术基础"课程教材,也可供生产企业和计量检验机构的专业人员参考使用。

目前我国部分高校落实了教育部"卓越工程师培养计划",以培养造就一批高质量各类型的工程技术人才,但是尚缺乏相应专业教材。本书适应这一形势,结合"机械设计基础"课程中的减速器设计,将其作为主要实例,分析其几何量精度设计,以加强理论与实际相结合的效果,加深学生对几何零件公差的理解,强化培养学生的工程能力和创新能力。

本书以几何量精度设计与检测为主线,遵循"加强基础、精选内容、调整体系、重在应用"的编写原则,依据全国高校本课程的教学基本要求,采用我国最新的国家标准,阐述了本学科的基本理论和基本知识。全书分为三个部分:第1部分为几何量精度设计基础,内容包括绪论、尺寸精度、几何精度和表面粗糙度轮廓,构成了较为完整的几何量精度基础体系;第2部分为典型零件几何量精度设计,包括滚动轴承、键和花键、圆柱螺纹、渐开线圆柱齿轮等,不仅是几何量精度设计内容的贯彻应用,而且还揭示了典型零件的特殊性;第3部分为几何量精度综合设计与检测,内容包括几何量精度综合设计与综合实验及几何量精度的检测,这部分讲述了几何量精度检测的基本知识和基本方法,介绍了常用的几何量测量仪器原理与测量方法及数据处理,可作为实验指导书使用。

本书由合肥工业大学柴畅担任主编,吴仲伟和周丹担任副主编。全书共分11章,其中第1章、第2章和第5章由柴畅编写,第3章和第9章由吴仲伟编写,第4章、第6章、第7章和第8章由周丹编写,第10章由周丹、郑盛新和常伟杰编写,第11章由吴仲伟、周丹和潘晓蕙编写。

由于编者水平有限,书中难免存在错误和不足之处,欢迎读者批评指正。

编 者
2014 年 5 月 16 日

目 录

第 2 版前言 ·· i

第 1 版前言 ·· iii

第 1 部分　几何量精度设计基础

第 1 章　绪论 ·· 3

1.1　课程简介和任务 ·· 3
1.1.1　课程简介 ·· 3
1.1.2　课程的任务 ·· 4

1.2　互换性的概念和作用 ·· 4
1.2.1　互换性的概念 ··· 4
1.2.2　互换性的作用 ··· 5
1.2.3　互换性的种类 ··· 6

1.3　公差与检测 ·· 7
1.3.1　公差 ·· 7
1.3.2　检测 ·· 7

1.4　标准化与优先数系 ·· 8
1.4.1　标准与标准化的概念 ··· 8
1.4.2　标准的分类和代号 ··· 8
1.4.3　优先数系和优先数 ··· 10

1.5　几何量测量的基本知识 ·· 13
1.5.1　有关测量的基本概念 ··· 13
1.5.2　长度值的传递及量块 ··· 14
1.5.3　测量方法与计量器具的分类 ··· 18
1.5.4　计量器具的技术性能指标 ··· 19

习题 1 ·· 20

第 2 章　孔、轴极限与配合及其尺寸检测 ·· 22

2.1　基本术语及其定义 ·· 22
2.1.1　几何要素的术语及定义 ··· 22
2.1.2　有关孔和轴的定义 ··· 24

2.1.3	有关尺寸的术语及定义	24
2.1.4	有关偏差和公差的术语及定义	26
2.1.5	有关配合的术语及定义	29

2.2 常用尺寸孔、轴《极限与配合》国家标准的构成 ... 33
    2.2.1 孔、轴标准公差系列 ... 33
    2.2.2 孔、轴基本偏差系列 ... 37
    2.2.3 孔、轴公差与配合在图样上的标注 ... 48
    2.2.4 孔、轴常用公差带和优先、常用配合 ... 49

2.3 常用尺寸孔、轴结合的精度设计 ... 54
    2.3.1 孔轴结合的应用场合和选择原则及方法 ... 54
    2.3.2 配合制的选用 ... 55
    2.3.3 标准公差等级的选择 ... 57
    2.3.4 配合种类的选择 ... 59

2.4 未注公差线性尺寸的一般公差 ... 68

2.5 尺寸的检测 ... 69
    2.5.1 用通用计量器具测量 ... 70
    2.5.2 用光滑极限量规检验 ... 76

习题 2 ... 82

第 3 章 几何公差 ... 84

3.1 概述 ... 84
    3.1.1 几何误差对零件使用性能的影响 ... 84
    3.1.2 几何公差的研究对象 ... 85
    3.1.3 几何公差的特征项目、符号及其分类 ... 86
    3.1.4 几何公差带 ... 87

3.2 几何公差在图样上的标注方法 ... 89
    3.2.1 几何公差代号 ... 89
    3.2.2 被测要素的表示方法及标注 ... 90
    3.2.3 基准要素的标注 ... 91
    3.2.4 几何公差的简化标注 ... 92

3.3 几何公差带 ... 93
    3.3.1 形状公差带 ... 94
    3.3.2 基准 ... 95
    3.3.3 轮廓度公差带 ... 96
    3.3.4 方向公差带 ... 98
    3.3.5 位置公差带 ... 103
    3.3.6 跳动公差带 ... 107

3.4 公差原则 ... 110

3.4.1　公差原则的基本术语及定义 ·· 110
　　3.4.2　独立原则 ··· 113
　　3.4.3　包容要求 ··· 114
　　3.4.4　最大实体要求 ·· 115
　　3.4.5　最小实体要求 ·· 119
　　3.4.6　可逆要求 ··· 122
3.5　几何公差的选择 ·· 123
　　3.5.1　公差项目的选择 ·· 123
　　3.5.2　基准要素的选择 ·· 124
　　3.5.3　公差原则的选择 ·· 124
　　3.5.4　几何公差值的选择 ··· 124
习题 3 ·· 127

第 4 章　表面粗糙度轮廓及其评定 ··· 131
4.1　概述 ·· 131
　　4.1.1　表面粗糙度轮廓的基本概念 ··· 131
　　4.1.2　表面粗糙度轮廓对零件使用性能的影响 ································· 132
4.2　表面粗糙度轮廓的评定 ··· 132
　　4.2.1　基本术语 ·· 132
　　4.2.2　评定参数 ·· 135
4.3　表面粗糙度轮廓的评定参数及其参数值的选用 ···························· 137
　　4.3.1　评定参数的选用 ·· 137
　　4.3.2　评定参数允许值的选择 ·· 138
4.4　表面粗糙度轮廓技术要求在零件图上的标注 ······························ 140
　　4.4.1　表面粗糙度轮廓的图形符号 ··· 141
　　4.4.2　表面粗糙度轮廓技术要求的标注 ··· 141
　　4.4.3　表面粗糙度轮廓要求在图样和其他技术产品文件中的标注方法 ······ 145
习题 4 ·· 146

第 2 部分　典型零件几何量精度设计

第 5 章　滚动轴承与孔、轴配合的精度设计 ······································· 151
5.1　滚动轴承的互换性和公差等级 ·· 152
　　5.1.1　滚动轴承的互换性 ··· 152
　　5.1.2　滚动轴承的使用要求 ··· 152
　　5.1.3　滚动轴承的公差等级及其应用 ·· 152
5.2　滚动轴承及与其相配合轴颈、外壳孔的公差带 ···························· 153
　　5.2.1　滚动轴承内、外径公差带的特点 ··· 153

  5.2.2 与滚动轴承配合的轴颈、外壳孔公差带 ································ 154
 5.3 滚动轴承与轴颈、外壳孔配合的精度设计 ································ 156
  5.3.1 配合选用的依据 ·· 156
  5.3.2 轴颈、外壳孔公差带的选用 ·· 158
  5.3.3 轴颈和外壳孔的几何公差与表面粗糙度轮廓幅度参数值的确定 ········ 160
  5.3.4 滚动轴承与孔、轴配合的精度设计举例 ································ 161
 习题 5 ·· 162

第 6 章 平键、矩形花键联结的公差与配合 ·· 163
 6.1 概述 ·· 163
 6.2 普通平键联结的公差与配合 ·· 164
  6.2.1 普通平键联结的几何参数 ·· 164
  6.2.2 普通平键联结的精度设计 ·· 164
  6.2.3 普通平键键槽尺寸和公差在图样上的标注 ································ 166
 6.3 矩形花键联结的公差与配合 ·· 167
  6.3.1 矩形花键的几何参数和定心方式 ·· 167
  6.3.2 矩形花键联结的精度设计 ·· 169
  6.3.3 矩形花键联结的图样标注 ·· 171
 习题 6 ·· 172

第 7 章 圆柱螺纹的公差与配合 ·· 173
 7.1 概述 ·· 173
  7.1.1 螺纹的种类和使用要求 ·· 173
  7.1.2 普通螺纹主要几何要素及参数术语 ···································· 173
  7.1.3 常用普通螺纹的公称直径及主要参数基本值 ···························· 176
 7.2 普通螺纹几何参数误差对互换性的影响 ································ 177
  7.2.1 螺纹直径偏差的影响 ·· 177
  7.2.2 螺距误差的影响 ·· 177
  7.2.3 牙侧角偏差的影响 ·· 178
  7.2.4 保证螺纹互换性的合格条件 ·· 179
 7.3 普通螺纹的公差与配合 ·· 181
  7.3.1 普通螺纹的有关规定 ·· 181
  7.3.2 螺纹的公差精度和旋合长度 ·· 184
  7.3.3 螺纹公差与配合的选用 ·· 184
  7.3.4 螺纹的表面粗糙度轮廓要求 ·· 185
  7.3.5 螺纹的标记 ·· 185
  7.3.6 例题 ·· 186
 习题 7 ·· 186

第8章 圆锥公差与配合 188
8.1 圆锥配合的基本参数和基本概念 188
8.1.1 圆锥的基本参数和标注 188
8.1.2 圆锥公差的术语及定义 191
8.1.3 圆锥配合的种类和圆锥配合的形成 192
8.2 圆锥公差的给定和圆锥直径公差带的选择 194
8.2.1 圆锥公差项目 194
8.2.2 圆锥公差的给定和标注 196
8.2.3 圆锥直径公差带的选择 197
习题8 198

第9章 渐开线圆柱齿轮公差与配合 199
9.1 齿轮传动的使用要求 199
9.1.1 齿轮传动的准确性 199
9.1.2 齿轮传动的平稳性 200
9.1.3 轮齿载荷分布的均匀性 201
9.1.4 合理侧隙 201
9.2 影响齿轮使用要求的主要误差 202
9.2.1 影响齿轮传动准确性的主要误差 202
9.2.2 影响齿轮传动平稳性的主要误差 203
9.2.3 影响齿轮轮齿载荷分布均匀性的主要误差 204
9.2.4 影响侧隙的主要误差 205
9.3 渐开线圆柱齿轮精度的评定参数与标准 205
9.3.1 齿轮传动准确性的评定指标 206
9.3.2 齿轮传动平稳性的评定指标 207
9.3.3 齿轮载荷分布均匀性的评定指标 209
9.3.4 评定齿轮副传动侧隙指标 210
9.4 渐开线圆柱齿轮精度设计 211
9.4.1 齿轮的精度等级及选择 212
9.4.2 齿轮侧隙指标的极限偏差 214
9.4.3 图样上齿轮精度等级的标注 217
9.4.4 齿轮毛坯公差 217
9.4.5 齿轮齿面和基准面的表面粗糙度轮廓要求 219
9.4.6 齿轮副中心距极限偏差和轴线平行度公差 219
9.4.7 圆柱齿轮精度设计 221
习题9 224

第3部分　几何量精度综合设计与检测

第10章　几何量精度综合设计与综合实验 ········ 229
10.1　实验目的 ········ 229
10.2　实验内容 ········ 229
10.3　实验要求 ········ 229
10.4　综合设计与综合实验报告书内容 ········ 231
10.5　几何量精度设计与实验案例 ········ 231

第11章　几何量精度的检测 ········ 238
11.1　线性尺寸测量 ········ 238
11.1.1　光学计量仪器——立式光学比较仪测量塞规 ········ 238
11.1.2　机械式计量仪器 ········ 241
11.2　几何误差检测 ········ 246
11.2.1　直线度误差测量 ········ 246
11.2.2　平面度、平行度和位置度误差的测量 ········ 249
11.3　表面粗糙度轮廓幅度参数测量 ········ 255
11.3.1　用光切显微镜测量轮廓的最大高度 ········ 255
11.3.2　用干涉显微镜测量轮廓的最大高度 ········ 258
11.4　圆柱螺纹测量 ········ 261
11.5　圆柱齿轮测量 ········ 267
11.5.1　双测头式齿距比较仪测量单个齿距偏差和齿距累积总偏差 ········ 268
11.5.2　用齿轮跳动检查仪测量齿轮径向跳动 ········ 270
11.5.3　用齿厚游标卡尺测量齿厚偏差 ········ 271
11.5.4　用齿轮公法线千分尺测量公法线长度偏差 ········ 273

参考文献 ········ 274

第1部分

几何量精度设计基础

第1章 绪　　论

1.1 课程简介和任务

1.1.1 课程简介

1. 课程性质

本课程是高等工科院校机械类和近机类各专业必修的一门重要的技术基础课。机械精度设计是本课程的基本内容,通过本课程的学习,旨在使大家了解并初步掌握互换性生产原则及公差与配合的规律与选用;掌握零件几何量精度设计的基本原理和方法,为在结构设计中合理应用公差标准打下基础,并为后续机械零部件设计等课程及毕业设计奠定基础。

本课程在教学计划中起着联系设计类课程与制造类课程的纽带作用,以及从基础课教学过渡到专业课教学的桥梁作用。在后续的课程设计、毕业设计中都要用到本课程所学的知识。

本课程与"机械制图"、"工程训练"、"机械原理"、"机械设计"及后续的"机械制造技术基础"等课程有着密切的联系。在学习本课程时,应具备一定的理论知识和生产实践知识。既需要能够读图、懂得图样上的标注,也需要了解机械加工的一般知识,熟悉常用机构的原理。

2. 课程作用

本课程在机械设计与制造中的作用:

机械设计通常可分为三部分——机械的运动设计、机械的结构设计和机械的精度设计。

机械的运动设计是根据机械的工作要求,适当地选择执行机构,通过一系列的传动系统组成机器。这个过程主要是以实现机械运动要求为目的的运动方案的设计,机器的运动方案用机构运动简图表示。在机构运动简图中,不考虑构件的截面尺寸和形状。

机械的结构设计是根据机械零件应具有良好的结构工艺性、便于装配与维修、强度高和寿命长等要求所进行的设计。机械的结构设计用机械的零件图和装配图表示。

机械的精度设计是根据机械的功能要求,正确地选择机械零件的尺寸精度、形状和位置精度以及表面粗糙度轮廓要求而进行的设计。机械的精度设计要求标注在机械的零件图、装配图上。机械加工中存在各项误差,若机械零件的设计中没有精度要求,则设计的产品就没有实际意义。

本课程是一门以一般通用零件的几何量的精度设计为核心,论述基本设计理论与方法的技术基础课程。本书结合一些零部件,就其几何量的精度设计的理论和方法展开讨论,目的是通过对这些典型零部件的几何精度设计,使学生掌握有关的设计规律和技术措施,从而具有设计其他通用零部件和某些专用零部件几何量精度的能力。

3. 课程内容

本课程由"几何量公差"与"几何量检测"两部分组成。这两部分有一定的联系,但又自成体系。"几何量公差"属于标准化的范畴,而"几何量检测"属于计量学的范畴。它们是独立的两个体系。

本书将几何量公差与几何量检测有机地结合在一起。课堂教学中公差是讲授重点,检测主要在实验课上介绍。

4. 课程特点

因为本课程术语、定义多,符号、代号多,标准、规定多,经验、解法多,所以刚学完系统性较强的理论基础课的学生,往往感到概念难记,内容繁多。而且,从标准规定上看,原则性强;从工程应用上看,灵活性大,这对初学者来说,较难掌握。但是,正像任何东西都离不开主体,任何事物都有它的主要矛盾一样,本课程尽管概念很多,涉及面广,但各部分都是围绕着保证互换性为主的精度设计问题,介绍各种典型零件几何精度的概念,分析各种零件几何精度的设计方法,论述各种零件的检测规定等。所以,在学习中应注意及时总结归纳,找出它们之间的关系和联系。要认真完成作业,认真做实验和写实验报告,实验课是本课程验证基本知识、训练基本技能、理论联系实际的重要环节。

1.1.2 课程的任务

(1) 掌握标准化、互换性的基本概念及与精度设计有关的基本术语和定义。
(2) 基本掌握本课程中机械精度设计标准的主要内容、特点和应用原则。
(3) 初步学会根据机器或仪器零件的使用要求,正确设计几何量公差。
(4) 能够查用本课程介绍的公差表格,并正确地标注在图样上。
(5) 熟悉各种典型的几何量检测方法,初步学会使用常用的计量器具。

总之,本课程是培养学生如何进行机械精度设计的一门技术基础课,其内容是机械类和仪器、仪表及近机类专业的学生在生产实践中必然用到的基础知识。课程的主要研究对象是机械零件的互换性、公差及检测。

1.2 互换性的概念和作用

1.2.1 互换性的概念

在日常生活和生产中,大量的现象涉及互换性。我们经常使用可以互相替换的零部件。例如,冰箱、电视机、自行车、摩托车、汽车、飞机、宇宙飞船、机器和仪表等的零部件坏了,只要换一个相同规格的新零部件就可以继续使用。同一规格的零部件,不需要作任何挑选、调整或修配,就能装配到机器上去,并且符合使用要求,这种特性就叫互换性。

互换性的含义是指某一产品(或零部件)与另一产品(或零部件)在尺寸和功能上能够彼此互相替换的性能。

在机械制造中,互换性是指按规定的几何、物理及其他质量参数的公差,来分别制造机器的各个组成部分,使其装配或更换时,不需要辅助加工和修配,便能装配上,并且能很好地满足预定的使用要求。这样生产出的零部件称为具有互换性的零部件。

图 1.1 所示的圆柱齿轮减速器,它由箱体、端盖(轴承盖)、滚动轴承、齿轮轴、中间轴、平键、齿轮Ⅰ、齿轮Ⅱ、轴套、输出轴、垫片和挡油环、螺钉等许多零部件组成。主动轮上的小齿轮直接加工在轴上,所以亦可以称为齿轮轴。小齿轮是主动轮,转速高;大齿轮是从动轮,转速低,起到了减速的作用。这些零部件是分别由不同的工厂和车间制成的。装配减速器时,在制成的一批同一规格零部件中任取一件,不经过任何挑选或修配,便能与其他零部件安装在一起,构成一台减速器,并且能够达到规定的使用要求,说明这些零部件具有互换性。

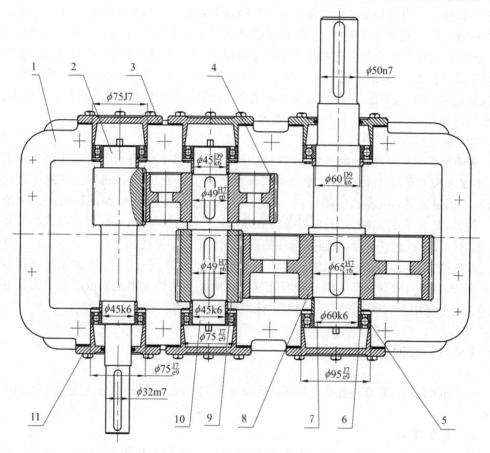

1—箱体; 2—输入轴; 3—垫片; 4—齿轮Ⅱ; 5—挡圈; 6—轴承; 7—输出轴;
8—齿轮Ⅳ; 9—齿轮Ⅲ; 10—中间轴; 11—轴承端盖

图 1.1 圆柱齿轮减速器

零部件的互换性应包括几何量、力学性能和理化性能等方面的互换性。本课程仅讨论几何量的互换性及与之联系的几何量公差与检测。

1.2.2 互换性的作用

互换性给产品的设计、制造、使用和维修都带来了很大的方便。

(1) 从设计方面看。

按互换性进行设计,就可以最大限度地采用标准件、通用件,大大减少计算、绘图等工作量,缩短设计周期,并有利于产品品种多样化和计算机辅助设计(CAD)。这对发展系列产品、改进产品性能都有着重大作用。例如,在手表上采用具有互换性的统一机芯,发展新品种的设计周期和生产准备周期都可以缩短。这一点对国防工业尤为重要。

(2) 从制造方面看。

为了保证产品具有互换性,设计时要根据具体条件规定公差,加工时,由于机器的每个零部件规定有公差,同一部机器上的各个零部件可以同时分别加工。例如,如图1.1所示,减速器是由箱体、轴、轴承盖、轴承等许多零部件组成的。由于各零部件具有互换性,因此,这些零部件就可以分配到不同的车间和工厂同时分别加工。用得较多的标准件还可以由专业车间或工厂单独加工。例如,齿轮和滚动轴承都是专业化生产的。由于产品单一、数量多、分工细,可采用先进的工艺和高效率的专业设备,甚至用计算机进行辅助制造,这样产品的质量必然得到提高,成本也会显著降低。装配时,由于零部件具有互换性,不需要辅助加工和修配,故能减轻装配工作量,缩短装配周期,并且可以使装配工作按流水作业方式进行,甚至自动装配,从而使装配生产率大大提高。

(3) 从使用和维修方面看。

若零部件具有互换性,则在磨损或损坏后,可用另一新的备件代替。由于备件具有互换性,不仅维修方便,而且使机器的维修时间和费用显著减少,可保证机器工作的连续性和持久性,从而显著提高机器的使用价值。而在某些情况下,互换性的作用还很难用价值来衡量。例如,发电厂要迅速排除发电设备的故障,继续供电;战场上,要立即排除武器装备的故障,继续战斗。在这些场合,保证零部件的互换性是绝对必要的。

从这些方面可以看出,在机械制造中,遵循互换性原则进行生产,不仅能显著提高劳动生产率,而且能有效保证产品质量和降低成本。所以互换性原则是机械制造中的重要生产原则。它不仅用于成批大量的生产,对单件小批生产也同样适用。

1.2.3 互换性的种类

在不同的场合,零部件互换性的形式和程度不同。因此,互换性分为完全互换和不完全互换。

1. 完全互换

完全互换是指装配前不需要挑选;装配时不需辅助加工和修配;装配后即能满足使用要求。

2. 不完全互换

不完全互换也称有限互换,是指零部件装配时允许有附加的选择和调整。不完全互换的实现方法有分组装配法和调整法两种。

(1) 分组装配法。

当对零部件的精度要求很高时,采用完全互换将使零部件制造公差很小,加工困难,成本很高,甚至无法加工。这时可采用分组装配法。将零件的制造公差适当地放大,使之便于加工。而在零件完工后,再用测量器具将零件按实际尺寸的大小分为若干组,使每组零件实际尺寸的差别减小。装配时按对应组进行(大孔与大轴相配,小孔与小轴相配),这样既可以保证零部件制造精度和使用要求,又能解决加工困难问题,降低成本。此时,仅组内零件可以互换,组与组之间不可以互换,故称为不完全互换。

(2) 调整法。

调整法也是一种保证装配精度的措施。调整法的特点是在机器装配或使用过程中,对某个特定零件按所需要的尺寸进行调整,以达到装配精度要求。例如,图1.1所示减速器中轴承端盖与箱体间的垫片厚度在装配时可作调整,用来调整滚动轴承的间隙,装配后用以补偿温度变化时轴的微量伸长,避免轴在工作时弯曲。

一般来说,在装配时,需要进行选择或调整的,多属不完全互换。凡装配时,需要附加修配和辅助加工的,则该零件不具有互换性。

采用哪种互换性,是设计者根据产品精度、生产批量、生产技术装备等多种因素,在产品设计时就要确定的。只要能方便采用完全互换性生产的,都应遵循完全互换原则。当产品结构复杂,装配精度又较高,同时采用完全互换性原则有困难且不经济时,在局部范围内可采用不完全互换。

一般来说,零部件需要厂际协作时应采用完全互换性;不完全互换往往只限厂内的零件、部件的装配。部件或构件在同一厂制造和装配时,可采用不完全互换性。例如,为了使用方便,滚动轴承的外互换常采用完全互换;内互换因组成零件的精度要求高,加工难度大,常采用不完全互换,分组装配。

1.3 公差与检测

1.3.1 公差

参数的允许变动量叫公差。我们研究的是几何参数,因此,本课程讨论的公差是指允许几何量的变动量。这里的公差是几何量公差的简称。

零件在加工过程中,要想把同一规格的一批零件的几何参数做成完全一致是不可能的。任何生产过程都不可避免地会产生各种误差。比如,在加工过程中工件、刀具、机床的变形,相对运动关系不准确,各种频率的振动以及定位不准确等原因,使得加工出来的一批零件尺寸、形状、方向、位置和表面粗糙度轮廓等几何量不可能绝对准确,总是存在误差。而从功能上看,也没有必要把同一规格的零件的几何量做成绝对一致,只要把几何量的误差控制在一定的范围内,以保证零件充分近似,就能满足互换性的要求。

几何量公差主要是指机械零件的尺寸公差、几何公差和表面粗糙度轮廓。

加工时会产生误差,设计时我们要规定公差,用公差来限制误差,使完工后零件的误差控制在公差的范围内,这样就能使一批零件充分近似,保证互换性。合理地规定公差是保证互换性的一个基本条件。这个合理的公差显然是在满足使用要求的前提下,公差应尽量大一些,以获得最佳的技术经济效益。

1.3.2 检测

检测是检验与测量的总称。

要实现互换性,除了合理地规定公差之外,还必须对完工后的零件的几何量加以检验和测量,以判断它们是否符合设计要求。检验是指确定零件的几何量是否在规定的极限范围内,并做出合格性判断,而不必得出被测量的具体数值。例如,用光滑极限量规检验孔、轴。测量是将被测几何量与作为计量单位的标准量进行比较,以确定被测几何量的具体数值的过程。例如,用千分尺测量轴的直径。检测不仅用来评定产品的质量,而且用于分析产生不合格的原因,及时调整生产,监督工艺过程,预防废品产生。

所以,合理确定公差与正确进行检测,是保证产品质量、实现互换性生产的两个必不可少的条件和手段。而要做到这两点,需要统一的标准作为共同遵守的准则和依据,因此,标准化是实现互换性的前提。

1.4 标准化与优先数系

1.4.1 标准与标准化的概念

1. 标准化

标准化是指在经济、技术、科学及管理等社会实践中,对重复性的事物和概念,通过制定、发布和实施标准,达到统一,以便获得最佳秩序和社会效益的有组织的活动过程。由标准化的定义可见,标准化不是一个孤立的概念,而是一个活动的过程。这个过程包括制定标准、发布标准、组织实施标准和对标准的实施进行监督的全部活动过程。这个过程是从探索标准化对象开始,经调查、实验和分析,进而起草、制定和贯彻标准,而后修订标准。因此,标准化是个不断循环而又不断提高其水平的过程。虽然标准化可以说在一切有人类智慧活动的地方都能开展,但目前大多数国家和地区都把标准化的领域重点放在工业生产上。

标准化是互换性生产的基础。标准化是由标准来体现的。为了保证机器零件几何量的互换性,就必须制定和执行统一的公差标准,其中包括极限与配合、几何公差、表面结构,以及各种典型连接件和传动件的极限与配合标准等。这类标准是通过保证一定的制造公差,来保证零件的互换性和使用性能,所以公差标准是机器制造中最重要的技术基础标准。

2. 标准

标准是指对重复性的事物和概念所做的统一规定。按严格意义讲,"标准"是指在一定的范围内获得最佳秩序,经协商一致,制定并经一个公认机构的批准,共同使用和重复使用的一种规范性的文件。

标准应以科学、技术和实践经验综合成果为基础,经过有关部门协调一致,由主管部门批准,以特定的形式发布,作为共同遵守的准则和依据。所以,我国现在已颁布实施的《中华人民共和国标准化法》规定,作为强制性的各级标准,一经发布必须遵守,否则就是违法。

1.4.2 标准的分类和代号

按标准对象特征可将标准分为技术标准、管理标准和工作标准;按作用范围可将其分为国际标准、区域标准、国家标准、专业标准、地方标准和企业标准;按标准在标准系统中的地位、作用把它们分为基础标准和一般标准;按标准的法律属性将其分为强制性标准和推荐性标准。

按我国《标准化法》的规定：国家标准、行业标准分为强制性标准和推荐性标准。少量的有关人身安全、健康、卫生及环境保护之类的标准属于强制性标准。国家将用法律、行政和经济等各种手段来维护强制性标准的实施。大量的标准（80%以上）属于推荐性标准，推荐性标准也应积极采用。标准是科学技术的结晶，是多年实践经验的总结，它代表了先进的生产力，对生产具有普遍的指导意义。

按标准的作用范围，标准分为国际标准、区域标准、国家标准、地方标准和试行标准。前四者分别为国际标准化的标准组织、区域标准化的标准组织、国家标准机构、在国家的某个地区一级通过并发布的标准。试行标准是指由某个标准化机构临时采用并公开发布的文件，以便在使用中获得有必要作为标准依据的经验。我国按标准使用的范围将其分为国家标准、行业标准、地方标准和企业标准。

1. 国家标准

国家标准是指由国家机构通过，并公开发布的标准。中华人民共和国国家标准是指对我国经济技术发展有重大意义，必须在全国范围内统一的标准。对需要在全国范围内统一的技术要求，应当制定国家标准。我国国家标准由国务院标准化行政主管部门编制计划和组织草拟，并统一审批、编号和颁布。国家标准代号用 GB 或 GB/T 表示，GB（强制性国家标准）和 GB/T（推荐性国家标准）在全国范围内适用，其他各级标准不得与国家标准相抵触。国家标准是四级标准体系中的主体。一项完整的国家标准通常由标准代号、标准发布的顺序号和颁布年代 3 个部分组成。例如，GB/T 1801—2009。在机械制造中，随着科技进步和加工能力的提高，许多国家标准也在不断地更新，而新标准一旦颁布，旧标准就自行废除，不能再使用了，否则便是违反标准化法。新、旧标准的区别在于颁布的年代，例如，GB/T 1801—2009 和 GB/T 1801—1999，前者是新标准，后者是旧标准。所以我们只要通过查看颁布的年代，就能很容易地区分新、旧标准。

2. 行业标准

行业标准是指对没有国家标准而又需要在全国某个行业范围内统一的技术要求所制定的标准。行业标准是对国家标准的补充，是在全国范围某一行业内统一的标准。行业标准在相应国家标准实施后，应自行废止。目前，国务院标准化行政主管部门已批准发布了 61 个行业的标准代号，如 JB、QB、FJ、TB 等，分别是机械、轻工、纺织、铁路运输行业的标准代号。

3. 地方标准

地方标准是指在国家的某个地区通过并公开发布的标准。对没有国家标准和行业标准而又需要在省、自治区、直辖市范围内统一的工业产品的安全和卫生要求，可以制定地方标准。地方标准由省、自治区、直辖市人民政府标准化行政主管部门编制计划，组织草拟，统一审批、编号、发布，并报国务院标准化行政主管部门和国务院有关行政主管部门备案。地方标准在本行政区域内适用。在相应的国家标准或行业标准实施后，地方标准应自行废止。地方标准代号为"DB"加上省、自治区、直辖市的行政区划代码，如 DB 37、DB 34、DB 31、DB 44，分别是山东省、安徽省、上海市和广东省地方标准的代号。

4. 企业标准

企业标准是指企业所制定的产品标准和在企业内协调、统一技术要求、管理和工作要求所制定的标准。企业生产的产品没有国家标准、行业标准和地方标准的，应当制定企业标准，作为组织生产的依据。对已有国家标准、行业标准和地方标准的,国家鼓励企业制定严于上述标准的企业标准,在企业内部适用。企业标准由企业组织制定,并按省、自治区、直辖市人民政府的规定备案。例如,Q/JINGHUA 08—2003,Q——企业标准代号,JINGHUA——景华公司企业代号,08——标准顺序号,2003——标准年号(2003年制定的)。

5. 国际标准化组织(简称 ISO)

在国际上,为了促进世界各国在技术上的统一,成立了国际标准化组织(简称 ISO)和国际电工委员会(简称 IEC),并由这两个组织负责制定和颁发相关国际标准。由于国际标准的制定建立在吸收各国公差制优点的基础之上,具有科学的先进性和制度的完整性,并考虑国际技术交流和贸易往来的需要,因而应尽可能参照国际标准来制定和修订国家标准。这已成为我国制定和修订标准的重要技术政策。自1978年我国恢复参加ISO组织后,陆续修订了自己的标准。修订的原则是:在立足我国生产实际的基础上向ISO靠拢,以利于加强我国在国际上的技术交流和提高产品的互换性。随着我国加入WTO协议,机械行业的许多基础标准直接采用ISO的标准,这样,我国生产的很多机电产品便可以直接外销,进一步促进了机电行业的技术进步。国际标准代号,例如ISO 1008—1992《摄影 相纸尺寸 备用单张相纸》。

标准和标准化是两个不同的概念。对于标准,更加强调的是规范性文件。对于标准化,则更加强调是有组织的活动过程。它们既有区别,又有不可分割的联系。如果没有标准,就不可能有标准化;如果没有标准化,标准也就失去了存在的意义。

世界各国的经济发展过程表明,标准化是实现国民经济现代化的一个重要手段,也是反映一个国家现代化水平的重要标志。一个国家现代化的程度越高,其对标准化的要求也就越高。目前,我国标准化有很大的发展。20世纪50年代中期国家标准只有124个,现在我国已有约2万个国家标准。

互换性、公差、检测和标准化之间的关系就是给零部件规定合理的公差,正确进行检测,这是实现互换性的必要条件,而要做到这两点,需要有统一的标准作为共同遵守的准则和依据,所以,标准化是实现互换性的前提。本课程的学习内容就是掌握有关标准的主要规定,正确地选用公差,了解几何量常用的检测方法,并具有一定的实际操作能力。

1.4.3 优先数系和优先数

在产品设计、制造和使用中,各种产品的性能参数和规格尺寸参数都需要通过数值来表明。例如,产品的承载能力,产品规格大小;零件尺寸大小;原材料直径大小;公差值大小;以及所用的设备、刀具、检具的尺寸大小,都要用数值来表达。另外,产品参数的数值具有广泛的传播扩散性。例如,造纸机的尺寸决定了纸张的尺寸;纸张的尺寸决定了书刊、纸品的尺寸;纸品的尺寸又影响到印刷机的尺寸、打印机尺寸、扫描仪尺寸甚至书架的尺寸。又如,减速器箱体上的螺孔尺寸,当设计一旦确定,则与之相配合的螺钉的尺寸、加工用的丝锥尺寸、检验用的螺纹塞规尺寸甚至攻丝前的钻孔尺寸和钻头尺寸也随之确定,同时与之相关的垫圈尺寸、箱体盖上通孔的尺寸也随之而定。

这种技术参数的传播在生产实际中极其普遍。一种产品(或零件)往往同时在不同的场合,由不同的人员分别进行设计和制造,而产品的参数又常常影响到与其有配套关系的一系列产品的有关参数。如果没有一个共同遵守的选用数据的准则,势必造成同一种产品的尺寸参数杂乱无章,品种规格过于繁多,给组织生产、协作配套及维修使用带来许多困难。因此,必须从全局出发,对各种技术参数的数值加以协调,进行适当的简化和统一。《优先数系和优先数》GB/T 321—2005 正是对各种技术参数的数值进行简化、协调和统一的一种合乎科学的数值标准,是标准化的重要内容,也是国际上统一的重要基础标准。

1. 优先数系

《优先数与优先数系》(GB/T 321—2005)规定采用十进等比数列作为优先数列。数列的各项数值中包含 $1,10,100,\cdots,10^n$ 和 $0.1,0.01,\cdots,10^{-n}$ 这些数(n 为正整数)。数列中 $1\sim10,10\sim100,100\sim1000,\cdots$ 和 $1\sim0.1,0.1\sim0.01,0.01\sim0.001,\cdots$ 称为十进段,每个十进段的项数都是相等的。相邻段对应项值只是扩大或缩至 1/10。数列中的项值可按十进制向两端无限延伸。优先数系的公比为 $q_r = \sqrt[r]{10}$。并规定了 5 个系列($r=5、10、20、40、80$),分别用系列符号 R5,R10,R20,R40,R80 表示,称为 Rr 系列。同一系列中,每增 r 个数,数值增至 10 倍。各系列是按一定的公比 q 来排列每一项数值的,优先数系有以下 5 种公比的数列,其中,R5,R10,R20,R40 为基本系列,R80 为补充系列。

$$R5 \text{ 的公比 } q_5 = \sqrt[5]{10} \approx 1.6$$

$$R10 \text{ 的公比 } q_{10} = \sqrt[10]{10} \approx 1.25$$

$$R20 \text{ 的公比 } q_{20} = \sqrt[20]{10} \approx 1.12$$

$$R40 \text{ 的公比 } q_{40} = \sqrt[40]{10} \approx 1.06$$

另有补充系列:

$$R80 \text{ 的公比 } q_{80} = \sqrt[80]{10} \approx 1.03$$

R5 系列的项值包含在 R10 系列中,R10 的项值包含在 R20 之中,R20 的项值包含在 R40 之中,R40 的项值包含在 R80 之中。

为了使优先数系有更大的适应性,可以从基本系列或补充系列 Rr 中(其中 $r=5,10,20,40,80$),每隔 p 项取值,即从每相邻的连续 p 项中取一项组成新的等比系列,称为派生系列。派生系列的代号表示方法为:系列无限定范围时,应指明系列中含有的一个项值,但如果系列中含有项值 1,可简写为 Rr/p。例如,R10/3($\cdots80\cdots$) 表示含有项值 80 并向两端无限延伸的派生系列,R10/3 表示的系列为$\cdots,1,2,4,8,16,\cdots$。系列有限定范围时,应注明界限值。例如,R10/3(1.25$\cdots$) 表示以 1.25 为下限的派生系列 $1.25,2.5,5.00,10.00,\cdots$;R40/5($\cdots60$) 表示以 60 为上限的派生系列;R5/2($1\cdots10000$) 表示以 1 为下限和 10000 为上限的派生系列。派生系列使优先数有了更大的适应性来满足各种生产实际的需要。

2. 优先数

按公比 q 计算出优先数系的五个系列(R5,R10,R20,R40,R80)中任一个项值均为优先数。基本系列范围 1 到 10 的优先数系列如表 1.1 所示,所有大于 10 的优先数均可按表列数乘以 $10,100,\cdots$ 求得;所有小于 1 的优先数,均可按表列数乘以 $0.1,0.01,\cdots$ 求得。

按公比计算得到的优先数的理论值,除 10 的整数幂外,都是无理数。如 R5 理论等比数列的项值有 $1, \sqrt[5]{10}, (\sqrt[5]{10})^2, (\sqrt[5]{10})^3, (\sqrt[5]{10})^4, 10$。理论值一般都是无理数,工程技术上不能直接应用。实际应用的都是经过圆整后的近似值。根据圆整的精确程度,可分为:

(1) 计算值。是对理论值取五位有效数字的近似值。同理论值相比,其相对误差小于

$1/(2\times10^4)$,供精确计算用。例如 1.60 的计算值为 1.5849。

(2) 常用值。即经常使用的通常所称的优先数,取三位有效数字(见表 1.1)。

表 1.1 优先数系基本系列的常用值

R5	R10	R20	R40	R5	R10	R20	R40	R5	R10	R20	R40
1.00	1.00	1.00	1.00				2.24		5.00	5.00	5.00
			1.06				2.36				5.30
		1.12	1.12	2.50	2.50	2.50	2.50			5.60	5.60
			1.18				2.65				6.00
	1.25	1.25	1.25				2.80		6.30	6.30	6.30
			1.32				3.00	6.30			6.70
1.60		1.40	1.40			3.15	3.15			7.10	7.10
			1.50				3.35				7.50
	1.60	1.60	1.60				3.55		8.00	8.00	8.00
			1.70				3.75				8.50
		1.80	1.80	4.00	4.00	4.00	4.00			9.00	9.00
			1.90				4.25				9.50
		2.00	2.00				4.50	10.00	10.00	10.00	10.00
			2.12				4.75				

资料来源:摘自 GB/T 321—2005。

(3) 化整值。常用值作进一步的化整所得的数值,一般取两位有效值,供特殊情况用。例如,1.12 的化整值为 1.1,6.3 的化整值为 6.0 等。化整值不可随便化整,应遵循 GB/T 19764—2005《优先数和优先数化整值系列的选用指南》的规定。

3. 优先数系的主要优点

(1) 产品分档合理,疏密均匀。

优先数系相邻两项的相对差为一常数 $\left(\dfrac{a_n - a_{n-1}}{a_{n-1}} \times 100\% = 常数\right)$,疏密适中。产品的参数从最小到最大有很宽的数值范围,经验和统计表明,数值按等比数列分级,能在较宽的范围内以较少的规格,经济合理地满足社会需要。

例如,对轴颈按等差数列分级,在 10 mm 不合需要时,如用 11 mm,则两级之间绝对差为 1 mm,相对差为 10%。但对 100 mm 来说,加大 1 mm 变成 101 mm,相对差只有 1%,显然太小。而对直径为 1 mm 的轴来说,加大 1 mm 变成 2 mm,相对差 100%,显然太大。而等比数列是一种相对差不变的数列,不会造成像等差数列那样,产生分级过疏或过密的不合理现象。优先数系正是按等比数列制定的,因此,它提供了一种经济、合理的数值分级制度。

(2) 规律性强、简单、易记、计算方便。

优先数系是十进等比数列,其中包含 10 的所有整数幂,只要记住一个十进段内的数值,其他的十进段内的数值可由小数点的移位得到。所以只要记住 R20 中的 20 个数值,就可以解决一般应用。由于较疏系列的项值包含在较密的系列中,这样在必要时可插入中间值,使较疏的系列变成较密的系列,而原来的项值保持不变,与其他产品间配套协调关系不受影响,这对发展产品品种是很有利的。优先数系是等比数列,故任意一个优先数(理论值)的积和商、整数(正或负)的乘方仍为优先数,利用这些特点可以大大简化设计计算。

4. 优先数系的选择原则

(1) 如果没有特殊原因，只要能满足技术经济上的要求，就应当选用优先数，并且按照 R5，R10，R20 和 R40 的顺序，优先选用公比较大的基本系列，即先疏后密的原则。

(2) 当基本系列的公比不能满足分级要求时，可选补充系列或派生系列。选用时应优先采用公比较大和延伸项中含有项值 1 的派生系列。

(3) 当参数系列的延伸范围很大，从制造和使用的经济性考虑，在不同的参数区间，需要采用公比不同的系列时，可分段选用最适宜的基本系列或派生系列。

(4) 按优先数常用值分级的参数系列，公比是不均等的。在特殊情况下，为了获得公比精确相等的系列，可采用计算值。

(5) 如无特殊原因，应尽量避免使用化整值。因为化整值的选用带有任意性，不易取得协调统一。而且化整值系列公比的均匀性差，化整值的相对误差经乘、除运算后往往进一步增大。

5. 优先数系的应用

优先数系是国际上统一的数值制度，可用于各种量值的分级，以便在不同的地方都能优先选用同样的数值，这就为技术经济工作中统一、简化和协调产品参数提供了基础。

优先数系适用于能用数值表示的各种量值的分级，特别是产品的参数系列。如长度、直径、面积、体积、载荷、应力、速度、时间、功率、电流、电压、流量、浓度、传动比、公差、测量范围、试验或检验工作中测点的间隔以及无量纲的比例系数等。凡在取值上具有一定自由度的参数系列，都应最大限度地选用优先数。在制定产品标准时，特别在产品设计中应当有意识地使主要尺寸参数符合优先数。公差标准中的许多值，都是按照优先数系列选定的。例如，《极限与配合》国家标准中公差值就是按 R5 优先数系列确定的，即后一个数是前一个数的 1.6 倍；电动机的转速（单位为 r/min）375，750，1500，3000，…，就是按 R40/12(375…)派生系列确定的；摇臂钻床的主参数（最大钻孔直径，单位为 mm）25，40，63，80，125，…，就是按 R20/4(25…)派生系列确定的。由于优先数的积或商仍为优先数，这就更进一步扩大了优先数的适用范围。例如，直径采用优先数，于是圆周速度、切线速度、圆柱体的面积和体积、球的面积和体积等也都是优先数了。

按优先数系确定的参数系列，在以后的标准化过程中（从企业标准发展到行业标准、国家标准等），有可能保持不变，这在技术上和经济上都具有重大意义。

企业自制自用的工艺装备等设备的参数，也应当选用优先数系。这样不但可简化、统一品种规格，而且可使尚未标准化的对象，从一开始就为走向标准化奠定基础。

在制定标准或规定各种参数的协商中，优先数系应当成为用户和制造厂之间或各有关单位之间共同遵循的准则，以便在无偏见的基础上达到一致。

1.5 几何量测量的基本知识

1.5.1 有关测量的基本概念

测量就是将被测的量与作为单位或标准的量进行比较，从而确定二者比值的实验过程。可用下面的公式表示：

$$L = qu$$

式中，L——被测量值；u——计量单位；q——比值(倍数或小数)。

例如，用卡尺测得某轴直径为 50 mm，这里 mm(毫米)为计量单位，数字 50 是以毫米为计量单位时该几何量的数值。

1. 测量对象

主要指几何量，包括长度、角度、表面粗糙度轮廓以及几何误差，还包括螺纹、齿轮的各种几何参数。由于几何量的特点是种类繁多，形状又各式各样，因此对于它们的特性，被测参数的定义，以及标准等都必须加以研究和熟悉，以便进行测量。

2. 计量单位

在以国际单位制为基础的我国法定计量单位中，确定米制为我国的基本计量制度。在长度计量中单位为米(m)，在机械制造中单位有毫米(mm)，1 mm = 0.001 m。在技术测量中常用的单位是微米(μm)，1 μm = 1×10^{-6} m = 0.001 mm。在角度测量中以度、分、秒为单位。

3. 测量方法

几何量的测量，系测量原理、测量器具和测量条件的总和。根据被测参数的特点，如公差值、大小、轻重、材质、数量等，并分析研究该参数与其他参数的关系，最后确定对该参数进行测量的方法。

4. 测量精度

指测量结果与真值的一致程度。任何测量过程总不可避免地会出现测量误差，误差大说明测量结果离真值远，准确度低(精度低)。因此，准确度和误差是两个相对的概念。由于存在测量误差，任何测量结果都是以一近似值来表示。但是，只要误差足够小，就可以认为测量结果是可靠的。

习惯上，将被测量对象、计量单位、测量方法和测量精度称为测量过程的四要素。如何提高测量效率、降低测量成本及避免废品超额发生，也是测量工作的重要内容。

1.5.2 长度值的传递及量块

1. 长度值的传递系统

一套从长度的最高基准到被测工件的严密而完整的长度量值传递方法就是长度传递系统。

按照 1983 年第十七届国际计量大会通过的决议，米的定义为：米是光在真空中于 1/299 792 458 s 的时间间隔内所传播的距离。用光波的波长作为长度基准，不便于在生产中直接应用。为了保证量值的准确和统一，必须把长度基准的量值准确地传递到生产中所应用的计量器具和工件上。

长度量值由国家基准波长开始，可以通过两个平行系统(线纹量具、端面量具)平行向下传递。

线纹量具是指具有刻度线的量具。线纹量具的特点是可测知被测量的具体数值。线纹量具的精度分为 1、2、3 三等。1 等精度高，3 等精度低。

端面量具常用的有量块和量规。量块常用于作为核对尺寸的基准，量规常用于对大批量生产孔、轴尺寸的检测。其特点是只知被测件是否合格，不知具体数值。

2. 量块的基本知识

(1) 量块的材料、形状和尺寸。

量块是一种端面长度标准。通过计量仪器、量具和量规等,以示值误差检定等方式,使机械加工中各种制成品的尺寸溯源到长度基准。在机械制造中应用很广。它除了作传递长度量值的基准之外,还可用来调整仪器、机床或直接检测工件的基准公称尺寸。量块用特殊合金钢制成,具有线膨胀系数小、不易变形、耐磨性好等特点,是长度量值传递系统中重要的媒介。量块通常制成长方六面体,其上有两个非常光洁和平面度很高的平行平面(称为量块的测量面)。量块的外形如图1.2所示。

图1.2(a)中,上和下表示测量面;前、后、左、右分别表示侧面。每个量块都有两个测量面和四个侧面。标称长度不大于5.5 mm的量块,代表其标称长度的数码刻印在上测量面上,与其相背的为下测量面。标称长度大于5.5 mm的量块,代表其标称长度的数码刻印在面积较大的一个侧面上。当此侧面顺向面对观察者放置时,如图1.2(c)所示,其右边的一面为上测量面,左面的一面为下测量面。

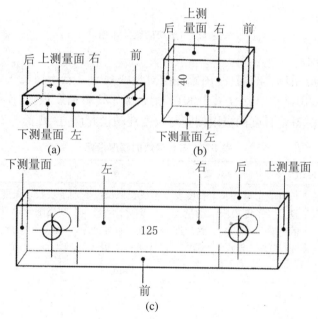

图1.2 量块示意图

量块用少许压力推合就可以和另一块量块的测量面紧密接触,两块量块就能黏合在一起,这种特殊性称为研合性。量块的工作尺寸就是两测量面之间的距离。量块的测量面和具有类似表面质量的辅助体表面相研合而用于量块长度测量。

量块的精度极高,但是两个工作面也不是绝对平行的。因此量块的有关尺寸定义如下:

① 量块长度 l——量块一个测量面上的任意点到与其相对的另一测量面相研合的辅助体表面之间的距离定为量块长度,如图1.3(a)所示。

② 量块中心长度 l_c——对应于量块未研合测量面中心点的量块长度,如图1.3(a)所示。

③ 量块标称长度 l_n——标记在量块上,用以表明其与主单位(m)之间关系的量值,也称为量块长度的示值。

④ 任意点的量块长度偏差 e——任意点的量块长度与标称长度的代数差,即 $e = l - l_n$。

图 1.3(b)中的"$-t_e$"和"$+t_e$"为量块长度极限偏差,合格条件为$-t_e \leq e \leq +t_e$。

⑤ 量块长度变动量 v——量块测量面上任意点中的最大长度 l_{max} 与最小长度 l_{min} 之差称为长度变动量,即 $v = l_{max} - l_{min}$,见图 1.3(b),其允许值为 t_v,合格条件为 $v \leq t_v$。

⑥ 量块测量面的平行度 f_d——包容测量面且距离为最小两个相互平行平面之间的距离。其公差为 t_d,合格条件为 $f_d \leq t_d$,见图 1.3(c)。

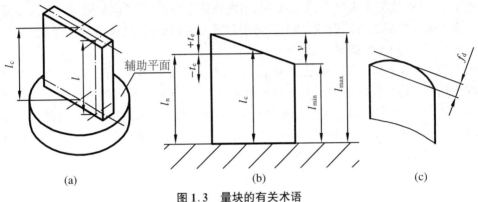

图 1.3 量块的有关术语

(2) 量块的精度。

为了满足不同应用场合的需要,国家标准对量块规定了若干精度等级。量块按其制造精度分为五级,即 K,0,1,2,3 级。其中 K 级精度最高,3 级精度最低,K 级即校准级。量块分"级"的主要依据是量块长度的极限偏差与长度变动量允许值(见表 1.2)。

表 1.2 各级量块的精度指标

量块的标称长度 l_n(mm)	K 级		0 级		1 级		2 级		3 级	
	量块长度极限偏差 $\pm t_e$	长度变动量 v 的允许值 t_v	量块长度极限偏差 $\pm t_e$	长度变动量 v 的允许值 t_v	量块长度极限偏差 $\pm t_e$	长度变动量 v 的允许值 t_v	量块长度极限偏差 $\pm t_e$	长度变动量 v 的允许值 t_v	量块长度极限偏差 $\pm t_e$	长度变动量 v 的允许值 t_v
	(μm)									
$l_n \leq 10$	0.20	0.05	0.12	0.10	0.20	0.16	0.45	0.30	1.0	0.50
$10 < l_n \leq 25$	0.30	0.05	0.14	0.10	0.30	0.16	0.60	0.30	1.2	0.50
$25 < l_n \leq 50$	0.40	0.06	0.20	0.10	0.40	0.18	0.80	0.30	1.6	0.55
$50 < l_n \leq 75$	0.50	0.06	0.25	0.12	0.50	0.18	1.00	0.35	2.0	0.55
$75 < l_n \leq 100$	0.60	0.07	0.30	0.12	0.60	0.20	1.20	0.35	2.5	0.60
$100 < l_n \leq 150$	0.80	0.08	0.40	0.14	0.80	0.20	1.60	0.40	3.0	0.65
$150 < l_n \leq 200$	1.00	0.09	0.50	0.16	1.00	0.25	2.00	0.40	4.0	0.70
$200 < l_n \leq 250$	1.20	0.10	0.60	0.16	1.20	0.25	2.40	0.45	5.0	0.75

资料来源:摘自 JJG 146—2011。

量块按其检定精度分为 5 等,即 1,2,3,4,5 等。其中 1 等精度最高,5 等精度最低。量块分"等"的主要依据是中心长度测量的极限偏差和平面平行度极限偏差(见表 1.3)。

表 1.3 各等量块的精度指标

量块的标称长度 l_n(mm)	1 等		2 等		3 等		4 等		5 等	
	测量不确定度的允许值	长度变动量 v 的允许值 t_v	测量不确定度的允许值	长度变动量 v 的允许值 t_v	测量不确定度的允许值	长度变动量 v 的允许值 t_v	测量不确定度的允许值	长度变动量 v 的允许值 t_v	测量不确定度的允许值	长度变动量 v 的允许值 t_v
	(μm)									
$l_n \leqslant 10$	0.022	0.05	0.06	0.10	0.11	0.16	0.22	0.30	0.6	0.50
$10 < l_n \leqslant 25$	0.025	0.05	0.07	0.10	0.12	0.16	0.25	0.30	0.6	0.50
$25 < l_n \leqslant 50$	0.030	0.06	0.08	0.10	0.15	0.18	0.30	0.30	0.8	0.55
$50 < l_n \leqslant 75$	0.035	0.06	0.09	0.12	0.18	0.18	0.35	0.35	0.9	0.55
$75 < l_n \leqslant 100$	0.040	0.07	0.10	0.12	0.20	0.20	0.40	0.35	1.0	0.60
$100 < l_n \leqslant 150$	0.050	0.08	0.12	0.14	0.25	0.20	0.50	0.40	1.2	0.65
$150 < l_n \leqslant 200$	0.060	0.09	0.15	0.16	0.30	0.25	0.60	0.40	1.5	0.70
$200 < l_n \leqslant 250$	0.070	0.10	0.18	0.16	0.35	0.25	0.70	0.45	1.8	0.75

资料来源:摘自 JJG 146—2011。

量块按"级"使用时,是以标记在量块上的标称长度作为工作尺寸,该尺寸包含了量块实际制造误差。按"等"使用时,则是以量块检定后给出的实测中心长度作为工作尺寸,该尺寸排除了量块的制造误差,但包含了量块检定时的测量误差。一般来说,检定时的测量误差要比量块的制造误差小得多。所以,量块按"等"使用的精度比按"级"使用的精度高。在精密测量时,通常按"等"使用量块。

(3) 量块的组合选用。

量块除具有稳定、耐磨和准确的特性外,还具有研合性。所谓研合性是指量块的一个测量面与另一量块的测量面或者与另一精加工的类似量块测量面的表面,通过分子力的作用而相互黏合的性能。利用量块这一性能,可以在一定的尺寸范围内,将不同尺寸的量块进行组合而形成所需的工作尺寸。按 GB/T 6093—2001《量块》的规定,我国生产的成套量块有 91 块、83 块、46 块、38 块等几种规格。在组成某一确定尺寸时,为了减少量块组合的误差,一组量块的总数一般不应超过 4 块。

例如,83 块一套的量块尺寸排列如下:

0.5 mm——1 块;

1 mm——1 块;

1.005 mm——1 块;

间隔 0.01 mm——1.01,1.02,…,1.49,共 49 块;

间隔 0.1 mm——1.5,1.6,1.7,1.8,1.9,共 5 块;

间隔 0.5 mm——2.0,2.5,…,9.5,共 16 块;

间隔 10 mm——10,20,…,100,共 10 块。

选取量块时,应从具有最小位数的量块开始,逐一相减选取量块长度。例如,用 83 块一套的量块组合尺寸 43.785 mm,可以选用对应尺寸分别为 1.005 mm,1.28 mm,1.5 mm 和 40 mm 的量块组合。

1.5.3 测量方法与计量器具的分类

1. 测量方法分类

广义的测量方法,是指测量时所采用的测量原理、计量器具和测量条件的综合。但是在实际工作中,测量方法一般是指获得测量结果的具体方式,它可以从不同的角度进行分类。

按所测的几何量是否为被测几何量分类:

(1) 直接测量。

无需对被测的几何量与其他实测的几何量进行函数关系的辅助计算,所测得的几何量值就是被测量的几何量值。例如,用游标卡尺、千分尺测量轴径或孔径的大小。

(2) 间接测量法。

实测的几何量与被测的几何量之间有已知函数关系,通过计算而得到被测量几何值的测量。例如,测量圆柱体的圆周长度 L,通过关系式 $D=L/\pi$ 得到所求的零件直径 D;如图 1.4 所示,孔心距 a,通过测量孔边距 l_1 和 l_2,运用公式 $a=(l_1+l_2)/2$ 计算求得。间接测量的精度通常比直接测量的精度低。

在直接和间接测量中又可分为绝对测量和相对测量。从量具或仪器上读出被测几何量的整个数值,称为绝对测量。例如,用各种千分尺、游标量具测量工件长度或直径等。若从量具或仪器的读数装置上得到的只是被测几何量相对于标准量的偏差值,则称为相对测量。例如,用量块调整仪器的零位,将读得的偏差值加上量块的尺寸才是所测量的全部数值。相对测量的测量精度比绝对测量的测量精度高。

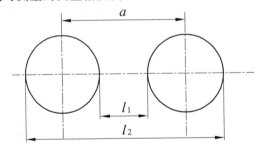

图 1.4 间接测量测量孔心距

按零件上同时被测几何量的多少分类:

(1) 综合测量。

同时测量工件上的几个相关几何量的综合结果。例如,用齿轮综合检测仪测量齿形误差和齿距偏差的综合结果。

(2) 单项测量。

每次只测量一个单独的几何量。例如,用不同的专用仪器分别测量齿轮的齿形误差、基节偏差和齿轮的齿厚,螺纹的螺距等。

综合测量效率较高,就零件整体来说,单项测量的效率比综合测量的效率低,但便于进行工艺分析。综合测量的结果比较符合工件的实际情况。

按测量结果对工艺过程所起的作用分类:

(1) 被动测量。

零件加工后进行的测量,测量结果只能判断零件是否合格。

(2) 主动测量。

在零件加工过程中进行测量,测量结果能及时显示出加工件是否正常,决定是否可以继续加工或调整机床,故能及时防止废品的产生。

按被测表面是否与测量头接触分类:

(1) 接触测量法。

测量时计量器具的测头与被测表面接触,并伴有机械作用的测量力。

(2) 非接触测量法。

测量时计量器具的测头不与被测表面接触。例如,用光切显微镜测量零件的表面粗糙度,用投影仪测量样板的轮廓形状。接触测量时,被测表面与计量器具接触,会产生弹性变形,因而会影响测量的精度。但这种方法稳定、可靠。非接触测量虽然无接触变形,但对介质的变化反映较为敏感。

此外,按被测零件在测量中所处的状态,还可分为静态测量和动态测量等。

2. 测量器具分类

测量器具可按其测量原理、结构特点及用途等,分为以下四类:

(1) 量具。

测量中体现标准量的工具。一般没有传动放大系统。定值量具,如量块、直角尺等;变值量具,如千分尺、游标卡尺、量角器等。

(2) 量规。

没有刻度的专用检验工具。用以检验零件尺寸或形状,相互位置误差。它只能判断被测零件是否合格,而不能得出具体数值的测量结果。

(3) 计量装置。

也是一种专用的检验工具,是量具、量规和定位装置元件等组合体。如检验夹具、主动测量装置和坐标测量机等。它使测量工作更为迅速、方便和可靠。

(4) 计量仪器。

能将被测的几何量值转换成可直接观察的指示值或等效信息的计量器具。例如,立式光较仪、接触式干涉仪、测长仪、测长机等。一般都有指示放大系统,能测出工件的微小偏差。人们常把量具和计量仪器统称为计量器具,或简称为量仪。

1.5.4 计量器具的技术性能指标

计量器具的技术指标是选择和使用计量器具,研究和判断测量方法正确性的依据,其主要指标如下:

1. 刻度间距

刻度间距是指计量器具标尺或分度盘上相邻两刻线中心之间的距离或圆弧长度。为适于人眼观察,刻度间距一般应为 $1\sim2.5$ mm。

2. 分度值(刻度值)

分度值是指计量器具刻度标尺或分度盘上每一个刻度间距所代表的量值。分度值越小,表示计量器具的测量精度越高。例如,游标卡尺的分度值由游标尺的刻度间距表示,1 个间距代表的有 0.1 mm、0.05 mm、0.02 mm 几种。

3. 分辨力

分辨力是指计量器具所能显示的最末一位数所代表的量值。由于在一些量仪(如数字式量仪)中,其读数采用非标尺或非度盘显示,因此就不能使用分度值这一概念,而将其称作分辨力。例如国产 JC19 型数显式万能工具显微镜的分辨力为 0.5 μm。

4. 示值范围

示值范围是指计量器具刻度标尺或刻度盘所显示或指示的被测几何量最小到最大的数值范围。如光学比较仪的标尺示值范围为 ±0.1 mm。

5. 测量范围

计量器具测量范围是指计量器具所能测量的被测几何量值的下限值到上限值的范围。测量范围的上限值与下限值之差称为量程。

如图 1.5 所示,机械式比较仪的标尺刻度值为 1 μm,标尺示值范围为 -100~+100 μm,测量范围为 0~180 mm,量程为 180 mm。

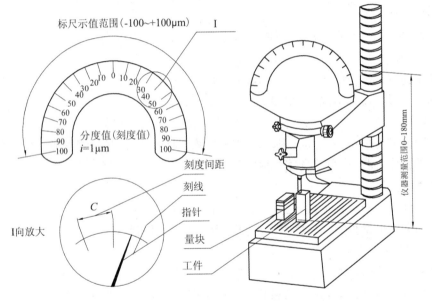

图 1.5 机械式比较仪的一些度量指标

习 题 1

1. 什么叫互换性?互换性分哪几类?它在机械制造中有何作用?互换性是否只适用于大批量生产?采用不完全互换的条件和意义是什么?

2. 什么是标准?什么是标准化?标准化与互换性有何关系?按国家颁布的级别分类,我国标准有哪几种?企业标准一定比国家标准的各项要求低吗?为什么我国制定和修订国家标准要尽量向国际标准靠拢?

3. 为什么要制定《优先数和优先数系》国家标准?什么是优先数系?基本系列有哪些?优先数系主要优点是什么?派生系列是如何形成的?为何要用派生系列?

4. 试述测量的含义和测量过程的四要素。测量和检验各有何特点?测量值是否就是真值,两者有何差异?量块分哪几级、哪几等?它们是根据什么进行分级、分等的?

5. 按优先数的基本系列确定优先数：

（1）第一个数为 16，按 R5 系列确定后六项优先数。

（2）第一个数为 100，按 R20/3 系列确定后五位数。

6. 试写出 R10 优先数系从 10~100 的全部优先数（常用值）。

7. GB/T 1800.1—2009 规定的从 IT6 级开始的公差等级系数为 10,16,25,40,64,100,…，属于哪种系列？公比为多少？

8. 某游标卡尺游标尺的每个间距代表 0.05 mm，主标尺的每个间距代表 1 mm，主标尺能够显示的范围为 0~600 mm。试问该游标卡尺的标尺分度值、示值范围、测量范围和量程各为多少？

第 2 章　孔、轴极限与配合及其尺寸检测

机械零件精度取决于该零件的尺寸精度、形状和位置精度以及表面粗糙度轮廓等。它们是根据零件在机器中的使用要求确定的。为满足使用要求，保证零件的互换性，我国发布了一系列与孔、轴尺寸精度有直接联系的孔、轴极限与配合方面的国家标准。这些标准分别是 GB/T 1800.1—2009《产品几何技术规范(GPS)极限与配合 第一部分：公差、偏差和配合的基础》，GB/T 1800.2—2009《产品几何技术规范(GPS)极限与配合 第二部分：标准公差等级和孔轴极限偏差表》，GB/T 1801—2009《产品几何技术规范(GPS)极限与配合 公差带和配合的选择》，GB/T 1803—2003《极限与配合 尺寸至 18 mm 孔轴公差带》，GB/T 1804—2000《一般公差 未注公差的线性和角度尺寸的公差》和 GB/T 2822—2005《标准尺寸》。

这些标准都是我国机械工业重要的基础标准，它们的制定和实施可以满足我国机械产品的设计和适应国际贸易的需要。

本章阐述上述标准的基本概念和应用，以及孔、轴极限与配合的确定。

2.1　基本术语及其定义

2.1.1　几何要素的术语及定义

构成零件几何特征的点、线或面称为几何要素。例如，图 2.1 所示的零件上，点要素有圆锥顶点 5 和球心 8；线要素有圆柱体素线 6 和轴线 7；面要素有圆球 1、圆台面 2、环状端平面 3、圆柱面 4、两平行对应平面 9 和中心平面 P。

几何要素分为组成要素和导出要素。所谓组成要素是指面或面上的线，导出要素是由一个或几个组成要素得到的中心点、中心线或中心面。组成要素是零件上实际存在的。导出要素是假想的，它往往依存于相应的组成要素。例如，球心是依存于球面的导出要素，轴线是依存于回转表面的导出要素。中心平面 P 是依存于两平行对应平面 9 的导出要素。

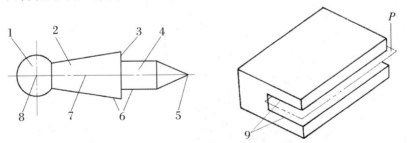

1—圆球；　2—圆台面；　3—环球端平面；　4—圆柱面；　5—圆锥顶点；　6—圆柱体素线；
7—轴线；　8—球心；　9—平行对应平面；　P—中心平面

图 2.1　零件几何要素

几何要素可按设计、制造、检验和评定几个方面进行分类。设计时图样给定的几何要素称为公称要素,包括公称组成要素和公称导出要素。制造时所得到的表面要素是实际要素,也称实际组成要素。检验时测量所得到的是提取要素,包括提取组成要素和提取导出要素。为对工件进行评定,应对实际要素进行拟合。拟合要素有拟合组成要素和拟合导出要素。有关几何要素的分类示意图如图2.2所示。

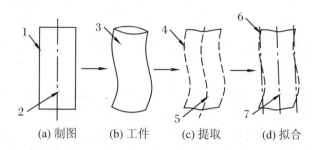

(a) 制图　　(b) 工件　　(c) 提取　　(d) 拟合

1—公称组成要素；　2—公称导出要素；　3—实际(组成)要素；　4—提取组成要素；
5—提取导出要素；　6—拟合组成要素；　7—拟合导出要素

图2.2　几何要素分类

1. 尺寸要素

尺寸要素是由一定大小的线性尺寸或角度尺寸确定的几何形状。尺寸要素分为外尺寸要素和内尺寸要素,它可以是圆柱形、球形、两平行对应面、圆锥形和楔形。尺寸要素有三个特征:一是具有可重复导出中心、轴线或中心平面;二是含有相对点(相对点关于中心点、轴线或中心平面对称);三是具有极限。如图2.3(c)中所示的尺寸L_2由于没有相对点,所以不是尺寸要素的尺寸。

2. 公称组成要素和公称导出要素

公称组成要素是由技术制图或其他方法确定的理论正确组成要素。产品图样上的零件的面和面上的线均为公称组成要素,它是没有误差的理想要素。

公称导出要素是由一个或几个公称组成要素导出的中心点、轴线和中心平面,见图2.2(a)。

3. 实际(组成)要素

实际(组成)要素是由接近实际(组成)要素所限定的工件实际表面的组成要素部分,见图2.2(b)。应当注意,实际(组成)要素没有导出要素。

4. 提取组成要素和提取导出要素

提取组成要素是指按规定方法,由实际(组成)要素提取有限数目的点所形成的实际(组成)要素的近似替代,见图2.2(c)。

提取导出要素是指由一个或几个提取组成要素得到的中心点、中心线或中心面,见图2.2(c)。为方便起见,提取圆柱面的导出中心线称为提取中心线,两相对提取平面的导出中心面称为提取中心面。

5. 拟合组成要素和拟合导出要素

拟合组成要素是按规定方法,由提取组成要素形成的并具有理想形状的组成要素,见图2.2(d)。

拟合导出要素是由一个或几个拟合组成要素导出的中心点、轴线或中心平面,见图2.2(d)。

2.1.2 有关孔和轴的定义

1. 孔

孔通常是指圆柱形内表面尺寸要素,也包括非圆柱形内表面尺寸要素(由两平行平面或切面形成的包容面)。

2. 轴

轴通常是指圆柱形外表面尺寸要素,也包括非圆柱形外表面尺寸要素(由两平行平面或切面形成的被包容面)。

孔和轴的区别:从装配后的包容与被包容面之间的关系看,包容属于孔,被包容属于轴。从工件的加工过程来看,随着加工余量的切除,孔的尺寸是由小变大,而轴的尺寸是由大变小,并且两表面相对其间没有材料;而轴的尺寸是由大变小,并且两表面相背其外没有材料。图 2.3 中尺寸 $D_1, D_2, D_3, D_4, D_5, D_6$ 所确定的内表面都称为孔。尺寸 d_1, d_2, d_3, d_4 所确定的外表面都称为轴。尺寸 L_1, L_2 不能形成包容或被包容面,两表面同向,则既不是孔,也不是轴。

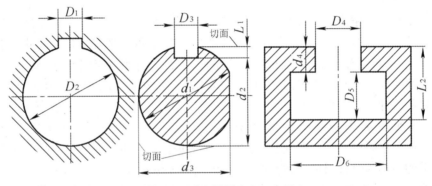

图 2.3 孔和轴的定义示意图

2.1.3 有关尺寸的术语及定义

1. 尺寸

尺寸是指以特定单位表示的线性尺寸值的数值。

线性尺寸是指两点之间的距离,如直径、半径、宽度、高度、深度、厚度及中心距等。

按照 GB/T 4458.4—1984《机械制图尺寸注法》的规定,图样上的尺寸以毫米(mm)为单位时,不需标注计量单位的代号或名称。

2. 公称尺寸

公称尺寸是由图样规范确定的理想形状要素的尺寸,用符号 D 表示。它是根据零件的强度、刚度等的计算,结构和工艺上的需要设计给定的尺寸,并应化整,尽量采用标准尺寸,执行 GB/T 2822—2005《标准尺寸》的规定(见表 2.1)。

表2.1 标准尺寸(10～100 mm)

Rr			Rr			Rr			Rr		
R10	R20	R40	R10	R20	R40	R10	R20	R40	R10	R20	R40
10.0	10.0		10	10			35.5	35.5		**36**	**36**
	11.2			**11**				37.5			**38**
12.5		12.5	**12**	**12**	**12**	40.0	40.0	40.0	40	40	40
		13.2			**13**			42.5			**42**
		14.0			14			45.0		45	45
		15.0			15			47.5			**48**
16	16	16.0	16	16	16	50.0	50.0	50.0	50	50	50
		17.0			17			53.0			53
	18	18.0		18	18		56.0	56.0		56	56
		19.0			19			60.0			60
20.0	20.0	20.0	20	20	20	63.0	63.0	63.0	63	63	63
		20.2			**21**			67.0			67
	22.4	22.4		**22**	**22**		71.0	71.0		71	71
		23.6			24			75.0			75
25.0	25.0	25.0	25	25	25	80.0	80.0	80.0	80	80	80
		26.5			**26**			85.0			85
	28.0	28.0		28	28		90.0	90.0		90	90
		30.0			30			95.0			95
31.5	31.5	31.5	**32**	**32**	**32**	100.0	100.0	100.0	100	100	100
		33.5			**34**						

注:R*r*系列中的黑体字为R系列相应各项优先数的化整值。
资料来源:摘自GB/T 2822—2005。

3. 极限尺寸

极限尺寸是尺寸要素允许的尺寸的两个极端值(见图2.4)。这两个极端值中,允许的最大尺寸称为上极限尺寸,孔和轴的上极限尺寸分别用符号 D_{max} 和 d_{max} 表示。允许的最小尺寸称为下极限尺寸,孔和轴的下极限尺寸分别用符号 D_{min} 和 d_{min} 表示。

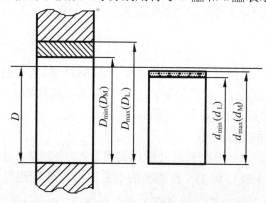

图2.4 公称尺寸、极限尺寸和上、下极限尺寸

4. 提取组成要素的局部尺寸

提取组成要素是指通过规定的测量方法得到的面和面上的线。提取组成要素的局部尺寸是一切提取要素的两相对点之间的距离。

(1) 提取圆柱面的局部尺寸。

提取圆柱面的局部尺寸是指要素上两对应点之间的距离。其中，两对应点之间的连线通过拟合圆圆心；横截面垂直于由提取表面得到的拟合圆柱面的轴线。

(2) 两平行提取表面的局部尺寸。

两平行提取表面的局部尺寸是指两平行对应提取表面上两对应点之间的距离。其中，所有对应点的连线均垂直于拟合中心平面；拟合中心平面是由两平行提取表面得到的两拟合平行平面的中心平面（两拟合平行平面之间的距离可能与公称距离不同）。

为方便起见，可将提取组成要素的局部尺寸简称为提取要素的局部尺寸，孔和轴的提取要素的局部尺寸分别用 D_a 和 d_a 表示（以前的标准中称为实际尺寸）。由于存在测量误差，测量获得的并非真实尺寸，而是一近似于真实尺寸的尺寸。由于零件表面加工后存在形状误差，因此零件同一表面不同部位的提取要素的局部尺寸（实际尺寸）往往是不同的。

公称尺寸和极限尺寸是设计时给定的，提取要素的局部尺寸（实际尺寸）应限制在极限尺寸范围内，也可达到极限尺寸。孔或轴的提取要素的局部尺寸（实际尺寸）合格条件如下：

$$D_{\min} \leqslant D_a \leqslant D_{\max}$$
$$d_{\min} \leqslant d_a \leqslant d_{\max}$$

5. 最大实体状态和最大实体尺寸

假定提取组成要素的局部尺寸处处位于极限尺寸且使其具有实体最大时的状态称为最大实体状态(MMC)。确定要素最大实体状态的尺寸，即外尺寸要素的上极限尺寸，内尺寸要素的下极限尺寸。孔和轴的最大实体尺寸分别用 D_M 和 d_M 表示（见图2.4）。

$$D_M = D_{\min}, \quad d_M = d_{\max}$$

6. 最小实体状态和最小实体尺寸

假定提取组成要素的局部尺寸处处位于极限尺寸且使其具有实体最小时的状态称为最小实体状态(LMC)。确定要素最小实体状态的尺寸，即外尺寸要素的下极限尺寸，内尺寸要素的上极限尺寸。孔和轴的最小实体尺寸分别用 D_L 和 d_L 表示（见图2.4）。

$$D_L = D_{\max}, \quad d_L = d_{\min}$$

2.1.4 有关偏差和公差的术语及定义

1. 尺寸偏差

尺寸偏差（简称偏差）是指某一尺寸（极限尺寸、实际尺寸）减其公称尺寸所得的代数差。极限尺寸和实际尺寸可能大于、小于或等于公称尺寸，所以该代数差可能是正值、负值或零。偏差值除零外，前面必须冠以正、负号。

偏差分为极限偏差和实际偏差。

极限偏差是指极限尺寸减其公称尺寸所得的代数差（见图2.5）。上极限尺寸减其公称尺寸所得的代数差称为上极限偏差。孔和轴的上极限偏差分别用符号 ES 和 es 表示，以公式表示如下：

$$\text{ES} = D_{\max} - D, \quad \text{es} = d_{\max} - D \tag{2.1}$$

下极限尺寸减其公称尺寸所得的代数差称为下极限偏差。孔和轴的下极限偏差分别用符号 EI 和 ei 表示,以公式表示如下：

$$EI = D_{min} - D, \quad ei = d_{min} - D \qquad (2.2)$$

实际偏差是指提取要素的局部尺寸减其公称尺寸所得的代数差。孔和轴的实际偏差分别用符号 E_a 和 e_a 表示,以公式表示如下：

$$E_a = D_a - D, \quad e_a = d_a - D \qquad (2.3)$$

孔或轴合格条件用偏差来表示,那么实际偏差应限制在极限偏差范围内,也可达到极限偏差,以公式表示如下：

$$EI \leqslant E_a \leqslant ES（对于孔）$$

$$ei \leqslant e_a \leqslant es（对于轴）$$

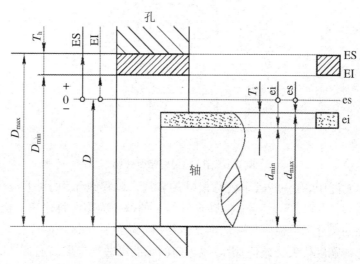

图 2.5　公称尺寸、极限尺寸和极限偏差、尺寸公差

2. 尺寸公差

尺寸公差(简称公差)是指上极限尺寸减去下极限尺寸所得的差值,或上极限偏差减去下极限偏差所得的差值,它是允许尺寸的变动量。孔和轴的尺寸公差分别用符号 T_h 和 T_s 表示。公差与极限尺寸、极限偏差的关系以公式表示如下：

$$T_h = D_{max} - D_{min} = ES - EI$$

$$T_s = d_{max} - d_{min} = es - ei \qquad (2.4)$$

鉴于上极限尺寸总是大于下极限尺寸,上极限偏差总是大于下极限偏差,所以公差是一个没有符号的绝对值。因为公差仅表示尺寸允许变动的范围,是指某种区域大小的数量指标,所以公差不是代数值,没有正、负值之分,也不可能为零。

公差与偏差的比较如下：

(1) 概念不同。极限偏差是相对于公称尺寸偏离大小的数值,即确定了极限尺寸相对公称尺寸的位置,它是限制提取要素的局部偏差的变动范围;而公差是仅表示极限尺寸变动范围的一个数值。

(2) 作用不同。极限偏差表示了公差带的确切位置,可反映出零件在装配时配合的松紧程度;而公差仅表示公差带的大小,它反映了零件的配合精度。若公差值大则允许尺寸变动的范围大,因而要求加工精度低;反之,公差值小则允许尺寸变动的范围小,因而要求加工精度高。

(3) 代数值的不同。由于提取要素的局部尺寸和极限尺寸可能大于、小于或等于公称尺寸,故尺寸偏差可以是正数、负数或零;而尺寸公差是一个没有符号的绝对值,且不可为零。

3. 公差带示意图及公差带

图 2.5 清楚而直观地表示出相互结合的孔和轴的公称尺寸、极限尺寸、极限偏差及公差之间的关系。我们把图 2.5 中的孔、轴实体删去,只留下表示孔、轴极限偏差那部分,如图 2.6 所示的简化图,但它仍能正确表示结合的孔、轴之间的相互关系,被称之为孔、轴公差带示意图。

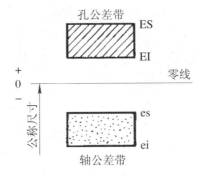

图 2.6 孔、轴公差带示意图

在公差带示意图中,有一条表示公称尺寸的零线。以零线作为上、下极限偏差的起点,零线以上为正偏差,零线以下为负偏差,位于零线上的偏差为零。将代表上极限偏差和下极限偏差或者上极限尺寸和下极限尺寸的两条直线所限定的一个区域叫作公差带。公差带在零线垂直方向上的宽度代表公差值,沿零线方向的长度可适当选取。通常,孔公差带用斜线表示,轴公差带用网点表示。

公差带示意图中,公称尺寸的单位用 mm 表示;极限偏差及公差的单位可用 mm 表示,也可用 μm 表示;习惯上极限偏差及公差的单位用 μm 表示。

4. 极限制

公差带由"公差带大小"与"公差带位置"两个要素组成。公差带的大小由公差值确定,公差带相对于零线的位置由基本偏差(上极限偏差或下极限偏差)确定。

用标准化的公差与极限偏差组成标准化的孔、轴公差带的制度称为极限制。GB/T 1800.1—2009 把标准化公差统称为标准公差,把标准化的极限偏差(其中的上极限偏差或下极限偏差)统称为基本偏差。

例 1 公称尺寸为 50 mm 的相互结合的孔和轴的极限尺寸分别为 D_{max} = 50.025 mm, D_{min} = 50 mm;d_{max} = 49.950 mm,d_{min} = 49.934 mm。它们加工后测得一孔和一轴的提取要素局部尺寸分别为 D_a = 50.010 mm,d_a = 49.946 mm。求孔和轴的极限偏差、公差和实际尺寸偏差,并画出该孔、轴的公差带示意图。

解:

由式(2.1)、式(2.2)计算孔和轴的极限偏差:

$$ES = D_{max} - D = 50.025 - 50 = +0.025 \text{ (mm)}$$

$$EI = D_{min} - D = 50 - 50 = 0 \text{ (mm)}$$

$$\text{es} = d_{\max} - D = 49.950 - 50 = -0.050 \text{ (mm)}$$
$$\text{ei} = d_{\min} - D = 49.934 - 50 = -0.066 \text{ (mm)}$$

由式(2.4)计算孔和轴的公差：
$$T_h = D_{\max} - D_{\min} = 50.025 - 50 = 0.025 \text{ (mm)}$$
$$T_s = d_{\max} - d_{\min} = 49.950 - 49.934 = 0.016 \text{ (mm)}$$

由式(2.3)计算孔和轴的实际偏差：
$$E_a = D_a - D = 50.010 - 50 = +0.010 \text{ (mm)}$$
$$e_a = d_a - D = 49.946 - 50 = -0.054 \text{ (mm)}$$

本例的孔、轴公差带示意图如图 2.7 所示。

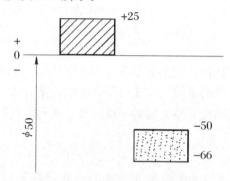

图 2.7 孔、轴公差带示意图

2.1.5 有关配合的术语及定义

1．配合

配合是指公称尺寸相同的、相互结合的孔和轴公差带之间的关系。组成配合的孔与轴的公差带位置不同，便形成不同的配合性质。

2．间隙或过盈

间隙或过盈是指孔的尺寸减去相配合的轴的尺寸所得的代数差。该代数差为正值时叫作间隙，用符号 X 表示；该代数差为负值时，叫作过盈，用符号 Y 表示。

3．配合的分类

根据相互结合的孔、轴公差带不同的相对位置关系，配合可以分为下列三类。

(1) 间隙配合。

间隙配合是指具有间隙(包括最小间隙等于零)的配合。此时，孔公差带在轴公差带的上方(如图 2.8 所示)。孔、轴极限尺寸或极限偏差的关系为：$D_{\min} \geqslant d_{\max}$ 或 EI≥es。

间隙配合中，孔的上极限尺寸减去轴的下极限尺寸所得的代数差称为最大间隙，它用符号 $X_{\max}$ 表示，即

$$X_{\max} = D_{\max} - d_{\min} = \text{ES} - \text{ei} \tag{2.5}$$

孔的下极限尺寸减去轴的上极限尺寸所得的代数差称为最小间隙，它用符号 $X_{\min}$ 表示，即

$$X_{\min} = D_{\min} - d_{\max} = \text{EI} - \text{es} \tag{2.6}$$

当孔的下极限尺寸与轴的上极限尺寸相等时，则最小间隙为零。

在实际设计中有时用到平均间隙,间隙配合中的平均间隙用符号 X_{av} 表示,即
$$X_{av} = (X_{max} + X_{min})/2 \tag{2.7}$$
间隙数值的前面必须冠以正号。

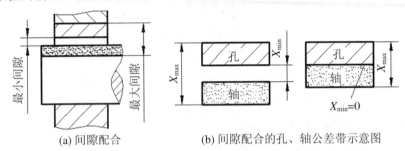

图 2.8　间隙配合的示意图

(2) 过盈配合。

过盈配合是指具有过盈(包括最小过盈等于零)的配合。此时,孔公差带在轴公差带的下方(如图 2.9 所示)。孔、轴的极限尺寸或极限偏差的关系为 $D_{max} \leqslant d_{min}$ 或 ES$\leqslant$ei。

过盈配合中,孔的上极限尺寸减去轴的下极限尺寸所得的代数差称为最小过盈,它用符号 Y_{min} 表示,即
$$Y_{min} = D_{max} - d_{min} = ES - ei \tag{2.8}$$

孔的下极限尺寸减去轴的上极限尺寸所得的代数差称为最大过盈,它用符号 Y_{max} 表示,即
$$Y_{max} = D_{min} - d_{max} = EI - es \tag{2.9}$$

当孔的上极限尺寸与轴的下极限尺寸相等时,则最小过盈为零。

在实际设计中有时用到平均过盈,过盈配合中的平均过盈用符号 Y_{av} 表示,即
$$Y_{av} = (Y_{max} + Y_{min})/2 \tag{2.10}$$
过盈数值的前面必须冠以负号。

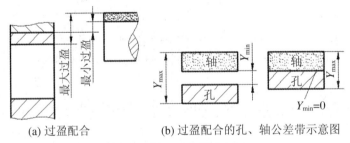

图 2.9　过盈配合的示意图

(3) 过渡配合。

过渡配合是指可能具有间隙或过盈的配合。此时,孔公差带与轴公差带相互交叠(如图 2.10 所示)。孔、轴的极限尺寸或极限偏差的关系为 $D_{max} > d_{min}$ 且 $D_{min} < d_{max}$;或 ES$>$ei 且 EI$<$es。

过渡配合中,孔的上极限尺寸减去轴的下极限尺寸所得的代数差称为最大间隙,其计算公式与式(2.5)相同。孔的下极限尺寸减去轴的上极限尺寸所得的代数差称为最大过盈,其计算公式与式(2.9)相同。

过渡配合中的平均间隙或平均过盈为

$$X_{av}(或 Y_{av}) = (X_{max} + Y_{max})/2 \tag{2.11}$$

按式(2.11)计算所得的数值为正值时是平均间隙,为负值时是平均过盈。

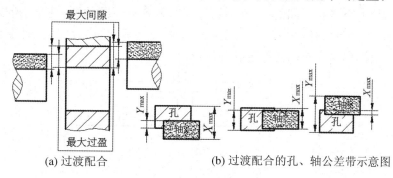

(a) 过渡配合　　　　(b) 过渡配合的孔、轴公差带示意图

图 2.10　过渡配合的示意图

4. 配合公差

配合公差是指组成配合的孔与轴的公差之和,用 T_f 表示。它是允许间隙和过盈的变动量,是一个绝对值。它表明配合松紧程度的变化范围。鉴于最大间隙总是大于最小间隙,最小过盈总是大于最大过盈(它们都带负号),所以配合公差是一个没有符号的绝对值。

间隙配合中:

$$T_f = X_{max} - X_{min} = T_h + T_s \tag{2.12}$$

过盈配合中:

$$T_f = Y_{min} - Y_{max} = T_h + T_s \tag{2.13}$$

过渡配合中:

$$T_f = X_{max} - Y_{max} = T_h + T_s \tag{2.14}$$

上述三种配合的配合公差亦为孔公差与轴公差之和,即

$$T_f = T_h + T_s \tag{2.15}$$

由此可见,配合机件的装配精度与零件的加工精度有关。若要提高机件的装配精度,使配合后的间隙或过盈的变化范围减小,则应减少零件的公差,也就是提高零件的加工精度。设计时,可根据配合中允许的间隙或过盈变动范围,来确定孔、轴公差。

例 2　组成配合的孔和轴在零件图上标注的公称尺寸和极限偏差分别为 $\phi 50^{+0.025}_{0}$ mm 和 $\phi 50^{+0.018}_{+0.002}$ mm。试计算该配合的最大间隙、最大过盈、平均间隙或平均过盈及配合公差,并画出孔、轴公差带示意图。

解:

由式(2.5)计算最大间隙:

$$X_{max} = ES - ei = (+0.025) - (+0.002) = +0.023 \text{ (mm)}$$

由式(2.9)计算最大过盈:

$$Y_{max} = EI - es = 0 - (+0.018) = -0.018 \text{ (mm)}$$

由式(2.11)计算平均间隙或平均过盈:

$$\frac{X_{max} + Y_{max}}{2} = \frac{(+0.023) + (-0.018)}{2} = +0.0025 \text{ (mm)}(平均间隙)$$

由式(2.13)计算配合公差:

$$T_f = X_{max} - Y_{max} = (+0.023) - (-0.018) = 0.041 \text{ (mm)}$$

本例的孔、轴公差带示意图见图 2.11。

5．配合制

在机械产品中，有各种不同的配合要求，这就需要各种不同的孔、轴公差带来实现。为了获得最佳的技术经济效益，把其中孔公差带（或轴公差带）的位置固定，而改变轴公差带（或孔公差带）的位置，来实现所需要的各种配合。

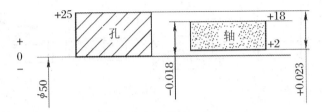

图 2.11　过渡配合的孔、轴公差带示意图

用标准化的孔、轴公差带（即同一极限制的孔和轴）组成各种配合的制度称为配合制。
GB/T 1800.1—2009 规定了两种配合制（基孔制和基轴制）来获得各种配合。

(1) 基孔制。

基孔制是指基本偏差为一定的孔的公差带，与不同基本偏差的轴的公差带形成各种配合的一种制度（见图 2.12）。基孔制的孔为基准孔，它的基本偏差（下极限偏差）为零。基孔制的轴为非基准轴。

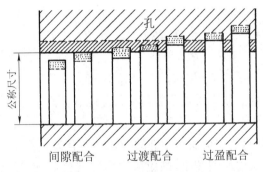

图 2.12　基孔制配合

(2) 基轴制。

基轴制是指基本偏差为一定的轴的公差带，与不同基本偏差的孔的公差带形成各种配合的一种制度（见图 2.13）。基轴制的轴为基准轴，它的基本偏差（上极限偏差）为零。基轴制的孔为非基准孔。

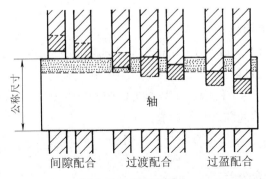

图 2.13　基轴制配合

例 3 有一过盈配合，孔、轴的公称尺寸为 $\phi 45$ mm，要求过盈在 -0.045 mm 至 -0.086 mm 范围内。试应用式(2.12)，并采用基孔制，取孔公差等于轴公差的一倍半，确定孔和轴的极限偏差，画出孔、轴公差带示意图。

解：

(1) 求孔公差和轴公差。

按式(2.13)得 $T_f = Y_{min} - Y_{max} = T_h + T_s = (-0.045) - (-0.086) = 0.041$ (mm)。为了使孔、轴的加工难易程度大致相同，一般取 $T_h = (1 \sim 1.6)T_s$，本例取 $T_h = 1.5T_s$，$1.5T_s + T_s = 0.041$ (mm)，因此 $T_s = 0.016$ mm，$T_h = 0.025$ mm。

(2) 求孔和轴的极限偏差。

按基孔制，则 EI $= 0$ mm，因此 ES $= T_h +$ EI $= 0.025 + 0 = +0.025$ (mm)。由 $Y_{min} =$ ES $-$ ei，得 ei $=$ ES $- Y_{min} = (+0.025) - (-0.045) = +0.070$ (mm)，而 es $=$ ei $+ T_s = (+0.070) + 0.016 = +0.086$ (mm)。

孔、轴公差带示意图如图 2.14 所示。

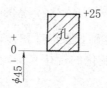

图 2.14 过盈配合的孔、轴公差带示意图

2.2 常用尺寸孔、轴《极限与配合》国家标准的构成

机械产品中，公称尺寸≤500 mm 的尺寸段在生产中应用最广，该尺寸段称为常用尺寸。由前一节的叙述可知，各种配合是由孔与轴的公差带之间的关系决定的，而孔、轴公差带是由它的大小和位置决定的，为了使公差带的大小和位置标准化，GB/T 1800.1—2009 规定了孔和轴的标准公差系列与基本偏差系列。公差带的大小由标准公差确定，公差带的位置由基本偏差确定。

2.2.1 孔、轴标准公差系列

标准公差是国家标准极限与配合制(GB/T 1800.1—2009)中所规定的用以确定公差带大小的任一公差。它的数值取决于孔、轴的标准公差等级和公称尺寸。

1. 标准公差等级及其代号

标准公差等级是指确定尺寸精确程度的等级。由于不同零件和零件上不同部位的尺寸,对其精确程度的要求往往不同。为了满足生产使用要求,孔、轴的标准公差等级规定了 20 个等级,其代号由标准公差符号 IT 和数字组成,它们分别用符号 IT01,IT0,IT1,IT2,…,IT18 表示。其中 IT01 最高,等级依次降低,IT18 最低。

在同一尺寸段中,公差等级数越大,尺寸的公差数值也越大,即尺寸的精度越低。在极限与配合制中,同一公差等级(例如 IT7)对所有公称尺寸的一组公差被认为具有同等精确程度。

在实际应用中,标准公差等级代号也用于表示标准公差数值。

2. 标准公差因子

标准公差因子是计算标准公差的基本单位,也是制定标准公差数值系列的基础。标准公差的数值不仅与标准公差等级的高低有关,而且与公称尺寸的大小有关。

生产实践表明,在相同的加工条件下加工一批零件(孔或轴),公称尺寸不同的孔或轴加工后生产的加工误差范围亦不同。利用统计分析发现,加工误差范围与公称尺寸的关系呈立方抛物线的关系,如图 2.15 所示。

公差用于限制加工误差范围,而加工误差范围与公称尺寸有一定的关系,因此公差与公称尺寸亦应有一定的关系,这种关系可以用标准公差因子的形式来表示。

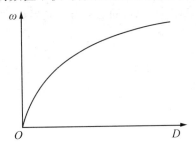

图 2.15 加工误差 ω 与公称尺寸 D 的关系

标准公差因子是以生产实践为基础,通过专门的试验和大量的统计数据分析,找出孔轴的加工误差和测量误差随公称尺寸变化的规律来确定的。IT5 至 IT18 的标准公差因子 i 用下式表示:

$$i = 0.45\sqrt[3]{D} + 0.001D \tag{2.16}$$

式中,i 以 μm 计;D 以 mm 计。

在式(2.16)中,第一项表示加工误差范围与公称尺寸大小的关系(抛物线关系);第二项表示测量误差(主要是测量时温度的变化产生的测量误差)与公称尺寸大小的关系(线性关系)。

3. 标准公差数值的计算

标准公差数值计算公式见表 2.2 所示。

表 2.2 常用尺寸孔、轴标准公差数值的计算公式

标准公差等级	公 式	标准公差等级	公 式	标准公差等级	公 式
IT01	$0.3+0.008D$	IT6	$10i$	IT13	$250i$
IT0	$0.5+0.012D$	IT7	$16i$	IT14	$400i$
IT1	$0.8+0.020D$	IT8	$25i$	IT15	$640i$
IT2	$(IT1)(IT5/IT1)^{1/4}$	IT9	$40i$	IT16	$1000i$
IT3	$(IT1)(IT5/IT1)^{1/2}$	IT10	$64i$	IT17	$1600i$
IT4	$(IT1)(IT5/IT1)^{3/4}$	IT11	$100i$	IT18	$2500i$
IT5	$7i$	IT12	$160i$		

由表 2.2 可见,标准公差数值有如下一些规律。
(1) 对于 IT5～IT18 的标准公差等级,标准公差数值 IT 用下列公式表示:
$$IT = a \cdot i \tag{2.17}$$
式中,a——标准公差等级系数;
i——标准公差因子。

在式(2.17)中,a 采用 R5 系列中的化整优先数(公比为 1.6)。标准公差等级越高,则 a 值越小;反之,标准公差等级越低,则 a 值越大。从 IT6 级开始,每增 5 个等级,a 值增大到 10 倍。

(2) 对于 IT01,IT0,IT1 这三个标准公差等级,在工业生产中很少用到,主要考虑测量误差的影响。因此,它们的标准公差数值与公称尺寸的关系为线性关系,并且这三个标准公差等级之间的常数和系数均采用优先数系的派生系列 R10/2 中的优先数。

(3) 对于 IT2,IT3,IT4 这三个标准公差等级,它们的标准公差数值在 IT1 与 IT5 间呈等比数列,该数列的公比 $q = (IT5/IT1)^{1/4}$。

标准公差等级系数的划分符合优先数系的规律时,就具有延伸性和插入性,有利于国家标准的发展和扩大使用。例如,按 R10/2 系列可以确定 IT02 = 0.2 + 0.005D(向高精度延伸);按 R5 系列可确定 IT19 = 4000i(向低精度延伸);按 R10 系列(化整优先数)可确定 IT6.5 = 12.5i(插入)。

4. 公称尺寸分段

由于标准公差因子 i 是公称尺寸 D 的函数,如果按表 2.2 所列的公式计算标准公差数值,那么,对于每一个标准公差等级,给一个公称尺寸就可以计算对应的公差数值,这样编制的公差表格就非常庞大。为了把公差数值的数目减少到最低限度,统一公差数值,简化公差表格,方便实际生产应用,应按一定规律将常用尺寸分成若干段落。这叫作尺寸分段,见表 2.3 所示。

表 2.3 公称尺寸分段

主 段 落		中 间 段 落		主 段 落		中 间 段 落	
大 于	至	大 于	至	大 于	至	大 于	至
—	3	无细分段		250	315	250	280
						280	315
3	6			315	400	315	355
6	10					355	400
10	18	10	14	400	500	400	450
		14	18			450	500
18	30	18	24	500	630	500	560
		24	30			560	630
30	50	30	40	630	800	630	710
		40	50			710	800
50	80	50	65	800	1000	800	900
		65	80			900	1000

续表

主 段 落		中 间 段 落		主 段 落		中 间 段 落	
大 于	至	大 于	至	大 于	至	大 于	至
80	120	80	100	1000	1250	1000	1120
		100	120			1120	1250
120	180	120	140	1250	1600	1250	1400
		140	160			1400	1600
		160	180	1600	2000	1600	1800
						1800	2000
180	250	180	200	2000	2500	2000	2240
		200	225			2240	2500
		225	250	2500	3150	2500	2800
						2800	3150

资料来源:摘自 GB/T1 800.1—2009。

采用尺寸分段后,对每一个标准公差等级,同一尺寸分段范围内(大于 D_1 至 D_n)各个公称尺寸的标准公差相同。按式(2.16)计算标准公差因子 i 时,公式中的公称尺寸以尺寸分段首、末两个尺寸($D_首$、$D_末$)的几何平均值 D_j 代入,即

$$D_j = \sqrt{D_首 \times D_末} \tag{2.18}$$

按式(2.18)、式(2.16)及表 2.2 的计算公式,分别计算出各个尺寸段的各个标准公差等级的标准公差数值,并将尾数圆整,就编制成了表 2.4 和表 2.5 所列的标准公差数值。

例 4 求基本尺寸为 90 mm 的 IT7 标准公差数值。

解:

90 mm 在大于 80 mm 至 120 mm 段内,这一尺寸分段的几何平均值 D_j 和标准公差因子 i 分别由式(2.17)和式(2.15)计算得到:

$$D_j = \sqrt{80 \times 120} \approx 97.98 \text{ (mm)}, \quad i = 0.45\sqrt[3]{D_j} + 0.001 D_j \approx 2.173 \text{ (}\mu\text{m)}$$

由表 2.2 知 IT7 = $16i$,因此

$$IT7 = 16i = 16 \times 2.173 = 34.768 \text{ (}\mu\text{m)}$$

经尾数化整,则得 IT7 = 35 μm。

在实际工作中,表 2.4、表 2.5 可以直接用来查取一定公称尺寸和标准公差等级的标准公差数值,还可以根据已知公称尺寸和公差数值,确定它们对应的标准公差等级。

表 2.4 IT01 和 IT0 的标准公差数值

公称尺寸 (mm)		标准公差等级	
		IT01	IT0
大 于	至	公差(μm)	
—	3	0.3	0.5
3	6	0.4	0.6
6	10	0.4	0.6

续表

公称尺寸 (mm)		标准公差等级	
		IT01	IT0
大于	至	公差(μm)	
10	18	0.5	0.8
18	30	0.6	1
30	50	0.6	1
50	80	0.8	1.2
80	120	1	1.5
120	180	1.2	2
180	250	2	3
250	315	2.5	4
315	400	3	5
400	500	4	6

资料来源：摘自 GB/T 1800.1—2009。

表 2.5　标准公差数值

公称尺寸 (mm)		标准公差等级																
		IT1	IT2	IT3	IT4	IT5	IT6	IT7	IT8	IT9	IT10	IT11	IT12	IT13	IT14	IT15	IT16	IT17	IT18
大于	至	(μm)											(mm)						
—	3	0.8	1.2	2	3	4	6	10	14	25	40	60	0.1	0.14	0.25	0.4	0.6	1	1.4
3	6	1	1.5	2.5	4	5	8	12	18	30	48	75	0.12	0.18	0.3	0.48	0.75	1.2	1.8
6	10	1	1.5	2.5	4	6	9	15	22	36	58	90	0.15	0.22	0.36	0.58	0.9	1.5	2.2
10	18	1.2	2	3	5	8	11	18	27	43	70	110	0.18	0.27	0.43	0.7	1.1	1.8	2.7
18	30	1.5	2.5	4	6	9	13	21	33	52	84	130	0.21	0.33	0.52	0.84	1.3	2.1	3.3
30	50	1.5	2.5	4	7	11	16	25	39	62	100	160	0.25	0.39	0.62	1	1.6	2.5	3.9
50	80	2	3	5	8	13	19	30	46	74	120	190	0.3	0.46	0.74	1.2	1.9	3	4.6
80	120	2.5	4	6	10	15	22	35	54	87	140	220	0.35	0.54	0.87	1.4	2.2	3.5	5.4
120	180	3.5	5	8	12	18	25	40	63	100	160	250	0.4	0.63	1	1.6	2.5	4	6.3
180	250	4.5	7	10	14	20	29	46	72	115	185	290	0.46	0.72	1.15	1.85	2.9	4.6	7.2
250	315	6	8	12	16	23	32	52	81	130	210	320	0.52	0.81	1.3	2.1	3.2	5.2	8.1
315	400	7	9	13	18	25	36	57	89	140	230	360	0.57	0.89	1.4	2.3	3.6	5.7	8.9
400	500	8	10	15	20	27	40	63	97	155	250	400	0.63	0.97	1.55	2.5	4	6.3	9.7

注：公称尺寸小于或等于 1 mm 时，无 IT14～IT18。
资料来源：摘自 GB/T 1800.1—2009。

2.2.2　孔、轴基本偏差系列

1. 基本偏差的定义

基本偏差为国家标准极限与配合制（GB/T 1800.1—2009）中，用以确定公差带相对于零线位置的极限偏差(上极限偏差或下极限偏差),一般是指靠近零线的那个极限偏差。它是决定公差带位置的参数,为了公差带位置的标准化,并满足工程实践中各种使用情况的需要,国家标准规定了孔和轴各有28种基本偏差,见图2.16、图2.17。这些不同的基本偏差便构成了基本偏差系列。

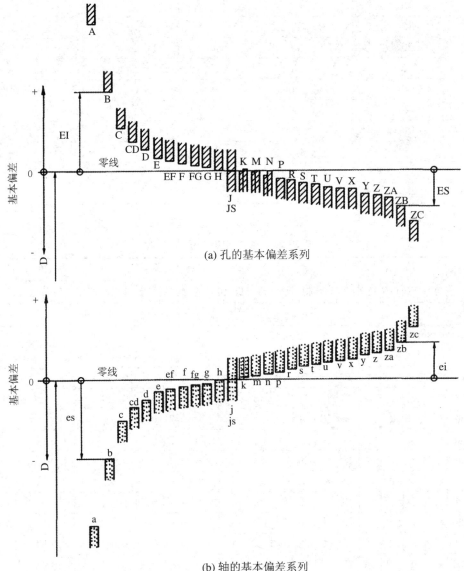

图 2.16 基本偏差系列示意图

2. 基本偏差的代号

孔、轴基本偏差各有28种,每种基本偏差的代号用一个或两个英文字母表示。孔用大写字母表示,轴用小写字母表示。

在26个英文字母中,去掉5个容易与其他符号含义混淆的字母 I(i)、L(l)、O(o)、Q(q)、W(w),增加由两个字母组成的7组字母 CD(cd)、EF(ef)、FG(fg)、JS(js)、ZA(za)、ZB(zb)、ZC(zc),共计28种。

孔和轴的基本偏差系列见图2.16,孔和轴的28种基本偏差中有24种具有倒影关系,仅

J(j),K(k),M(m)和N(n)基本偏差例外(详见图2.17、图2.18)。图2.16中所画的公差带是"开口"公差带,其封闭的一端是基本偏差,基本偏差只表示公差带的位置,而不表示公差带的大小。公差带"开口"的一端则由公差等级来确定,公差等级确定公差带的大小。

3. 轴的基本偏差的特征

轴的基本偏差系列见图2.16(b)。代号为 a~g 的基本偏差皆为上极限偏差 es(负值),按从 a 到 g 的顺序,基本偏差的绝对值依次逐渐减少。

代号为 h 的基本偏差为上极限偏差 es=0,它是基轴制中基准轴的基本偏差代号。

基本偏差代号为 js 的轴的公差带相对于零线对称分布,基本偏差可取为上极限偏差 es=+IT/2(IT 为标准公差数值),也可取下极限偏差 ei=-IT/2。根据 GB/T 1800.1—2009 的规定,当标准公差等级为 IT7~IT11 时,若公差数值是奇数,则按 ±(IT-1)/2 计算。

代号为 j~zc 的基本偏差皆为下偏差 ei(除 j 为负值外,其余皆为正值),按从 k 到 zc 的顺序,基本偏差的数值依次逐渐增大。

图2.16中,除 j 和 js 特殊情况外,由于基本偏差仅确定公差带的位置,因而公差带的另一端未加限制。

图2.17为轴的各种基本偏差和公差带的示意图。

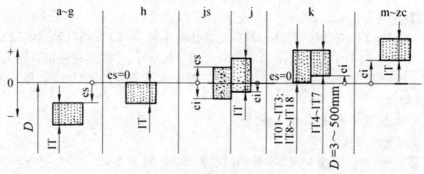

图 2.17 轴基本偏差和公差带

4. 孔的基本偏差的特征

孔的基本偏差系列见图2.16(a)。代号为 A~G 的基本偏差为下极限偏差 EI(正值),按从 A 到 G 的顺序,基本偏差的数值依次逐渐减少。

代号为 H 的基本偏差为下极限偏差 EI=0,它是基孔制中基准孔的基本偏差代号。

基本偏差代号为 JS 的孔的公差带相对于零线对称分布,基本偏差可取为上极限偏差 ES=+IT/2 (IT 为标准公差数值),也可取下极限偏差 EI=-IT/2,根据 GB/T 1800.1—2009 的规定,当标准公差等级为 IT7~IT11 时,若公差数值是奇数,则按 ±(IT-1)/2 计算。

代号为 J~ZC 的基本偏差皆为上极限偏差 ES(除 J,K 为正值外,其余皆为负值),按从 K 到 ZC 的顺序,基本偏差的绝对值依次逐渐增大。

图2.16(a)中,除 J,JS 特殊情况外,由于基本偏差仅确定公差带的位置,因而公差带的另一端未加限制。

图2.18为孔的各种基本偏差和公差带的示意图。

5. 各种基本偏差所形成配合的特征

(1) 间隙配合。

a~h(或 A~H)等11种基本偏差与基准孔基本偏差 H(或基准轴基本偏差 h)形成间隙配合。其中 a 与 H(或 A 与 h)形成的配合的间隙最大。此后,间隙依次减小,基本偏差 h 与

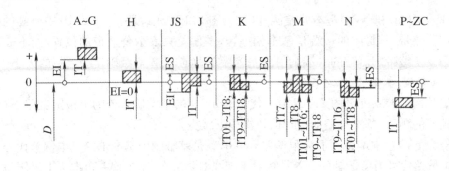

图 2.18 孔基本偏差和公差带

H形成的配合的间隙最小,该配合的最小间隙为零。

(2) 过渡配合。

js,j,k,m,n(或JS,J,K,M,N)等5种基本偏差与基准孔基本偏差H(或基准轴基本偏差h)形成过渡配合。其中js与H(或JS与h)形成的配合较松,获得间隙的概率较大。此后,配合依次变紧,n与H(或N与h)形成的配合较紧,获得过盈的概率较大。而标准公差等级很高的n与H(或N与h)形成的配合则为过盈配合。

(3) 过盈配合。

p~zc(或P~ZC)等12种基本偏差与基准孔基本偏差H(或基准轴基本偏差h)形成过盈配合。其中p与H(或P与h)形成的配合的过盈最小。此后,过盈依次增大,zc与H(或ZC与h)形成的配合的过盈最大。而标准公差等级不高的p与H(或P与h)形成的配合则为过渡配合。

6. 孔、轴公差带代号及配合代号

(1) 孔、轴公差带代号。

孔、轴公差带用孔、轴基本偏差字母和标准公差等级数字表示。例如,孔公差带 H7,F8;轴的公差带 h7,f6。

(2) 孔、轴配合代号。

把孔和轴的公差带进行组合,就构成孔、轴配合代号。它用分数形式表示,分子为孔公差带,分母为轴公差带。例如,基孔制配合代号 $\frac{H7}{g6}$ 或 50H7/g6;基轴制配合代号 $50\frac{G7}{h6}$ 或 50G7/h6。

7. 轴的基本偏差数值的确定

轴的各种基本偏差的数值按表 2.6 给出的公式计算。这些计算公式是 ISO 通过生产实践和科学实验,经统计分析得到的。

利用轴的基本偏差计算公式,以尺寸分段的几何平均值代入这些公式求得数值,经化整后(按数值修约规则)编制出轴的基本偏差数值表(见表 2.7)。表 2.7 js 基本偏差值 = $\pm ITn/2$,其余 27 种除(j,k)外,轴的基本偏差的数值与选用的标准公差等级无关。

8. 孔的基本偏差数值的确定

孔的基本偏差的数值由表 2.6 中给出的公式计算。

一般情况下,同一字母的孔的基本偏差与轴的基本偏差相对于零线是完全对称的。即孔与轴的基本偏差对应(例如 A 对应 a,F 对应 f)时,两者的基本偏差的绝对值相等,而符号相反:

$$EI = -es \text{ 或 } ES = -ei \tag{2.19}$$

该规则适用于所有的孔的基本偏差。但以下情况例外:

(1) 公称尺寸大于 3 mm 至 500 mm,标准公差等级>IT8(标准公差等级为 9 级或 9 级以下)时,代号为 N 的孔基本偏差(ES)的数值等于零。

(2) 在公称尺寸大于 3 mm 至 500 mm 的同名基孔制和基轴制配合中,给定某一标准公差等级的孔与高一级的轴相配合(例如 H7/p6 和 P7/h6),并要求两者的配合性质相同(具有同等的极限过盈或间隙)时,基轴制孔的基本偏差数值为按式(2.19)确定的数值加上一个 Δ 值(见图 2.19),即

$$ES = -ei + \Delta$$
$$\Delta = ITn - IT(n-1) \tag{2.20}$$

式中,Δ 为尺寸分段内给定的某一标准公差等级的孔的标准公差数值 ITn 与高一级的轴的标准公差数值 $IT(n-1)$ 的差值,即 $\Delta = ITn - IT(n-1) = T_h - T_s$。

例如,公称尺寸段 18~30 mm 的 P7:
$$\Delta = ITn - IT(n-1) = IT7 - IT6 = 21 - 13 = 8 \ (\mu m)$$

应该指出,公式(2.20)中给出的特殊规则仅用于公称尺寸大于 3 mm 至 500 mm,标准公差等级≤IT8(标准公差等级为 8 级或高于 8 级)的代号 K,M,N 和标准公差等级≤IT7(标准公差等级为 7 级或高于 7 级)的代号为 P 至 ZC 的孔基本偏差数值的计算。按以公式(2.19)和公式(2.20)计算出孔的基本偏差数值,经化整后编制出孔的基本偏差数值表(见表 2.8)。

表 2.6 常用尺寸孔、轴的基本偏差计算公式

基本尺寸 (mm)		轴			计算公式 (μm)	孔			基本尺寸 (mm)	
大于	至	基本偏差代号	符号	极限偏差		极限偏差	符号	基本偏差代号	大于	至
1	120	a	−	es	$265 + 1.3D$	EI	+	A	1	120
120	500			es	$3.5D$				120	500
1	160	b	−	es	$140 + 0.85D$	EI	+	B	1	160
160	500			es	$1.8D$				160	500
0	40	c	−	es	$52D^{0.2}$	EI	+	C	0	40
40	500			es	$95 + 0.8D$				40	500
0	10	cd	−	es	$\sqrt{c \cdot d}, \sqrt{C \cdot D}$	EI	+	CD	0	10
0	500	d	−	es	$16D^{0.44}$	EI	+	D	0	500
0	500	e	−	es	$11D^{0.41}$	EI	+	E	0	500
0	10	ef	−	es	$\sqrt{e \cdot f}, \sqrt{E \cdot F}$	EI	+	EF	0	10
0	500	f	−	es	$5.5D^{0.41}$	EI	+	F	0	500
0	10	fg	−	es	$\sqrt{f \cdot g}, \sqrt{F \cdot G}$	EI	+	FG	0	10
0	500	g	−	es	$2.5D^{0.34}$	EI	+	G	0	500
0	500	h	无符号	es	基本偏差 = 0	EI	无符号	H	0	500
0	500	j			无公式			J	0	500
0	500	js	+ −	es ei	$0.5ITn$	EI ES		JS	0	500
0	500	k	+	ei	$0.6\sqrt[3]{D}$	ES		K	0	500
0	500	m	+	ei	$IT7 - IT6$	ES		M	0	500

续表

基本尺寸 (mm)		轴			计算公式 (μm)	孔			基本尺寸 (mm)	
大于	至	基本偏差代号	符号	极限偏差		极限偏差	符号	基本偏差代号	大于	至
0	500	n	+	ei	$5D^{0.34}$	ES	−	N	0	500
0	500	p	+	ei	IT7 + (0 至 5)	ES	−	P	0	500
0	500	r	+	ei	$\sqrt{p \cdot s}, \sqrt{P \cdot S}$	ES	−	R	0	500
0	50	s	+	ei	IT18 + (1 至 4)	ES	−	S	0	50
50	500		+	ei	IT7 + 0.4D	ES	−		50	500
24	500	t	+	ei	IT7 + 0.63D	ES	−	T	24	500
0	500	u	+	ei	IT7 + D	ES	−	U	0	500
14	500	v	+	ei	IT7 + 1.25D	ES	−	V	14	500
0	500	x	+	ei	IT7 + 1.6D	ES	−	X	0	500
18	500	y	+	ei	TI7 + 2D	ES	−	Y	18	500
0	500	z	+	ei	IT7 + 2.5D	ES	−	Z	0	500
0	500	za	+	ei	IT8 + 3.15D	ES	−	ZA	0	500
0	500	zb	+	ei	IT9 + 4D	ES	−	ZB	0	500
0	500	zc	+	ei	IT10 + 5D	ES	−	ZC	0	500

注:① 公式中 D 是公称尺寸段的几何平均值(mm);基本偏差计算结果以 μm 为单位。
② j,J 只在表2.7、表2.8 中给出其值。
③ 轴的基本偏差 k 的计算公式仅适用于标准公差等级 IT4 至 IT7,其他等级的基本偏差 k = 0。孔的基本偏差 K 的计算公式仅适用于标准公差等级≤IT8,其他等级的基本偏差 K = 0。
资料来源:摘自 GB/T 1800.1—2009。

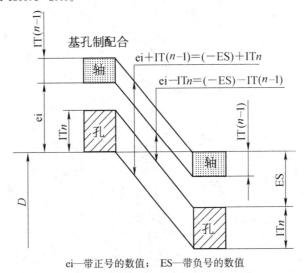

ei—带正号的数值; ES—带负号的数值
图 2.19 孔、轴基本偏差换算的特殊规则图解

表 2.7 轴的基本偏差数值

(单位:μm)

公称尺寸(mm)		基本偏差数值(上极限偏差 es) 所有标准公差等级										js
大于	至	a	b	c	cd	d	e	ef	f	fg	g	h
—	3	-270	-140	-60	-34	-20	-14	-10	-16	-4	-2	0	
3	6	-270	-140	-70	-46	-30	-20	-14	-10	-6	-4	0	
6	10	-280	-150	-80	-56	-40	-25	-18	-13	-8	-5	0	偏差 = ± $\frac{\text{IT}n}{2}$, 式中 ITn 是 IT 值数
10	14	-290	-150	-95		-50	-32		-16		-6	0	
14	18	-290	-150	-95		-50	-32		-16		-6	0	
18	24	-300	-160	-110		-65	-40		-20		-7	0	
24	30	-300	-160	-110		-65	-40		-20		-7	0	
30	40	-310	-170	-120		-80	-50		-25		-9	0	
40	50	-320	-180	-130		-80	-50		-25		-9	0	
50	65	-340	-190	-140		-100	-60		-30		-10	0	
65	80	-360	-200	-150		-100	-60		-30		-10	0	
80	100	-380	-220	-170		-120	-72		-36		-12	0	
100	120	-410	-240	-180		-120	-72		-36		-12	0	
120	140	-460	-260	-200		-145	-85		-43		-14	0	
140	160	-520	-280	-210		-145	-85		-43		-14	0	
160	180	-580	-310	-230		-145	-85		-43		-14	0	
180	200	-660	-340	-240		-170	-100		-50		-15	0	
200	225	-740	-380	-260		-170	-100		-50		-15	0	
225	250	-820	-420	-280		-170	-100		-50		-15	0	
250	280	-920	-480	-300		-190	-110		-56		-17	0	
280	315	-1 050	-540	-330		-190	-110		-56		-17	0	
315	355	-1 200	-600	-360		-210	-125		-62		-18	0	
355	400	-1 350	-680	-400		-210	-125		-62		-18	0	
400	450	-1 500	-760	-440		-230	-135		-68		-20	0	
450	500	-1 650	-840	-480		-230	-135		-68		-20	0	
500	560					-260	-145		-76		-22	0	
560	630					-260	-145		-76		-22	0	
630	710					-290	-160		-80		-24	0	
710	800					-290	-160		-80		-24	0	
800	900					-320	-170		-86		-26	0	
900	1 000					-320	-170		-86		-26	0	
1 000	1 120					-350	-195		-98		-28	0	
1 120	1 250					-350	-195		-98		-28	0	
1 250	1 400					-390	-220		-110		-30	0	
1 400	1 600					-390	-220		-110		-30	0	
1 600	1 800					-430	-240		-120		-32	0	
1 800	2 000					-430	-240		-120		-32	0	
2 000	2 240					-480	-260		-130		-34	0	
2 240	2 500					-480	-260		-130		-34	0	
2 500	2 800					-520	-290		-145		-38	0	
2 800	3 150					-520	-290		-145		-38	0	

续表

公称尺寸(mm)		基本偏差数值（下极限偏差 ei）																		
		所有标准公差等级																		
大于	至	IT5和IT6	IT7	IT8	IT4~IT7	≤IT3 >IT7	m	n	p	r	s	t	u	v	x	y	z	za	zb	zc
					k	k														
—	3	-2	-4	-6	0	0	+2	+4	+6	+10	+14		+18		+20		+26	+32	+40	+60
3	6	-2	-4		+1	0	+4	+8	+12	+15	+19		+23		+28		+35	+42	+50	+80
6	10	-2	-5		+1	0	+6	+10	+15	+19	+23		+28		+34		+42	+52	+67	+97
10	14	-3	-6		+1	0	+7	+12	+18	+23	+28		+33		+40		+50	+64	+90	+130
14	18													+39	+45		+60	+77	+108	+150
18	24	-4	-8		+2	0	+8	+15	+22	+28	+35		+41	+47	+54	+63	+73	+98	+136	+188
24	30											+41	+48	+55	+64	+75	+88	+118	+160	+218
30	40	-5	-10		+2	0	+9	+17	+26	+34	+43	+48	+60	+68	+80	+94	+112	+148	+200	+274
40	50											+54	+70	+81	+97	+114	+136	+180	+242	+325
50	65	-7	-12		+2	0	+11	+20	+32	+41	+53	+66	+87	+102	+122	+144	+172	+226	+300	+405
65	80									+43	+59	+75	+102	+120	+146	+174	+210	+274	+360	+480
80	100	-9	-15		+3	0	+13	+23	+37	+51	+71	+91	+124	+146	+178	+214	+258	+335	+445	+585
100	120									+54	+79	+104	+144	+172	+210	+254	+310	+400	+525	+690
120	140	-11	-18		+3	0	+15	+27	+43	+63	+92	+122	+170	+202	+248	+300	+365	+470	+620	+800
140	160									+65	+100	+134	+190	+228	+280	+340	+415	+535	+700	+900
160	180									+68	+108	+146	+210	+252	+310	+380	+465	+600	+780	+1000
180	200	-13	-21		+4	0	+17	+31	+50	+77	+122	+166	+236	+284	+350	+425	+520	+670	+880	+1150
200	225									+80	+130	+180	+258	+310	+385	+470	+575	+740	+960	+1250
225	250									+84	+140	+196	+284	+340	+425	+520	+640	+820	+1050	+1350
250	280	-16	-26		+4	0	+20	+34	+56	+94	+158	+218	+315	+385	+475	+580	+710	+920	+1200	+1550
280	315									+98	+170	+240	+350	+425	+525	+650	+790	+1000	+1300	+1700
315	355	-18	-28		+4	0	+21	+37	+62	+108	+190	+268	+390	+475	+590	+730	+900	+1150	+1500	+1900
355	400									+114	+208	+294	+435	+530	+660	+820	+1000	+1300	+1650	+2100
400	450	-20	-32		+5	0	+23	+40	+68	+126	+232	+330	+490	+595	+740	+920	+1100	+1450	+1850	+2400
450	500									+132	+252	+360	+540	+660	+820	+1000	+1250	+1600	+2100	+2600
500	560					0	+26	+44	+78	+150	+280	+400	+600							
560	630					0				+155	+310	+450	+660							
630	710					0	+30	+50	+88	+175	+340	+500	+740							
710	800					0				+185	+380	+560	+840							
800	900					0	+34	+56	+100	+210	+430	+620	+940							
900	1000					0				+220	+470	+680	+1050							
1000	1120					0	+40	+66	+120	+250	+520	+780	+1150							
1120	1250					0				+260	+580	+840	+1300							
1250	1400					0	+48	+78	+140	+300	+640	+960	+1450							
1400	1600					0				+330	+720	+1050	+1600							
1600	1800					0	+58	+92	+170	+370	+820	+1200	+1850							
1800	2000					0				+400	+920	+1350	+2000							
2000	2240					0	+68	+110	+195	+440	+1000	+1500	+2300							
2240	2500					0				+460	+1100	+1650	+2500							
2500	2800					0	+76	+135	+240	+550	+1250	+1900	+2900							
2800	3150					0				+580	+1400	+2100	+3200							

注：基本尺寸小于或等于 1 mm 时，基本偏差 a 和 b 均不采用。公差带 js7～js11，若 ITn 值数是奇数，则取偏差 $\pm\dfrac{ITn-1}{2}$。

资料来源：摘自 GB/T 1800.1—2009。

表 2.8 孔的基本偏差数值 (单位: μm)

公称尺寸 (mm)		基本偏差数值																				
		下极限偏差 EI											上极限偏差 ES									
		所有标准公差等级																				
大于	至	A	B	C	CD	D	E	EF	F	FG	G	H	JS	J			K		M		N	
														IT6	IT7	IT8	≤IT8	>IT8	≤IT8	>IT8	≤IT8	>IT8
—	3	+270	+140	+60	+34	+20	+14	+10	+6	+4	+2	0	偏差=±$\frac{IT_n}{2}$，式中 IT_n 是 IT 值数	+2	+4	+6	0	0	−2	−2	−4	−4
3	6	+270	+140	+70	+46	+30	+20	+14	+10	+6	+4	0		+5	+6	+10	−1+Δ	−1+Δ	−4+Δ	−4	−8+Δ	0
6	10	+280	+150	+80	+56	+40	+25	+18	+13	+8	+5	0		+5	+8	+12	−1+Δ	−1+Δ	−6+Δ	−6	−10+Δ	0
10	14	+290	+150	+95		+50	+32		+16		+6	0		+6	+10	+15	−1+Δ	−1+Δ	−7+Δ	−7	−12+Δ	0
14	18	+290	+150	+95		+50	+32		+16		+6	0		+6	+10	+15	−1+Δ	−1+Δ	−7+Δ	−7	−12+Δ	0
18	24	+300	+160	+110		+65	+40		+20		+7	0		+8	+12	+20	−2+Δ	−2+Δ	−8+Δ	−8	−15+Δ	0
24	30	+300	+160	+110		+65	+40		+20		+7	0		+8	+12	+20	−2+Δ	−2+Δ	−8+Δ	−8	−15+Δ	0
30	40	+310	+170	+120		+80	+50		+25		+9	0		+10	+14	+24	−2+Δ	−2+Δ	−9+Δ	−9	−17+Δ	0
40	50	+320	+180	+130		+80	+50		+25		+9	0		+10	+14	+24	−2+Δ	−2+Δ	−9+Δ	−9	−17+Δ	0
50	65	+340	+190	+140		+100	+60		+30		+10	0		+13	+18	+28	−2+Δ	−2+Δ	−11+Δ	−11	−20+Δ	0
65	80	+360	+200	+150		+100	+60		+30		+10	0		+13	+18	+28	−2+Δ	−2+Δ	−11+Δ	−11	−20+Δ	0
80	100	+380	+220	+170		+120	+72		+36		+12	0		+16	+22	+34	−3+Δ	−3+Δ	−13+Δ	−13	−23+Δ	0
100	120	+410	+240	+180		+120	+72		+36		+12	0		+16	+22	+34	−3+Δ	−3+Δ	−13+Δ	−13	−23+Δ	0
120	140	+460	+260	+200		+145	+85		+43		+14	0		+18	+26	+41	−3+Δ	−3+Δ	−15+Δ	−15	−27+Δ	0
140	160	+520	+280	+210		+145	+85		+43		+14	0		+18	+26	+41	−3+Δ	−3+Δ	−15+Δ	−15	−27+Δ	0
160	180	+580	+310	+230		+145	+85		+43		+14	0		+18	+26	+41	−3+Δ	−3+Δ	−15+Δ	−15	−27+Δ	0
180	200	+660	+340	+240		+170	+100		+50		+15	0		+22	+30	+47	−4+Δ	−4+Δ	−17+Δ	−17	−31+Δ	0
200	225	+740	+380	+260		+170	+100		+50		+15	0		+22	+30	+47	−4+Δ	−4+Δ	−17+Δ	−17	−31+Δ	0
225	250	+820	+420	+280		+170	+100		+50		+15	0		+22	+30	+47	−4+Δ	−4+Δ	−17+Δ	−17	−31+Δ	0
250	280	+920	+480	+300		+190	+110		+56		+17	0		+25	+36	+55	−4+Δ	−4+Δ	−20+Δ	−20	−34+Δ	0
280	315	+1050	+540	+330		+190	+110		+56		+17	0		+25	+36	+55	−4+Δ	−4+Δ	−20+Δ	−20	−34+Δ	0
315	355	+1200	+600	+360		+210	+125		+62		+18	0		+29	+39	+60	−4+Δ	−4+Δ	−21+Δ	−21	−37+Δ	0
355	400	+1350	+680	+400		+210	+125		+62		+18	0		+29	+39	+60	−4+Δ	−4+Δ	−21+Δ	−21	−37+Δ	0
400	450	+1500	+760	+440		+230	+135		+68		+20	0		+33	+43	+66	−5+Δ	−5+Δ	−23+Δ	−23	−40+Δ	0
450	500	+1650	+840	+480		+230	+135		+68		+20	0		+33	+43	+66	−5+Δ	−5+Δ	−23+Δ	−23	−40+Δ	0
500	560					+260	+145		+76		+22	0					0		−26		−44	
560	630					+260	+145		+76		+22	0					0		−26		−44	
630	710					+290	+160		+80		+24	0					0		−30		−50	
710	800					+290	+160		+80		+24	0					0		−30		−50	
800	900					+320	+170		+86		+26	0					0		−34		−56	
900	1000					+320	+170		+86		+26	0					0		−34		−56	
1000	1120					+350	+195		+98		+28	0					0		−40		−66	
1120	1250					+350	+195		+98		+28	0					0		−40		−66	
1250	1400					+390	+220		+110		+30	0					0		−48		−78	
1400	1600					+390	+220		+110		+30	0					0		−48		−78	
1600	1800					+430	+240		+120		+32	0					0		−58		−92	
1800	2000					+430	+240		+120		+32	0					0		−58		−92	
2000	2240					+480	+260		+130		+34	0					0		−68		−110	
2240	2500					+480	+260		+130		+34	0					0		−68		−110	
2500	2800					+520	+290		+145		+38	0					0		−76		−135	
2800	3150					+520	+290		+145		+38	0					0		−76		−135	

P 至 ZC (≤IT7): 在 IT7 的相应数值上增加一个 Δ 值

续表

公称尺寸 (mm)		基本偏差数值 上极限偏差 ES 标准公差等级大于 IT7										Δ 值 标准公差等级					
大于	至	P	R	S	T	U	V	X	Y	Z	ZA	ZB	ZC	IT3	IT4	IT5	IT6	IT7	IT8
—	3	−6	−10	−14		−18		−20		−26	−32	−40	−60	0	0	0	0	0	0
3	6	−12	−15	−19		−23	−39	−28		−35	−42	−50	−80	1	1.5	1	3	4	6
6	10	−15	−19	−23		−28	−47	−34		−42	−52	−67	−97	1	1.5	2	3	6	7
10	14	−18	−23	−28		−33	−55	−40		−50	−64	−90	−130	1	2	3	3	7	9
14	18	−18	−23	−28		−33	−39	−45	−63	−60	−77	−108	−150	1	2	3	3	7	9
18	24	−22	−28	−35		−41	−47	−54	−63	−73	−98	−136	−188	1.5	2	3	4	8	12
24	30	−22	−28	−35	−41	−48	−55	−64	−75	−88	−118	−160	−218	1.5	2	3	4	8	12
30	40	−26	−34	−43	−48	−60	−68	−80	−94	−112	−148	−200	−274	1.5	3	4	5	9	14
40	50	−26	−34	−43	−54	−70	−81	−97	−114	−136	−180	−242	−325	1.5	3	4	5	9	14
50	65	−32	−41	−53	−66	−87	−102	−122	−144	−172	−226	−300	−405	2	3	5	6	11	16
65	80	−32	−43	−59	−75	−102	−120	−146	−174	−210	−274	−360	−480	2	3	5	6	11	16
80	100	−37	−51	−71	−91	−124	−146	−178	−214	−258	−335	−445	−585	2	4	5	7	13	19
100	120	−37	−54	−79	−104	−144	−172	−210	−254	−310	−400	−525	−690	2	4	5	7	13	19
120	140	−43	−63	−92	−122	−170	−202	−248	−300	−365	−470	−620	−800	3	4	6	7	15	23
140	160	−43	−65	−100	−134	−190	−228	−280	−340	−415	−535	−700	−900	3	4	6	7	15	23
160	180	−43	−68	−108	−146	−210	−252	−310	−380	−465	−600	−780	−1000	3	4	6	7	15	23
180	200	−50	−77	−122	−166	−236	−284	−350	−425	−520	−670	−880	−1150	3	4	6	9	17	26
200	225	−50	−80	−130	−180	−258	−310	−385	−470	−575	−740	−960	−1250	3	4	6	9	17	26
225	250	−50	−84	−140	−196	−284	−340	−425	−520	−640	−820	−1050	−1350	3	4	6	9	17	26
250	280	−56	−94	−158	−218	−315	−385	−475	−580	−710	−920	−1200	−1550	4	4	7	9	20	29
280	315	−56	−98	−170	−240	−350	−425	−525	−650	−790	−1000	−1300	−1700	4	4	7	9	20	29
315	355	−62	−108	−190	−268	−390	−475	−590	−730	−900	−1150	−1500	−1900	4	5	7	11	21	32
355	400	−62	−114	−208	−294	−435	−530	−660	−820	−1000	−1300	−1650	−2100	4	5	7	11	21	32
400	450	−68	−126	−232	−330	−490	−595	−740	−920	−1100	−1450	−1850	−2400	5	5	7	13	23	34
450	500	−68	−132	−252	−360	−540	−660	−820	−1000	−1250	−1600	−2100	−2600	5	5	7	13	23	34
500	560	−78	−150	−280	−400	−600													
560	630	−78	−155	−310	−450	−660													
630	710	−88	−175	−340	−500	−740													
710	800	−88	−185	−380	−560	−840													
800	900	−100	−210	−430	−620	−940													
900	1000	−100	−220	−470	−680	−1050													
1000	1120	−120	−250	−520	−780	−1150													
1120	1250	−120	−260	−580	−840	−1300													
1250	1400	−140	−300	−640	−960	−1450													
1400	1600	−140	−330	−720	−1050	−1600													
1600	1800	−170	−370	−820	−1200	−1850													
1800	2000	−170	−400	−920	−1350	−2000													
2000	2240	−195	−440	−1000	−1500	−2300													
2240	2500	−195	−460	−1100	−1650	−2500													
2500	2800	−240	−550	−1250	−1900	−2900													
2800	3150	−240	−580	−1400	−2100	−3200													

注：① 公称尺寸小于或等于 1 mm 时，基本偏差 A 和 B 及大于 IT8 的 N 均不采用。

② 对小于或等于 IT8 的 K、M、N 和小于或等于 IT7 的 P 至 ZC，所需 Δ 值从表右侧选取。公差带 JS7 至 JS11，若 ITn 值数是奇数，则取偏差 $= \pm \frac{ITn-1}{2}$。例如，18～30 mm 段的 K7，Δ $= 8$ μm，所以 ES $= -2 + 8 = +6$ μm；18～30 mm 段的 S6，Δ $= 4$ μm，所以 ES $= -35 + 4 = -31$ μm。特殊情况：250～315 mm 段的 M6，ES $= -9$ μm（代替 −11 μm）。

资料来源：摘自 GB/T 1800.1—2009。

9. 孔、轴另一极限偏差数值的确定

轴的另一极限偏差,下极限偏差(ei)和上极限偏差(es)可由轴的基本偏差和标准公差(IT)求得,见图 2.20(a)。

孔的另一极限偏差,上极限偏差(ES)和下极限偏差(EI)可由孔的基本偏差和标准公差(IT)求得,见图 2.20(b)。

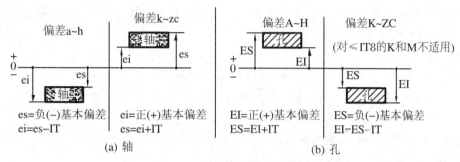

图 2.20 孔、轴的基本偏差和公差带示意图

例 5 利用标准公差数值表(表 2.5)和轴的基本偏差数值表(表 2.7),确定 ϕ50f6 轴的极限偏差数值。

解:

由表 2.5 查得公称尺寸为 50 mm 的 IT6 = 16 μm;由表 2.7 查得公称尺寸为 50 mm,且代号为 f 的基本偏差为上偏差 es = -25 μm;轴的另一极限偏差为下偏差 ei = es - IT6 = -25 - 16 = -41(μm)。因此,轴的极限偏差在图样上的标注为 $\phi 50_{-0.041}^{-0.025}$ mm。

例 6 利用标准公差数值表(表 2.5)和轴的基本偏差数值表(表 2.7),确定 ϕ30H8/k7 和 ϕ30K8/h7 配合中孔和轴的极限偏差。并比较它们的配合性质是否相同。

解:

由表 2.5 查得:公称尺寸为 30 mm 的 IT8 = 33 μm,IT7 = 21 μm。

基孔制配合 ϕ30H8/k7 中的基准孔 ϕ30H8 的基本偏差 EI = 0,另一极限偏差为 ES = EI + IT8 = +33 μm。

由附表 2.7 查得 ϕ30k7 的基本偏差 ei = +2 μm,另一极限偏差为 es = ei + IT7 = +23 μm。

于是得 $\phi 30H8(^{+0.033}_{0})/k7(^{+0.023}_{+0.002})$,因此该配合的最大间隙 X_{max} = ES - ei = (+33) - (+2) = +31(μm),最大过盈 Y_{max} = EI - es = 0 - (+23) = -23(μm)。

基轴制配合 ϕ30K8/h7 中的基准轴 ϕ30h7 的基本偏差 es = 0,另一极限偏差为 ei = es - IT7 = 0 - 21 = -21(μm)。

利用式(2.20)ϕ30K8 孔的基本偏差数值:ei = +2 μm,Δ = IT8 - IT7 = 33 - 21 = 12(μm),因此孔的基本偏差 ES = -ei + Δ = -2 + 12 = +10(μm),另一极限偏差为 EI = ES - IT8 = (+10) - 33 = -23(μm)。

于是得 $\phi 30K8(^{+0.010}_{-0.023})/h7(^{0}_{-0.021})$,因此该配合的最大间隙 X_{max} = ES - ei = (+10) - (-21) = +31(μm),最大过盈 Y_{max} = EI - es = (-23) - 0 = -23(μm)。

所以,ϕ30H8/k7 与 ϕ30K8/h7 的配合性质相同。

例 7 利用标准公差数值表(表 2.5)和孔的基本偏差数值表(表 2.8)确定 ϕ30P8/h8 的极限偏差。

解:

由表 2.5 查得公称尺寸为 30 mm 的 IT8 = 33(μm)。

基轴制配合 ϕ30P8/h8 中的基准轴 ϕ30h8 的基本偏差 es = 0，另一极限偏差为 ei = es − IT8 = − 33 μm。

由表 2.8 查得 ϕ30P8 的基本偏差 ES = − 22 μm，另一极限偏差为 EI = ES − IT8 = − 55 μm。

于是得 ϕ30P8($^{-0.023}_{-0.055}$)/h8($^{\ 0}_{-0.033}$)。

例 8 利用标准公差数值表（表 2.5）和孔、轴的基本偏差数值表（表 2.8，表 2.7），确定 ϕ30H7/p6 和 ϕ30P7/h6 的极限偏差数值。

解：
由表 2.5 查得公称尺寸为 30 mm 的 IT7 = 21 μm，IT6 = 13 μm。

基孔制配合 ϕ30H7/p6 中的基准孔 ϕ30H7 的基本偏差 EI = 0，另一极限偏差为 ES = EI + IT7 = + 21 μm。

由表 2.7 查得 ϕ30p6 的基本偏差 ei = + 22 μm，另一极限偏差为 es = ei + IT6 = + 35 μm。

于是得 ϕ30H7($^{+0.021}_{\ 0}$)/p6($^{+0.035}_{+0.022}$)。

基轴制配合 ϕ30P7/h6 中的基准轴 ϕ30h6 的基本偏差 es = 0，另一极限偏差为 ei = es − IT6 = − 13 μm。

由表 2.8 查得 ϕ30P7 的基本偏差 ES = [(−22) + Δ] μm，而 Δ = 8 μm，因此 ES = (−22) + 8 = − 14(μm)；另一极限偏差为 EI = ES − IT7 = (−14) − 21 = − 35 (μm)。

于是得 ϕ30P7($^{-0.014}_{-0.035}$)/h6($^{\ 0}_{-0.013}$)。

2.2.3 孔、轴公差与配合在图样上的标注

1. 装配图

装配图中，配合代号由公称尺寸相同相互结合的孔与轴的公差带代号组成，写成分数形式（直分或斜分式）。即在公称尺寸后面标注孔、轴配合代号，如 ϕ50H7/f6，ϕ50$\frac{H7}{f6}$，如图 2.21(a)和(b)。

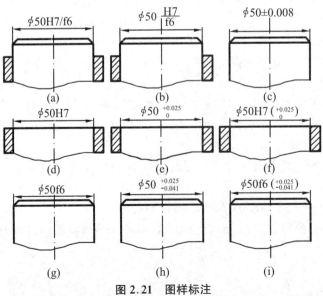

图 2.21 图样标注

2. 零件图

零件图上,在公称尺寸后面标注孔或轴的公差带代号。如图 2.21 的(d)和(g)所示;或者公称尺寸后面标注上、下极限偏差数值,上极限偏差应标注在公称尺寸的右上角,下极限偏差应与公称尺寸在同一底线上,且上、下极限偏差数字应比公称尺寸数字的字号小一号,如图 2.21 的(e)和(h)所示;或者同时标注公差带代号及上、下极限偏差数值,此时后者应加上圆括号,如图 2.21 的(f)和(i)所示。

在零件图上标注上、下极限偏差为零时,要注出偏差数值"0",并与另一极限偏差值的个位数对齐,如图 2.21(e)所示的 $\phi 50\binom{+0.025}{0}$ 或 $\phi 50\binom{0}{-0.016}$。

上、下极限偏差的小数点必须对齐,小数点后的位数必须相同。小数点后右端的"0"一般不注出,如 $\phi 50\binom{+0.018}{-0.002}$ 或 $\phi 315\binom{-0.39}{-0.53}$。

为了使上、下极限偏差值的小数点后的位数相同,可以用 0 补齐,如 $\phi 50\binom{+0.015}{-0.010}$。

当上、下极限偏差绝对值相等而符号相反时,偏差数值只注写一次,并在偏差值与公称尺寸之间注写符号"±",且两者数值高度相同,如图 2.21 的(c)所示。

2.2.4 孔、轴常用公差带和优先、常用配合

GB/T 1800.1—2009 规定了 20 个标准公差等级和 28 种基本偏差,这 28 种基本偏差中,j 仅保留 j5,j6,j7,j8,J 仅保留 J6,J7,J8。由此得到轴公差带可以有 (28−1)×20+4 = 544 种,孔公差带可以有 (28−1)×20+3 = 543 种。这些孔、轴公差带又可以组成数目更多的配合。若这些孔、轴公差带都应用显然是不经济的。为了获得最佳的技术经济效益,避免定值刀具、光滑极限量规以及工艺装备的品种和规格的不必要的繁杂,就有必要对公差带的选择加以限制,并选用适当的孔与轴公差带以组成配合。为此 GB/T 1801—2009 对孔和轴分别推荐了常用公差带和优先、常用配合。

1. 孔的常用公差带

公称尺寸至 500 mm 的孔公差带规定如图 2.22 列出了 105 种。选择时,应优先选用圆圈中的 13 种公差带,其次选用方框中的 44 种公差带,最后选用其他的公差带。

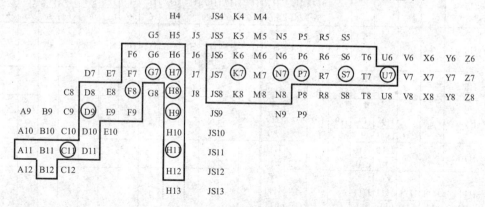

图 2.22 孔的常用公差带

2. 轴的常用公差带

公称尺寸至 500 mm 的轴公差带规定如图 2.23 列出了 116 种。选择时,应优先选用圆圈中的 13 种公差带,其次选用方框中的 59 种公差带,最后选用其他的公差带。

3. 优先、常用配合

为了使配合的选择简化和比较集中,满足大多数产品功能的需要,GB/T 1801—2009 规定了公称尺寸至 500 mm 的基孔制优先配合 13 种,常用配合 59 种(见表 2.9);基轴制优先配合 13 种,常用配合 47 种(见表 2.10)。

选择公差带和配合时,应按上述优先、常用的顺序选取。仅在特殊情况下,当常用公差带和常用配合不能满足要求时,才可以从 GB/T 1800.1—2009 规定的标准公差等级和基本偏差中选取所需要的孔、轴公差带来组成配合。

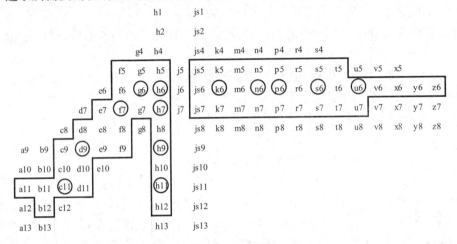

图 2.23 轴的公差带

表 2.9 基孔制优先、常用配合

基准孔	轴																		
	a	b	c	d	e	f	g	h	js	k	m	n	p	r	s	t	u	v	x	y	z
	间 隙 配 合								过 渡 配 合				过 盈 配 合							
H6						$\frac{H6}{f5}$	$\frac{H6}{g5}$	$\frac{H6}{h5}$	$\frac{H6}{js5}$	$\frac{H6}{k5}$	$\frac{H6}{m5}$	$\frac{H6}{n5}$	$\frac{H6}{p5}$	$\frac{H6}{r5}$	$\frac{H6}{s5}$	$\frac{H6}{t5}$				
H7						$\frac{H7}{f6}$	$\frac{H7}{g6}$	$\frac{H7}{h6}$▼	$\frac{H7}{js6}$	$\frac{H7}{k6}$▼	$\frac{H7}{m6}$	$\frac{H7}{n6}$▼	$\frac{H7}{p6}$▼	$\frac{H7}{r6}$	$\frac{H7}{s6}$▼	$\frac{H7}{t6}$	$\frac{H7}{u6}$▼	$\frac{H7}{v6}$	$\frac{H7}{x6}$	$\frac{H7}{y6}$	$\frac{H7}{z6}$
H8					$\frac{H8}{e7}$	$\frac{H8}{f7}$▼	$\frac{H8}{g7}$	$\frac{H8}{h7}$▼	$\frac{H8}{js7}$	$\frac{H8}{k7}$	$\frac{H8}{m7}$	$\frac{H8}{n7}$	$\frac{H8}{p7}$	$\frac{H8}{r7}$	$\frac{H8}{s7}$	$\frac{H8}{t7}$	$\frac{H8}{u7}$				
H8				$\frac{H8}{d8}$	$\frac{H8}{e8}$	$\frac{H8}{f8}$		$\frac{H8}{h8}$													
H9			$\frac{H9}{c9}$	$\frac{H9}{d9}$▼	$\frac{H9}{e9}$	$\frac{H9}{f9}$		$\frac{H9}{h9}$▼													
H10			$\frac{H10}{c10}$	$\frac{H10}{d10}$				$\frac{H10}{h10}$													
H11	$\frac{H11}{a11}$	$\frac{H11}{b11}$	$\frac{H11}{c11}$▼	$\frac{H11}{d11}$				$\frac{H11}{h11}$▼													
H12		$\frac{H12}{b12}$						$\frac{H12}{h12}$													

注:① $\frac{H7}{n5}$,$\frac{H7}{p6}$ 在公称尺寸小于或等于 3 mm 和 $\frac{H8}{r7}$ 在公称尺寸小于或等于 100 mm 时,为过渡配合。

② 带▼的配合为优先配合。

表 2.10 基轴制优先、常用配合

基准轴	A	B	C	D	E	F	G	H	JS	K	M	N	P	R	S	T	U	V	X	Y	Z
				间隙配合						过渡配合						过盈配合					
h5						F6/h5	G6/h5	H6/h5	JS6/h5	K6/h5	M6/h5	N6/h5	P6/h5	R6/h5	S6/h5	T6/h5					
h6						▼F7/h6	G7/h6	▼H7/h6	JS7/h6	▼K7/h6	M7/h6	▼N7/h6	P7/h6	R7/h6	▼S7/h6	T7/h6	▼U7/h6				
h7						F8/h7		H8/h7	JS8/h7	K8/h7	M8/h7	N8/h7									
h8				D8/h8	E8/h8	F8/h8		H8/h8													
h9				▼D9/h9	E9/h9			▼H9/h9													
h10				D10/h10				H10/h10													
h11	A11/h11	B11/h11	▼C11/h11	D11/h11				▼H11/h11													
h12		B12/h12						H12/h12													

注:带▼的配合为优先配合。

GB/T 1800.2—2009 列出了按 GB/T 1800.1—2009 中的标准公差和基本偏差数值计算出的孔和轴常用公差带的极限偏差数值,本书仅列出其中优先配合的孔、轴公差带的极限偏差数值表,分别见表 2.11 和表 2.12。

GB/T 1801—2009 列出了基孔制和基轴制优先、常用配合的极限间隙和极限过盈数值,本书只列出其中优先配合的极限间隙和极限过盈数值表,见表 2.13。

例 9 有一过盈配合,孔、轴的公称尺寸为 $\phi45$ mm,要求过盈在 -45 μm 至 -86 μm 范围内。试查表 2.11、表 2.12、表 2.13 确定孔、轴的配合代号和极限偏差数值。

解:

(1) 采用基孔制。

由表 2.13 查得公称尺寸为 $\phi45$ mm,且满足最小过盈为 -45 μm,最大过盈为 -86 μm 要求的基孔制配合代号为 $\phi45$H7/u6。

由表 2.11 查得 $\phi45$H7 孔的极限偏差为 ES $= +25$ μm,EI $= 0$。

由表 2.12 查得 $\phi45$u6 轴的极限偏差为 es $= +86$ μm,ei $= +70$ μm。

比较本例查表结果和例 3 计算结果,两者相同。

(2) 采用基轴制。

由表 2.13 查得公称尺寸为 $\phi45$ mm,且满足最小过盈为 -45 μm,最大过盈为 -86 μm 要求的基轴制配合代号为 $\phi45$U7/h6。

由表 2.12 查得 $\phi45$h6 轴的极限偏差为 es $= 0$,ei $= -16$ μm。

由表 2.11 查得 $\phi45$U7 孔的极限偏差为 ES $= -61$ μm,EI $= -86$ μm。

表 2.11 孔的优先公差带的极限偏差

(单位:μm)

公称尺寸(mm)	公差带												
	C11	D9	F8	G7	H7	H8	H9	H11	K7	N7	P7	S7	U7
>24~30	+240 +110	+117 +65	+53 +20	+28 +7	+21 0	+33 0	+52 0	+130 0	+6 -15	-7 -28	-14 -35	-27 -48	-40 -61
>30~40	+280 +120	+142	+64	+34	+25	+39	+62	+160	+7 -18	-8 -33	-17 -42	-34 -59	-51 -76
>40~50	+290 +130	+80	+25	+9	0	0	0	0					-61 -86
>50~65	+330 +140	+174	+76	+40	+30	+46	+74	+190	+9 -21	-9 -39	-21 -51	-42 -72	-76 -106
>65~80	+340 +150	+100	+30	+10	0	0	0	0				-48 -78	-91 -121
>80~100	+390 +170	+207	+90	+47	+35	+54	+87	+220	+10 -25	-10 -45	-24 -59	-58 -93	-111 -146
>100~120	+400 +180	+120	+36	+12	0	0	0	0				-66 -101	-131 -166
>120~140	+450 +200	+245	+106	+54	+40	+63	+100	+250	+12 -28	-12 -52	-28 -68	-77 -117	-155 -195
>140~160	+460 +210											-85 -125	-175 -215
>160~180	+480 +230	+145	+43	+14	0	0	0	0				-93 -133	-195 -235

资料来源:摘自 GB/T 1800.2—2009。

表 2.12 轴的优先公差带的极限偏差

(单位:μm)

公称尺寸(mm)	公差带												
	c11	d9	f7	g6	h6	h7	h9	h11	k6	n6	p6	s6	u6
>24~30	-110 -240	-65 -117	-20 -41	-7 -20	0 -13	0 -21	0 -52	0 -130	+15 +2	+28 +15	+35 +22	+48 +35	+61 +48
>30~40	-120 -280	-80	-25	-9	0	0	0	0	+18 +2	+33 +17	+42 +26	+59 +43	+76 +60
>40~50	-130 -290	-142	-50	-25	-16	-25	-62	-160					+86 +70
>50~65	-140 -330	-100	-30	-10	0	0	0	0	+21 +2	+39 +20	+51 +32	+72 +53	+106 +87
>65~80	-150 -340	-174	-60	-29	-19	-30	-74	-190				+78 +59	+121 +102

续表

公称尺寸 (mm)	公差带											
	c11	d9	f7	g6	h6	h7	h9	h11	k6	n6	p6	s6	u6
>80~100	-170 -390	-120	-36	-12	0	0	0	0	+25	+45	+59	+93 +71	+146 +124
>100~120	-180 -400	-207	-71	-34	-22	-35	-87	-220	+3	+23	+37	+101 +79	+166 +144
>120~140	-200 -450	-145	-43	-14	0	0	0	0	+28	+52	+68	+117 +92	+195 +170
>140~160	-210 -460											+125 +100	+215 +190
>160~180	-230 -480	-245	-83	-39	-25	-40	-100	-250	+3	+27	+43	+133 +108	+235 +210

资料来源:摘自 GB/T 1800.2—2009。

表 2.13 基孔制与基轴制优先配合的极限间隙或极限过盈

(单位:μm)

基孔制	$\frac{H7}{g6}$	$\frac{H7}{h6}$	$\frac{H8}{f7}$	$\frac{H8}{h7}$	$\frac{H9}{d9}$	$\frac{H9}{h9}$	$\frac{H11}{c11}$	$\frac{H11}{h11}$	$\frac{H7}{k6}$	$\frac{H7}{n6}$	$\frac{H7}{p6}$	$\frac{H7}{s6}$	$\frac{H7}{u6}$
基轴制	$\frac{G7}{h6}$	$\frac{H7}{h6}$	$\frac{F8}{h7}$	$\frac{H8}{h7}$	$\frac{D9}{h9}$	$\frac{H9}{h9}$	$\frac{C11}{h11}$	$\frac{H11}{h11}$	$\frac{K7}{h6}$	$\frac{N7}{h6}$	$\frac{P7}{h6}$	$\frac{S7}{h6}$	$\frac{U7}{h6}$
公称尺寸(mm) >24~30	+41 +7	+34 0	+74 +20	+54 0	+169 +65	+104 0	+370 +110	+260 0	+19 -15	+6 -28	-1 -35	-14 -48	-27 -61
>30~40	+50 +9	+41 0	+89 +25	+64 0	+204 +80	+124 0	+440 +120	+320 0	+23 -18	+8 -33	-1 -42	-18 -59	-35 -76
>40~50							+450 +130						-45 -86
>50~65	+59 +10	+49 0	+106 +30	+76 0	+248 +100	+148 0	+520 +140	+380 0	+28 -21	+10 -39	-2 -51	-23 -72	-57 -106
>65~80							+530 +150					-29 -78	-72 -121
>80~100	+69 +12	+57 0	+125 +36	+89 0	+294 +120	+174 0	+610 +170	+440 0	+32 -25	+12 -45	-2 -59	-36 -93	-89 -146
>100~120							+620 +180					-44 -101	-109 -166
>120~140	+79 +14	+65 0	+146 +43	+103 0	+345 +145	+200 0	+700 +200	+500 0	+37 -28	+13 -52	-3 -68	-52 -117	-130 -195
>140~160							+710 +210					-60 -125	-150 -215
>160~180							+730 +230					-68 -133	-170 -235

资料来源:摘自 GB/T 1801—2009。

2.3 常用尺寸孔、轴结合的精度设计

2.3.1 孔轴结合的应用场合和选择原则及方法

1. 孔、轴结合的应用场合

孔、轴结合一般应用于以下三类场合：

(1) 活动连接。这类结合孔可以在轴上(或轴可在孔内)轴向旋转或轴向移动，主要用于保证具有相对转动和移动的机构中，孔轴之间应有适当的间隙，如轮与轴、轴与支承的结合、导轨与滑块的结合等。

(2) 固定连接。这类孔轴结合是将两个零件装配固定成一体，需要传递足够的扭矩或承受很大的轴向力，必须给予足够的过盈，如火车轮与轴的固定连接。

(3) 定心可拆连接。这类结合主要用于保证较高的同轴度，以及在不同周期的修理中方便装拆的机构，孔、轴之间可能出现过盈或间隙，但数值都较小。例如，滚动轴承套圈与孔轴的结合、定位销与销孔的结合等。

在孔、轴结合设计时，必然要选定其中一类配合。机器中孔、轴的结合中总有一个间隙或过盈的要求，但制造误差的存在使得相同规格的一批孔、轴的结合所得到的间隙或过盈无法完全相等，因此，实际是设计极限间隙或过盈，作为制造的依据，使得到的实际值在允许范围内。

孔、轴结合的精度设计是机械产品设计中的重要部分，这直接影响机械产品的使用精度、性能和加工成本。孔、轴结合的精度设计，实际上就是如何根据使用要求正确合理地选择符合标准规定的孔、轴的公差带相互关系。在装配图中标注出孔、轴配合代号。要确定一个配合，其中包括配合制、标准公差等级和配合种类的选用问题。

2. 孔、轴结合的选择原则

选择的原则可以这样概括：保证机械产品的性能优良，制造经济可行；或者说，应使机械产品的使用价值与制造成本的综合经济效果最好。

3. 孔、轴结合的选择方法

标准公差等级和配合种类的选择方法有计算法、实验法和类比法。

类比法就是通过对同类机器和零部件以及它们的图样进行分析，参考从生产实践中总结出来的技术资料，把所设计产品的技术要求与之进行对比，来选择孔、轴公差与配合。这是应用较多的方法。

计算法是按照一定的理论和公式来确定所需要的极限间隙或过盈，来选择孔、轴公差与配合。但由于影响因素较复杂，因此计算比较困难或麻烦。而随着科学技术的发展和计算机的广泛应用，计算法会日趋完善，其应用逐渐增多。

实验法是通过试验或统计分析来确定所需要的极限间隙或过盈，来选择孔、轴公差与配合。此法较为可靠，但成本较高，只用于重要的配合。

2.3.2 配合制的选用

配合制包括基孔制和基轴制两种,规定配合制是为了得到一系列的配合,以满足不同的使用要求。同时又避免实际选用的零件极限尺寸数目繁多。这两种配合制都可以实现同样的配合要求。选择基孔制或基轴制,应从产品结构特点、加工工艺性和经济性等方面综合考虑。

1. 优先选用基孔制

一般情况下应优先选用基孔制。因为中等尺寸高精度的孔,加工和检测时要使用钻头、铰刀、拉刀等定值刀具和光滑极限塞规(不便于使用普通计量器具测量),易于保证质量,而对机床精度和工人技术水平要求不高,应用较广。而每一种定值刀具和塞规只能加工和检验一种特定尺寸和公差带的孔。加工轴时使用车刀、砂轮等通用刀具,便于使用普通计量器具测量。所以,采用基孔制配合可以减少孔公差带的数量,这就可以减少定值刀具和塞规的数量,显然是经济合理的。参看表 2.14,设某一公称尺寸的孔和轴要求三种配合,采用基孔制,则三种配合由一种孔公差带和三种轴公差带构成;而采用基轴制,则三种配合由一种轴公差带和三种孔公差带构成。可见,基孔制所需要的定值刀具比基轴制少。

表 2.14 基孔制和基轴制所需刀具和量具的比较

	基 孔 制				基 轴 制			
	孔	轴	轴	轴	轴	孔	孔	孔
工件	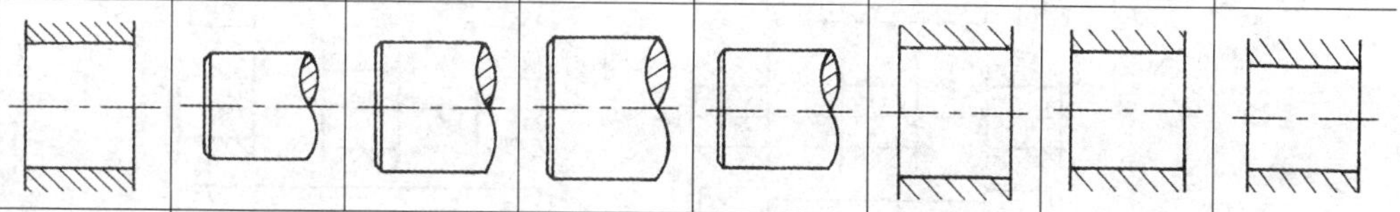							
刀具	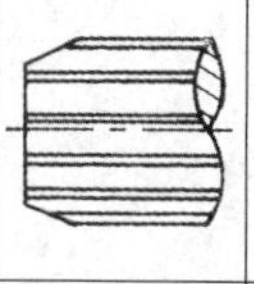	车刀,砂轮			车刀,砂轮	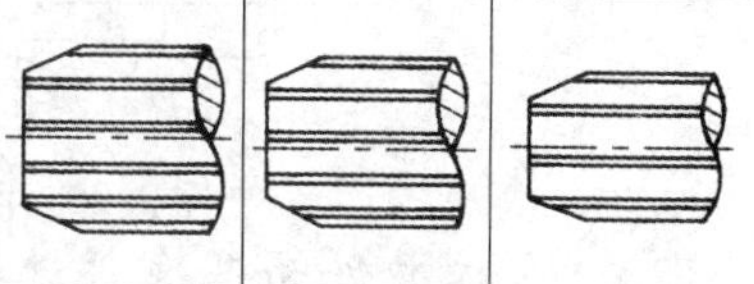		
光滑极限量规	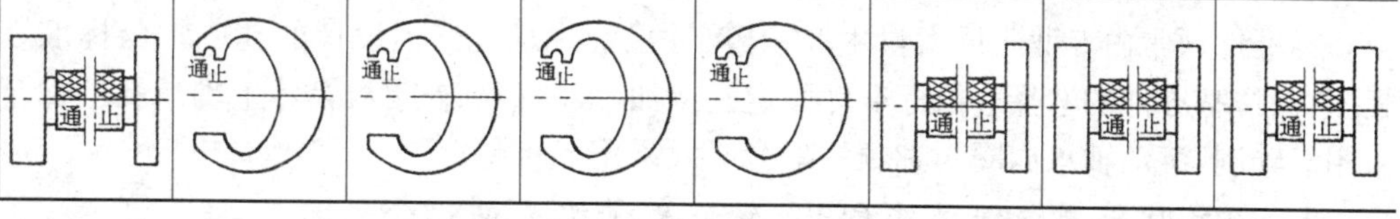							

至于尺寸较大的孔及低精度的孔,一般不采用定尺寸刀量具来加工、检验,从工艺上讲,采用基孔制或基轴制都一样。

2. 特殊情况下采用基轴制

对于下列情况,采用基轴制比较经济合理。

(1) 使用冷拉钢材直接做轴。

若采用冷拉标准轴,由于轴的尺寸、形状很准确,表面光洁,外圆表面不再加工即可使用。故此时宜采用基轴制。在农业机械、纺织机械和仪器仪表中,这种情况较多。特别是在钟表工业中,由于小尺寸孔用定值刀量具制造方便,比较便宜,故基轴制应用得更多一些。

(2) 结构上的需要。

在结构上,当某一根轴不同部位与几个不同配合要求的孔相配合时,这种情况下应采用基轴制。参看图2.24,在内燃机的活塞、连杆机构中,活塞销与活塞上的两个销孔的配合要求紧些(过渡配合性质),而活塞销与连杆小头孔的配合要求松些(最小间隙为零的间隙配合性质)。若采用基孔制见图2.25(a),则活塞上的两个销孔和连杆小头孔的公差带相同(H6),而满足两种不同配合要求的活塞销要按两种公差带(h5,m5)加工成阶梯轴,这既不利于加工,又不利于装配(装配时会将连杆小头孔刮伤)。反之,采用基轴制见图2.25(b),则活塞销按一种公差带加工,制成光轴,这样活塞销的加工和装配都方便。

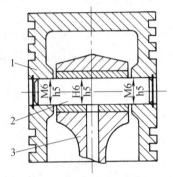

图 2.24 活塞连杆机构中的三种配合

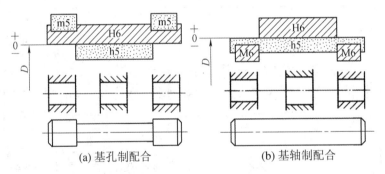

图 2.25 活塞销与活塞两孔及连杆小头孔的公差带

3. 以标准件为基准件选择配合制

标准件通常由专业工厂大量生产,其尺寸已经标准化。当设计的孔或轴与标准零部件相配合时,基准件的选择应依标准件而定。例如,滚动轴承外圈与箱体上轴承孔的配合必须采用基轴制,滚动轴承内圈与轴颈的配合必须采用基孔制。

4. 必要时采用任何适当的孔、轴公差带组成的配合

参看图2.26,圆柱齿轮减速器中,输出轴轴颈的公差带按它与轴承内圈配合的要求已定为 $\phi60k6$,轴套将轴承与齿轮隔开,起轴向定位的作用,为了装拆方面,轴套只需松套在轴上即可。轴套孔与轴颈的配合,间隙较大,轴套孔的尺寸精度要求不高,因此应按轴颈的上偏差和最小间隙的大小,来确定轴套孔的下偏差,本例确定该孔的公差带为 $\phi60D9$。箱体上轴承孔(外壳孔)的公差带按它与轴承外圈配合的要求已确定为 $\phi95J7$,而端盖的作用仅是防尘、防漏油及限制轴承的轴向位移量。为了装拆和调整方便。端盖定位圆柱面与箱体孔的配合,间隙较大,该圆柱面尺寸精度要求不高,因此端盖定位圆柱面的公差带可选取 $\phi95e9$。这样组成的配合 $\phi60D9/k6$ 和 $\phi95J7/e9$ 既满足使用要求,又能获得最佳的技术经济效益。

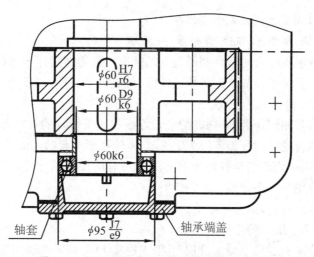

图 2.26 减速器中轴套处和轴承端盖处的配合

2.3.3 标准公差等级的选择

选择标准公差等级时,要正确处理使用要求与制造工艺、加工成本之间的关系。因此,选择标准公差等级的基本原则是,在满足使用要求的前提下,尽量选取低的标准公差等级,以利于加工和降低成本。公差等级的选择主要应从以下几个方面进行考虑。

1. 公差等级与孔、轴的工艺等价性相关联

工艺等价性是指同一配合中的孔和轴的加工难易程度大致相同。若按使用要求确定配合公差 T_f 后,则孔公差 T_h 与轴公差 T_s 必须满足 $T_f = T_h + T_s$,至于 T_h 与 T_s 的分配则可按工艺等价原则来考虑。一般可分为以下几种情况:

(1) 对≤500 mm 的公称尺寸,间隙配合和过渡配合,标准公差等级为 8 级或高于 8 级(标准公差等级≤IT8)的孔应与高一级的轴配合,例如,φ50H8/f7,φ40K7/h6;标准公差等级为 9 级或低于 9 级(标准公差等级≥IT9)的孔可与同一级的轴配合,如 φ30H9/e9, φ40D10/h10。对于过盈配合,标准公差等级为 7 级或高于 7 级(标准公差等级≤IT7)的孔应与高一级的轴配合,如 φ100H7/u6,φ60R6/h5;标准公差等级为 8 级或低于 8 级(标准公差等级≥IT8)的孔可与同一级的轴配合,如 φ60H8/t8。

(2) 对>500 mm 的公称尺寸,孔的测量较容易一些,一般采用同级孔、轴配合。

(3) 对≤3 mm 的公称尺寸,由于工艺的多样性,可使 T_h 与 T_s 相同,或 $T_h > T_s$,或 $T_h < T_s$,这三种情况都占有一定的比例,甚至 $T_h < T_s$ 的情况反而较多。在钟表业,有的孔公差等级较轴公差等级高 2~3 级。

2. 公差等级与配合种类相关联

孔、轴公差等级高低,影响配合的稳定性和一致性。例如,对过渡配合或过盈配合,一般不允许其间隙或过盈的变动太大,如果公差等级过低,可能会使过盈量超过零件材料的极限强度。因此,应选较高公差等级(通常 $T_h \leqslant$ IT8,$T_s \leqslant$ IT7)。

对于间隙配合,可以允许有较大的间隙变动范围,例如,配合的孔、轴的公差等级可以选至 IT12(参见表 2.9、表 2.10 基孔制、基轴制优先、常用配合)。但间隙小的配合,公差等级应较高。而在较大的间隙中,公差等级可以低些。例如,可选用 H7/g6 和 H11/c11,而选用

H7/a6 就不合理了(间隙大而公差带宽度小)。

3. 公差等级与典型零部件的精度相关联

例如,与滚动轴承相配合的轴颈和外壳孔的标准公差等级决定于滚动轴承精度等级,P0 级(普通级)的轴承,要求轴颈的公差等级为 IT6、外壳孔为 IT7。P6 级的轴承,一般要求轴颈的公差等级为 IT5、外壳孔为 IT6。

例如,齿轮孔与其相配合的轴,两者的公差等级取决于齿轮的精度等级。如齿轮的精度等级为 8 级,一般取齿轮孔的公差等级为 IT7,与齿轮孔相配合的轴的公差等级为 IT6。

了解各公差等级应用范围及各种加工方法所具有的加工精度对选用孔、轴公差等级是极为有益的,特别是用类比法选择公差等级时。

各个标准公差等级的应用范围如下:

IT01～IT1 用于量块的尺寸公差。

IT1～IT7 用于量规的尺寸公差,IT1 也用于检验 IT6,IT7 级轴用量规的校对量规。这些量规常用于检验 IT6～IT16 的孔和轴。

IT2～IT5 用于精密配合,如滚动轴承各零件之间的配合。

IT5～IT10 用于有精度要求的重要和较重要配合。IT5 的轴和 IT6 的孔用于高精度的重要配合。例如,精密机床主轴的轴颈、主轴箱体孔与精密轴承的配合;车床尾座孔与顶针套筒的配合;发动机活塞销与连杆衬套孔和活塞孔的配合。IT6 的轴与 IT7 的孔在机械制造业中的应用很广,用于较高精度的重要配合。例如,机床传动机构中齿轮与轴的配合;发动机中曲轴的主轴颈与滑动轴承的配合,活塞与气缸、气门杆与导套的配合;与普通级滚动轴承内、外圈配合的轴颈和箱体上轴承孔(外壳孔)等。而 IT7,IT8 的轴和孔通常用于中等精度要求的配合。例如,通用机械中轴的轴颈与滑动轴承的配合以及重型机械和农业机械中较重要的配合。IT8 与 IT9 分别用于普通平键宽度与键槽宽度的配合,IT9,IT10 的轴和孔用于一般精度要求的配合。

IT11,IT12 用于不重要的配合。多用于各种没有严格要求,只要求便于连接的配合。如螺栓和螺孔、铆钉和孔的配合。

IT12～IT18 用于未注公差的尺寸和粗加工的工序尺寸上,包括冲压件、铸锻件的公差。如手柄的直径、壳体的外形、壁厚尺寸、端面之间的距离。

IT8～IT14 为原材料公差。

各种加工方法能达到的公差等级参考范围:

数控车 IT3～IT7;数控铣 IT3～IT6;数控镗 IT3～IT5;研磨 IT01～IT5;珩磨 IT4～IT7;圆磨 IT5～IT8;平磨 IT5～IT8;金刚石磨床和金刚石镗床 IT4～IT7;拉削 IT5～IT8;铰孔 IT6～IT10;普通车床 IT7～IT11;普通镗床 IT7～IT11;铣床 IT8～IT11;刨床和插床 IT10～IT11;滚压、挤压 IT10～IT11;冲压、铸造 IT10～IT14;砂箱、铸造 IT16～IT18;锻造 IT15～IT18。值得注意的是:各种加工方法能达到的公差等级范围,随着工艺水平的不断提高是会变化的。

4. 公差等级与加工成本相关联

间隙较大的间隙配合中,孔和轴之一由于某种原因,必须选用较高的标准公差等级,则与它配合的轴或孔的标准公差等级可以低两三级,以便在满足使用要求的前提下降低加工成本。例如图 2.26 所示,轴套孔与轴颈配合为 $\phi 60 D9/k6$;外壳孔与端盖定位圆柱面的配合为 $\phi 95 J7/e9$。

2.3.4 配合种类的选择

选择配合种类的主要根据是使用要求,应该按照工作条件要求的松紧程度,在保证机器正常工作的情况下来选择适当的配合。但是除动压轴承的间隙配合和在弹性变形范围内由过盈传递力矩或轴向力的过盈配合外,工作条件要求的松紧程度很难用量化指标衡量表示。在实际工作中,除少数可用计算法进行配合选择外,多数采用类比法和试验法选择配合种类。

1. 配合类别的确定

在用类比法选择配合时,要具体分析。首先确定配合类别。配合共分间隙、过盈和过渡配合三大类。选择配合主要依据是使用要求和工作条件。

(1) 间隙配合的选择。

工作时有相对运动或虽无相对运动而要求装拆方便的孔、轴配合,应该选用间隙配合。

要求孔、轴有相对运动的间隙配合中,相对运动速度越高,润滑油黏度越大,则配合应越松。

(2) 过渡配合的选择。

对于既要求对中性,又要求装拆方便且无相对运动的孔、轴配合,应该选用过渡配合。这时,传递载荷(转矩或轴向力)必须加键或销等连接件。过渡配合最大间隙 X_{max} 应小,以保证对中性,最大过盈 Y_{max} 也应小,以保证装拆方便,也就是说,配合公差($T_f = X_{max} - Y_{max}$)应小。因此,过渡配合的孔、轴的标准公差等级应较高(IT5~IT8)。

(3) 过盈配合的选择。

对于利用过盈来保证固定或传递载荷的孔、轴配合,应该选择过盈配合。传动力大,过盈量要大。

具体选择配合类别时可参看表 2.15。

表 2.15 三类配合选择的基本根据

	有相对运动(转动或移动)	间隙配合	
孔和轴之间	无相对运动	传递较大转矩,不要求拆卸	过盈配合
		同轴度要求高,加键传矩,要求拆卸	过渡配合
		同轴度要求不高,经常拆卸,加键传矩	间隙配合

2. 配合松紧的确定

配合类别确定后,配合松紧则按工作条件考虑,对照实例选择。对间隙配合,应考虑运动特性、运动条件及运动精度。对过盈配合,应考虑负荷特性、负荷大小、材料允许应力、装配条件及工作温度。对过渡配合,应考虑对中性要求及拆卸要求等。在对照实例选取配合时,应根据具体条件的不同,增加或减少过盈量或间隙量(材料相同的情况):

(1) 材料许用应力小过盈量减。

(2) 经常拆卸过盈减。

(3) 有冲击负荷过盈量增、间隙量减。

(4) 工作时,孔的温度高于轴的温度过盈量增、间隙量减。

(5) 工作时,孔的温度低于轴的温度过盈量减、间隙量增。

(6) 配合长度较长过盈量减、间隙量增。
(7) 形位误差大过盈量减、间隙量增。
(8) 配合时可能歪斜过盈量减、间隙量增。
(9) 旋转速度较高过盈量增、间隙量增。
(10) 有轴向运动间隙量增。
(11) 润滑油黏度大间隙量增。
(12) 表面粗糙过盈量增、间隙量减。
(13) 装配精度高过盈量减、间隙量减。

3. 配合选择参考

在明确所选配合类别后,参照表2.16各种基本偏差的特点及应用实例,来正确地选择配合。

表 2.16 各种基本偏差的应用实例

配合	基本偏差	各种基本偏差的特点及应用实例
间隙配合	a(A), b(B)	可得到特别大的间隙,很少采用。主要用于工作时温度高、热变形大零件的配合,如内燃机中铝活塞与气缸钢套孔的配合为 H9/a9 右图:起重机吊钩销轴与拉杆孔、叉头孔配合为 H12/b12 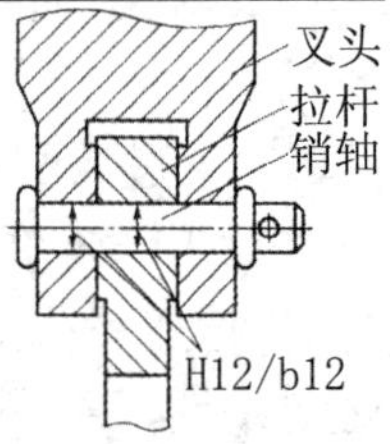
	c(C)	可得到很大的间隙。一般用于工作条件较差(如农业机械)、工作时受力变形大及装配工艺性不好的零件的配合,也适用于高温工作的间隙配合 右图:内燃机排气阀杆与导管孔的配合为 H8/c7 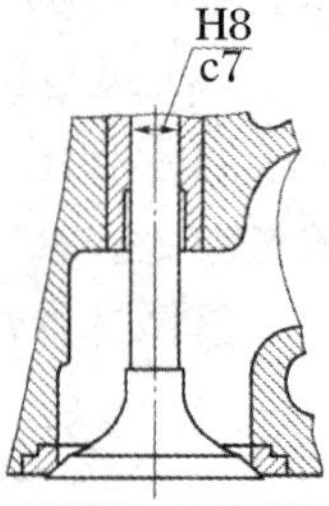
	d(D)	与 IT7~IT11 对应,适用于较松的间隙配合(如滑轮、活套带轮的孔与轴的配合)以及大尺寸滑动轴承与轴颈的配合(如涡轮机、球磨机等的滑动轴承) 右图:活塞上的环形槽与活塞环在宽度上的配合采用 H9/d9 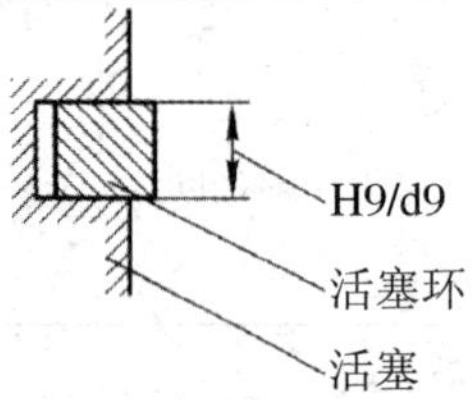
	e(E)	与 IT6~IT9 对应,具有明显的间隙,用于大跨距及多支点的转轴轴颈与轴承的配合,以及高速、重载的大尺寸轴颈与轴承的配合,如大型电机、内燃机的重要轴承处的配合 右图:发动机曲轴轴颈与轴承的配合为 H6/e7 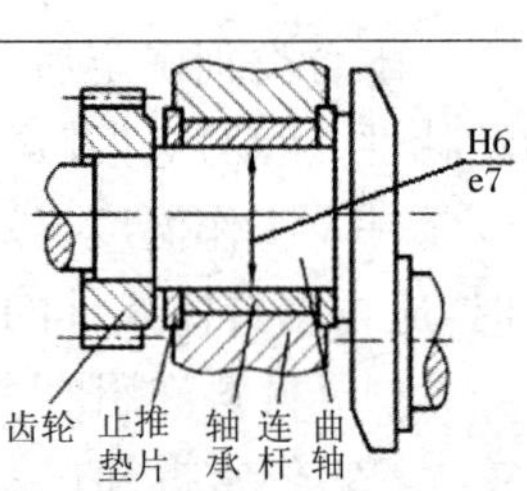

续表

配合	基本偏差	各种基本偏差的特点及应用实例
间隙配合	f(F)	多与IT6～IT8对应,用于一般的转动配合,受温度影响不大,采用普通润滑油的轴颈与滑动轴承的配合,如齿轮箱、小电机、泵等转轴轴颈与滑动轴承处的配合为H7/f6 右图:在爪形离合器结构中,固定爪的孔与主动轴间要求精确定位,无相对运动,大修时才拆卸,故固定爪的孔与主动轴的配合采用过渡配合H7/n6,而移动爪可在从动轴上自由移动,加键能传递一定的载荷,故移动爪的孔与从动轴采用间隙配合H8/f7 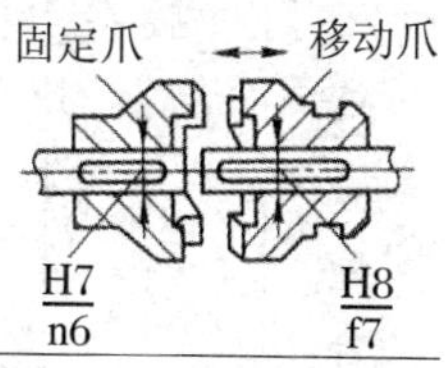
	g(G)	多与IT5～IT7对应,形成配合的间隙较小,用于轻载精密装置中的转动配合,用于插销的定位配合,滑阀、连杆销等处的配合 右图:在钻床的钻模夹具中,衬套压入钻模板的孔中,要求精确定位,且不常拆卸,故衬套的外圆柱面与钻模板的孔配合采用较紧的过渡配合H7/n6,而可换钻套需要定期更换,因此可换钻套外圆柱面与衬套内孔的配合采用小间隙配合H7/g6,可换钻套的内孔与钻头之间应保证有一定间隙,以防止两者可能卡住或咬死,故钻套内孔尺寸公差带采用G7 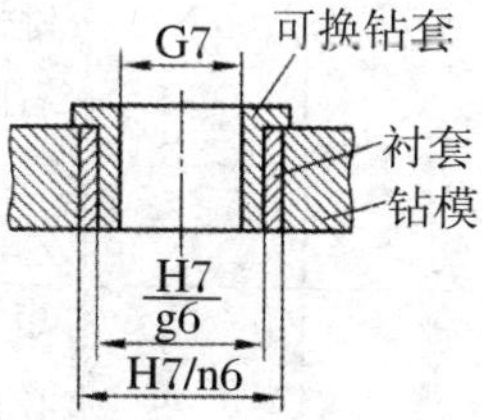
	h(H)	多与IT4～IT11对应,广泛用于无相对转动的配合、一般的定位配合。若没有温度、变形的影响,也可用于精密轴向移动部位 右图:车床尾座结构中,顶尖套筒在调整时,它在尾座的导向孔中滑动,两者之间需要有间隙,同时还应保持顶尖相对于车床的高的精度,两者之间的间隙不易大,故尾座的导向孔与套筒外圆柱面的配合采用精度高而间隙小的间隙配合H6/h5 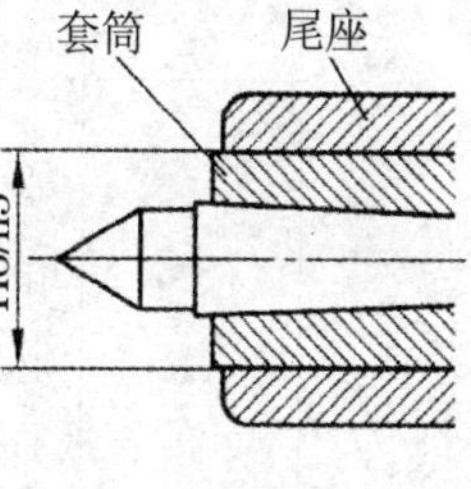
过渡配合	js(JS)	多用于IT4～IT7具有平均间隙的过渡配合,用于略有过盈的定位配合,如联轴器与轴、滚动轴承外圈与外壳孔的配合等。一般用手或木槌装配 右图:齿圈与轮毂的配合采用H7/js6 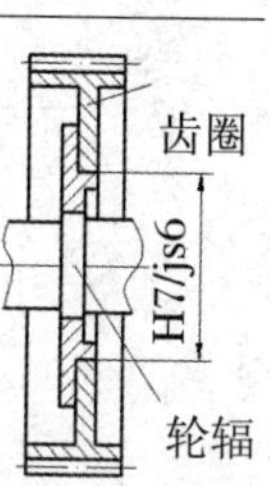
	k(K)	多用于IT4～IT7平均间隙接近于零的配合,用于定位配合,如滚动轴承的内、外圈分别与轴颈、外壳孔的配合用木槌装配 右图:在夹具的固定式定位销结构中,定位销直接安装在夹具体上使用,定位精度要求较高且不常拆卸,故定位销与夹具体上的孔的配合采用过渡配合H7/k6 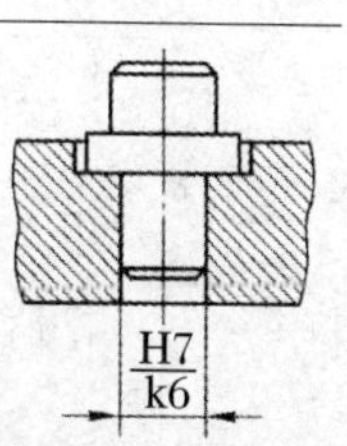

续表

配合	基本偏差	各种基本偏差的特点及应用实例
过渡配合	m(M)	多用于IT4～IT7平均过盈较小的配合，用于精密的定位配合 右图：涡轮青铜轮缘的内孔与钢轮毂凸缘的配合为H7/m6（H7/n6） 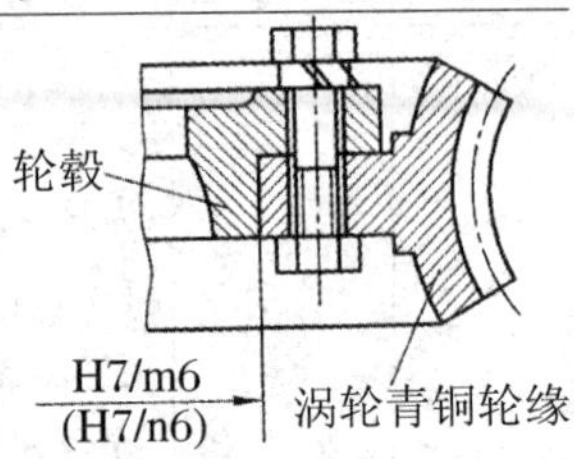
	n(N)	多用于IT4～IT7平均过盈较大的配合，很少形成间隙。用于加键传递较大转矩的配合。用槌子或压力机装配 右图：冲床上齿轮的基准孔与轴的配合H7/n6 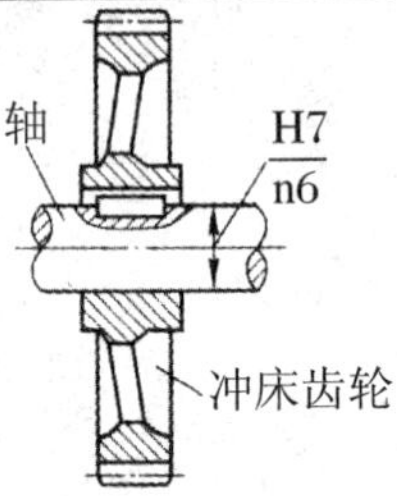
过盈配合	p(P)	用于过盈小的配合。与H6或H7孔形成过盈配合，与H8孔形成过渡配合。碳钢和铸铁零件形成的配合为标准压入配合，而合金钢零件的配合需要过盈小时可用p或P 右图：在滑动轴承结构中，为保证轴承工作时轴瓦孔与轴颈间形成液体摩擦状态，故轴瓦与轴颈间的配合选为H7/f6，而轴瓦外圆柱面与轴承座之间不允许有相对运动，故采取小过盈配合H7/p6 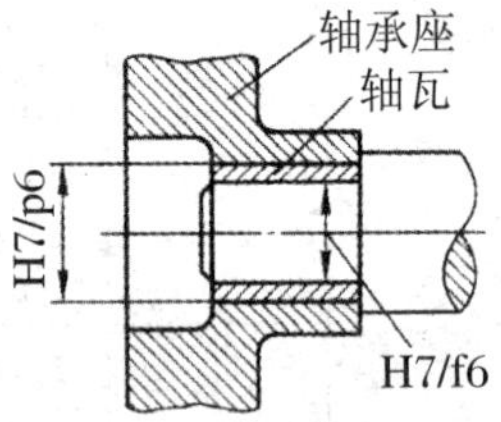
	r(R)	用于传递大转矩或承受冲击负荷而需要加键的配合为H7/r6。必须注意，H8/r7配合在公称尺寸≤100 mm时，为过渡配合 右图：涡轮的基准孔与轴的配合为H7/r6 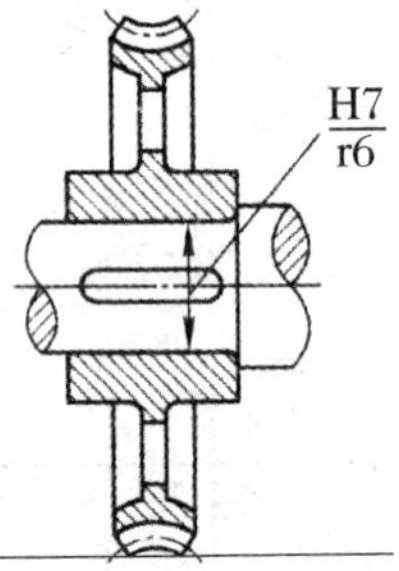
	s(S)	用于钢和铸铁零件的永久性和半永久性结合，可产生相当大的结合力，如套环压在轴、阀座孔中采用的H7/s6配合 右图：泵阀座和壳体的结合为H7/s6 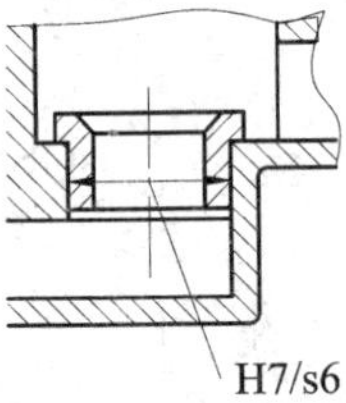
	t(T)	用于钢和铸铁零件的永久性结合，不用键就能传递转矩，需用热套法或冷轴法装配 右图：联轴器孔与轴的配合为H7/t6 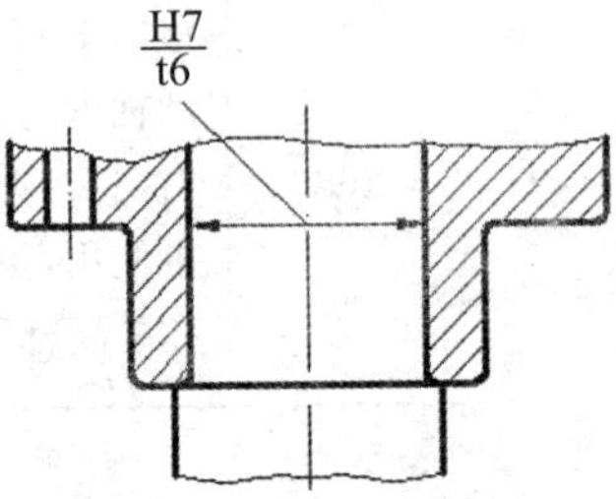

续表

配合	基本偏差	各种基本偏差的特点及应用实例
过盈配合	u(U)	用于过盈大的配合,最大过盈需验算,用热套法进行装配,如火车车轮轮毂孔与轴的配合 H7/u6 右图:带轮部件中主动锥齿轮孔与轴的配合采用 H7/u6 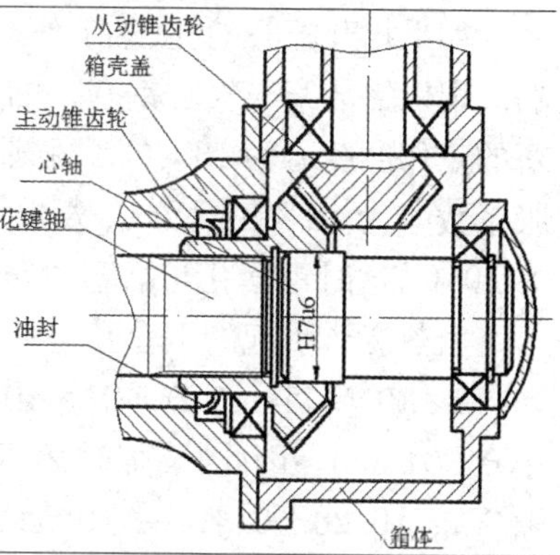
	v(V), x(X), y(Y), z(Z)	用于过盈特大的配合,目前使用的经验和资料很少,必须经过试验后才能应用。一般不推荐

对于≤500 mm 的常用尺寸段,应优先选用优先配合。表 2.17 为优先配合的应用说明,供选择时参考。

表 2.17 优先配合使用说明

配合	优先配合		选用说明
	基孔制	基轴制	
间隙配合	$\dfrac{H11}{c11}$	$\dfrac{C11}{h11}$	间隙极大,用于转速很高、轴孔温差很大的滑动轴承;精度要求低,有大间隙的外露部分;要求装配极方便的配合
	$\dfrac{H9}{d9}$	$\dfrac{D9}{h9}$	间隙很大,用于转速较高、轴颈压力较大、精度要求不高的滑动轴承
	$\dfrac{H8}{f7}$	$\dfrac{F8}{h7}$	间隙不大,用于低速转动、中等轴颈压力、有一定的精度要求的一般滑动轴承;要求装配方便的中等定位精度的配合
	$\dfrac{H7}{g6}$	$\dfrac{G7}{h6}$	间隙很小,用于低速转动或轴向移动的精密定位的配合;需要精确定位又常装拆的配合
	$\dfrac{H7}{h6}$	$\dfrac{H7}{h6}$	最小间隙为零,用于间隙定位配合,公差等级由定位精度决定,工作时一般无相对运动,也用于高精度低速轴向移动的配合
	$\dfrac{H8}{h7}$	$\dfrac{H8}{h7}$	
	$\dfrac{H9}{h9}$	$\dfrac{H9}{h9}$	
	$\dfrac{H11}{h11}$	$\dfrac{H11}{h11}$	
过渡配合	$\dfrac{H7}{k6}$	$\dfrac{K7}{h6}$	平均间隙接近零,用于要求装拆的精密定位的配合
	$\dfrac{H7}{n6}$	$\dfrac{N7}{h6}$	较紧的过渡配合,用于一般不拆装的更精密定位的配合
过盈配合	$\dfrac{H7}{p6}$	$\dfrac{P7}{h6}$	过盈很小,用于要求定位精度高、配合刚性好的配合,而不是只靠过盈配合传递载荷
	$\dfrac{H7}{s6}$	$\dfrac{S7}{h6}$	过盈适中,用于靠过盈传递中等载荷的配合
	$\dfrac{H7}{u6}$	$\dfrac{U7}{h6}$	过盈较大,装配时需要加热孔或冷却轴,用于靠过盈传递较大载荷的配合

4. 影响配合选择的其他因素

(1) 孔、轴工作时的温度对配合选择的影响。

如果相互配合的孔、轴工作时与装配时的温度差别较大,则选择配合要考虑热变形的影响。现以铝活塞与气缸钢套孔的配合为例加以说明,设配合的公称尺寸 D 为 $\phi110$ mm,活塞的工作温度 t_1 为 180 ℃,线膨胀系数 α_1 为 24×10^{-6}/℃;钢套的工作温度 t_2 为 110 ℃,线膨胀系数 α_2 为 12×10^{-6}/℃。要求工作时间隙在 $+0.1\sim+0.28$ mm 范围内。装配时的温度 t 为 20 ℃,这时钢套孔与活塞的配合的种类可如下确定。

由热变形引起的钢套孔与活塞间的间隙变化量为 $\Delta X = D[\alpha_2(t_2-t)-\alpha_1(t_1-t)] = 110\times[12\times10^{-6}(110-20)-24\times10^{-6}(180-20)] = -0.304$ (mm),即工作时将把装配间隙减小 0.304 mm。因此,装配时必须满足最小间隙 $X_{\min}=0.1+0.304=+0.404$ (mm),最大间隙 $X_{\max}=0.28+0.304=+0.584$ (mm),才能保证工作间隙在 $+0.1\sim+0.28$ mm 范围内。

根据式(2.12),$T_f = X_{\max}-X_{\min}=0.584-0.404=T_h+T_s=0.18$ (mm),取钢套孔和活塞的标准公差等级相同,并采用基孔制,则 $T_h=T_s=90\ \mu m$,孔的下偏差 EI = 0。由表 2.5 查得公差为 90 μm 的孔、轴的标准公差等级靠近 IT9,则取为 IT9。由 $X_{\min}=$ EI − es,得 es = EI − $X_{\min}=0-0.404=-0.404$ (mm)(轴的基本偏差数值)。由表 2.7 选取轴的基本偏差代号为 a(其数值为 −410 μm)。最后确定钢套孔与活塞的配合为 $\phi110$H9$\left(^{+0.087}_{\ \ 0}\right)$/a9$\left(^{-0.410}_{-0.497}\right)$。

(2) 装配变形对配合选择的影响。

在机械结构中,有时会遇到薄壁套筒装配后变形的问题。例如,图 2.27 所示,套筒外表面与机座孔的配合为过盈配合 $\phi80$H7/u6,套筒内孔与轴的配合为间隙配合 $\phi60$H7/f6。由于套筒外表面与机座孔的装配会产生过盈,当套筒压入机座孔后,套筒内孔会收缩,产生变形,使套筒孔径减小,不能满足使用要求。因此,在选择套筒内孔与轴的配合时,应考虑变形量的影响。具体办法有两个:一是预先将套筒内孔加工得比 $\phi60$H7 稍大,以补偿装配变形;二是用工艺措施保证,将套筒压入机座孔后,再按 $\phi60$H7 加工套筒内孔。

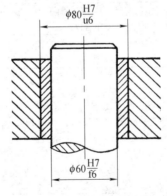

图 2.27 会产生装配变形的结构

(3) 生产类型对配合选择的影响。

选择配合种类时,应考虑生产类型(批量)的影响。在大批大量生产时,多用调整法加工,加工后尺寸的分布通常遵循正态分布。而在单件小批生产时,多用试切法加工,孔加工后尺寸多偏向孔的最小极限尺寸,轴加工后尺寸多偏向轴的最大极限尺寸,即孔和轴加工后尺寸的分布皆遵循偏态分布。例如,图 2.28(a)所示,设计时给定孔与轴的配合为 $\phi50$H7/js6,大批大量生产时,孔、轴装配后形成的平均间隙为 $X_{av}=+12.5\ \mu m$。而单件小批生产时,加工后孔和轴的尺寸分布中心分别趋向孔的最小极限尺寸和轴的最大极限尺寸,于是孔、轴装配后形成的平均间隙 $X_{av'} < X_{av}$，且比 +12.5 μm 小得多。为了满足相同的使用要求，单件小批生产时采用的配合应比大批大量生产时松些。因此，为了满足大批大量生产时 $\phi50H7/js6$ 的要求，在单件小批生产时应选择 $\phi50H7/h6$，如图 2.28(b) 所示。

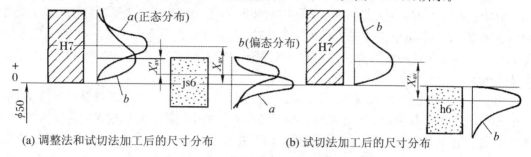

(a) 调整法和试切法加工后的尺寸分布　　　　(b) 试切法加工后的尺寸分布

图 2.28　生产类型对配合选择的影响

5. 分析零件工作条件，合理调整配合的间隙量和过盈量

例 10　用类比法分析并确定图 1.1 所示减速器的 8—齿轮Ⅳ的 $\phi65$ mm 基准孔与输出轴 7 上 $\phi65$ mm 轴头的配合的种类。

解：

参看图 2.26，根据齿轮精度等级，齿轮基准孔的标准公差等级应为 IT7。本例采用基孔制，确定齿轮基准孔的公差带为 $\phi65H7$。由于要求齿轮能够传递较大的转矩，并要求有较高的定心精度，因此齿轮基准孔与轴头应采用过盈配合和键来联结，轴头的公差带取为 $\phi65r6$，此处的配合为 $\phi65H7/r6$。

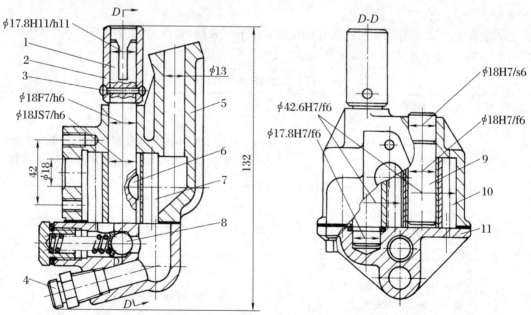

1—输入轴；　2—联轴器；　3—销钉；　4—关节头；　5—泵体；　6—半圆键；
7—主动齿轮；　8—钢球；　9—固定心轴；　10—从动齿轮；　11—泵盖

图 2.29　齿轮泵装配图

例 11 分析并确定图 2.29 所示齿轮泵中,重要的孔、轴配合部位应采用的配合制、标准公差等级和配合种类。

解:

齿轮泵是机床和某些机器润滑系统使用的装置。动力由联轴器 2 经销钉 3 使输入轴 1 利用半圆键 6 带动固定在其上的主动齿轮 7 旋转,主动齿轮 7 带动从动齿轮 10 绕固定心轴 9 旋转。主、从动齿轮的齿数和其他参数分别相同。它们齿顶圆柱面直径的公称尺寸皆为 $\phi42.6$ mm。

为了保证泵油的功能,要求主、从动齿轮的齿顶圆面和两个端面分别与泵体 5 内壁、泵盖 11 顶面之间具有保证两个齿轮能够自由旋转所需的微小间隙。间隙过大则降低油压。

在主、从动齿轮旋转过程中,润滑油从泵体 5 左侧的 $\phi18$ mm 进油孔吸入,通过齿轮副的齿侧间隙,由泵体 5 右上部的 $\phi13$ mm 出油孔压出,流入工作部位。当润滑油过多时,油压使钢球 8 向左移动,从而使油路畅通,缓解油压。多余的润滑油从管接头 4 流回油池。

输入轴 1 上的两个轴颈分别与泵体 5 和泵盖 11 上的轴承孔配合,在该轴上这两个轴颈中间安装主动齿轮 7,该轴的上端轴头安装联轴器 2。为了便于输入轴的加工和装配,该轴上端轴头和下端轴颈的直径皆稍小于中间段的直径,中间段上与轴承孔配合的轴颈和安装主动齿轮 7 的轴头的直径取成相等。因此,中间段直径公称尺寸取为 $\phi18$ mm,上端轴头和下端轴颈公称尺寸皆取为 $\phi17.8$ mm。此外,该轴的中间段与两个不同配合性质要求的孔相配合,以采用基轴制为宜。

固定心轴 9 上部的轴头与泵体 5 的孔固定联结成一体,下部的轴颈安装绕其高速旋转的从动齿轮 10。为便于装配,固定心轴下部直径应稍小于上部直径,它们的公称尺寸皆取为 $\phi18$ mm。

齿轮泵上 8 处重要的孔与轴配合部位应采用的配合制、标准公差等级和配合种类,见表 2.18。

表 2.18 齿轮泵配合部位说明

序号		配合部位	配合代号	说明
输入轴	1	输入轴 1 的上端轴头与联轴器 2 的配合	$\phi17.8\dfrac{H11}{h11}$	此处只要求它们能够顺利装配(不出现过盈,但间隙不宜过大),然后用销钉 3 将它们紧固
	2	输入轴 1 的下端轴颈与泵盖 11 上的轴承孔的配合	$\phi17.8\dfrac{H7}{f6}$	保证输入轴在轴承孔内高速旋转的需要
	3	输入轴 1 中间段轴颈与泵体 5 上的轴承孔的配合	$\phi18\dfrac{F7}{h6}$	保证输入轴能够高速旋转
	4	输入轴 1 轴头与主动齿轮 7 孔的配合	$\phi18\dfrac{JS7}{h6}$	保证两者同轴线,联结成一体,采用半圆键 6 来传递载荷

续表

序号		配合部位	配合代号	说明
固定心轴	1	固定心轴9轴头与泵体5孔的配合	$\phi 18 \dfrac{H7}{s6}$	不必加键,就能保证它们之间不会产生相对运动
	2	固定心轴9轴颈与从动齿轮10孔的配合	$\phi 18 \dfrac{H7}{f6}$	满足较高的同轴度和从动齿轮能够高速旋转的要求
齿轮	1	主动齿轮7的齿顶圆与泵体5内壁孔的配合	$\phi 42.6 \dfrac{H7}{f6}$	保证主、从动齿轮都能够高速旋转,而不产生干涉,又不允许齿顶间隙过大,避免油压下降
	2	从动齿轮10的齿顶圆与泵体5内壁孔的配合		

注:从动齿轮10孔是指从动齿轮内孔与耐磨套筒按过盈配合装配后的套筒孔。它们的结构与图2.29所示的结构类似。

6. 计算法选择极限与配合

根据机械设计的理论和计算方法,计算出所需要的间隙或过盈量。如间隙配合中的滑动轴承,通常采用流体润滑理论计算出滑动轴承处于液体摩擦状态时所需要的间隙。根据计算结果,选择适宜的配合。再如对于过盈配合,可按弹性变形理论,计算出所需要的最小过盈量,按其计算结果,选择适宜的过盈配合,并应验算在最大过盈状态下是否会使零件损坏。

已知极限间隙或极限过盈,当基准制和公差等级确定后,选择配合就是确定非基准件的基本偏差代号的问题。在采用基孔制、基轴制配合时,非基准轴或非基准孔的基本偏差与标准公差值和极限间隙或过盈的关系见表2.19所示。

表2.19 两种配合制中,非基准件孔或轴的基本偏差与标准公差值和极限间隙或过盈的关系

基准制	配合性质	非基准件的基本偏差	计算公式
基孔制	间隙配合	es	$es = -X_{min}$
	过渡配合	ei	$ei = T_h - X_{max}$
	过盈配合	ei	$ei = T_h - Y_{min}$
基轴制	间隙配合	EI	$EI = X_{min}$
	过渡配合	ES	$ES = X_{max} - T_s$
	过盈配合	ES	$ES = Y_{min} - T_s$

例12 某一公称尺寸为80 mm的间隙配合,若配合所需要的极限间隙量已计算出。允许最大间隙 $X_{max} = +140$ μm,允许的最小间隙 $X_{min} = +60$ μm,试确定孔、轴公差等级。

解:

(1) 配合制的选择。

无特殊要求,应优先选择基孔制。孔的基本偏差代号为H,EI = 0。

(2) 确定孔和轴的公差等级。

由已知条件可知 $X_{max} = +140$ μm,$X_{min} = +60$ μm,则根据公式(2.12)可知允许的配合

公差为

$$T_f = |X_{max} - X_{min}| = |+140 - (+60)| = 80 \ \mu m$$

查标准公差数值表 2.5 得，孔和轴公差之和小于并接近 80 μm 的标准公差等级为 IT8 = 46 μm；IT7 = 30 μm。考虑到孔轴工艺等价性，间隙配合标准公差等级≤IT8 的孔应与高一级的轴配合。

故孔和轴的公差等级分别为 T_h = IT8 = 46 μm；T_h = IT7 = 30 μm。

$T_f = T_h + T_s = 46 + 30 = 76$ （μm）<80（μm）满足要求。故孔的公差带为 H8。

(3) 确定轴的基本偏差代号。

在基孔制间隙配合中，非基准件轴的基本偏差为上极限偏差，由表 2.18 可知 es = $-X_{min}$ = -60 μm，查表 2.7 可知，基本偏差值代号为 e，其基本偏差值 e = -60 μm，故轴的公差带为 e7。

因此，所选的配合代号为 H8/e7。

(4) 验算。

所选配合极限间隙为

$$X_{max} = ES - ei = 46 - (-90) = +136 \ (\mu m)$$
$$X_{min} = EI - es = 0 - (-60) = +60 \ (\mu m)$$

由此可见 X_{max} 小于已知条件中的最大配合间隙，X_{min} 等于已知条件中的最小配合间隙，所以该配合满足使用要求。

2.4 未注公差线性尺寸的一般公差

零件图上所有的尺寸原则上都应受到一定公差的约束。为了简化制图，节省设计时间，对不重要的尺寸和精度要求很低的非配合尺寸，在零件图上通常不标注它们的公差。为了保证使用要求，避免在生产中引起不必要的纠纷，GB/T 1804—2000 对未注公差的尺寸规定了一般公差。

一般公差是指在车间一般加工条件能够保证的公差。是机床设备在正常维护和操作情况下，能到达的经济精度。采用一般公差时，即未注公差。

GB/T 1804—2000 对线性尺寸和倒圆半径、倒角高度尺寸的一般公差各规定了四个公差等级，即 f 级（精密级）、m 级（中等级）、c 级（粗糙级）和 v 级（最粗极），并制定了相应的极限偏差数值，分别见表 2.20 和表 2.21。未注公差角度尺寸的极限偏差数值见表 2.22。

由表 2.20、表 2.21 和表 2.22 可见，一般公差的极限偏差，无论孔、轴或长度尺寸一律呈对称分布。这样的规定，可以避免由于对孔、轴尺寸理解不一致而带来不必要的纠纷。当零件上的要素采用一般公差时，在零件图上只标注公称尺寸，不标注极限偏差或公差带代号，零件加工完后可不检验，而是在图样上、技术文件或标准（企业或行业标准）中作出总的说明。

例如，在零件图样上标题栏上方标明：GB/T 1804—m，则表示该零件的一般公差选用中等级，按国家标准 GB/T 1804 中的规定执行。

表 2.20 线性尺寸一般公差的公差等级及其极限偏差数值

(单位:mm)

公差等级	尺寸分段							
	0.5~3	>3~6	>6~30	>30~120	>120~400	>400~1000	>1000~2000	>2000~4000
f(精密级)	±0.05	±0.05	±0.1	±0.15	±0.2	±0.3	±0.5	—
m(中等级)	±0.1	±0.1	±0.2	±0.3	±0.5	±0.8	±1.2	±2
c(粗糙级)	±0.2	±0.3	±0.5	±0.8	±1.2	±2	±3	±4
v(最粗级)	—	±0.5	±1	±1.5	±2.5	±4	±6	±8

表 2.21 倒圆半径与倒角高度尺寸一般公差的公差等级及其极限偏差数值

(单位:mm)

公差等级	尺寸分段			
	0.5~3	>3~6	>6~30	>30
f(精密级) / m(中等级)	±0.2	±0.05	±1	±2
c(粗糙级) / v(最粗级)	±0.4	±1	±2	±4

表 2.22 未注公差角度尺寸的极限偏差

(单位:mm)

公差等级	长 度				
	≥10	>10~50	>50~120	>120~400	>400
f(精密级)、m(中等级)	±1°	±30′	±20′	±10′	±5′
c(粗糙级)	±1°30′	±1°	±30′	±15′	±10′
v(最粗级)	±3°	±2°	±1°	±30′	±20′

2.5 尺寸的检测

要保证零件产品质量,除了必须在图样上规定几何量公差要求以外,还必须规定相应的检测原则作为技术保证。只有按测量检测标准规定的方法确认合格的零件,才能满足设计要求。

我国国家标准规定了两种检测制度:用普通计量器具测量和光滑极限量规检验。通常,中小批量生产零件的尺寸精度可以使用普通计量器具进行测量,测得其实际尺寸的具体数值或实际偏差,来判断孔、轴合格与否。对于大批量生产的零件,为提高检测效率,使用光滑极限量规进行检验,量规是一种没有刻度用于检验孔、轴实际尺寸和几何误差实际轮廓综合结果的专用计量器具,用它检验的结果可以判断实际孔、轴合格与否。

为了贯彻执行有关孔、轴极限与配合方面的国家标准，我国发布了国家标准 GB/T 3177—2009《光滑工件尺寸的检验》和 GB/T 1957—2006《光滑极限量规》作为技术保证。

2.5.1 用通用计量器具测量

GB/T 3177—2009《光滑工件尺寸的检验》规定了光滑工件检验的验收原则、验收极限、检验尺寸、计量器具的测量不确定度允许值和计量器具的选用原则。该标准适用于车间现场的通用计量器具，图样上标注的公差等级为 IT6～IT18、公称尺寸至 500 mm 的光滑工件尺寸的检验也适用于对一般公差尺寸的检验。

1. 误收误废概念

按图样要求，孔、轴的真实尺寸应位于上极限尺寸和下极限尺寸之间，包括恰好等于极限尺寸时，都应该认为是合格的。当采用普通计量器具（如游标卡尺、千分尺、比较仪等）检查孔、轴尺寸时，由于测量误差的存在，提取要素的局部尺寸（实际尺寸）可能大于也可能小于被测尺寸的真值，或者说，在一定的测量条件下被测尺寸的真值可能大于也可能小于其测量结果（实际尺寸）。通常不是真实尺寸，即测得的提取要素的局部尺寸（实际尺寸）= 真实尺寸 ± 测量误差。因此，如果根据实际尺寸是否超出极限尺寸来判断其合格性，即以上、下极限尺寸作为验收极限，则在上、下验收极限处，则可能造成误收或误废。

误收是指将真实尺寸位于上、下极限尺寸外侧附近的不合格品，误判为合格品；误废是指将真实尺寸位于上、下极限尺寸内侧附近的合格品，误判为不合格品，如图 2.30 所示。

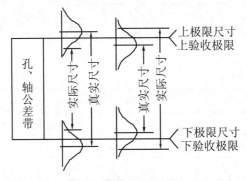

图 2.30 误收与误废

2. 安全裕度与验收极限

误收会影响产品质量，误废会造成经济损失。为确保产品质量并满足互换性要求，GB/T 3177—2009 规定，验收光滑工件尺寸应遵循的原则是：所用验收方法应只接收那些位于规定的尺寸极限之内的工件。根据这一原则，使用普通计量器具测量实际尺寸时，应规定验收极限。

验收极限是判断所检验工件尺寸合格与否的尺寸界线。生产中应按验收极限验收工件。

(1) 验收极限方式的确定。

GB/T 3177—2009《产品几何技术规范（GPS）光滑工件尺寸的检验》中规定，验收极限可按下面两种方式之一确定。

① 内缩方式。

内缩方式的验收极限是从规定的最大实体尺寸（MMS）和最小实体尺寸（LMS）分别向

工件公差带内移动一个安全裕度为 A 的距离来确定,如图 2.31(a),(b)所示。A 值按工件尺寸公差 T 的 1/10 确定,其数值列于表 2.23。

轴尺寸的验收极限:

    上验收极限 = 最大实体尺寸(MMS) − 安全裕度(A)

    下验收极限 = 最小实体尺寸(LMS) + 安全裕度(A)

孔尺寸的验收极限:

    上验收极限 = 最小实体尺寸(LMS) − 安全裕度(A)

    下验收极限 = 最大实体尺寸(MMS) + 安全裕度(A)   (2.21)

采用内缩验收极限的原因是:在车间实际情况下,工件合格与否,只按一次测量来判断。不考虑温度、压陷效应以及计量器具和标准器的系统误差等因素产生的影响。考虑到测量误差和形状误差的影响,采用内缩的验收极限,可适当减少测量误差和形状误差对测量验收的影响,从而减少误收率。

② 不内缩方式。

不内缩方式的验收极限等于规定的最大实体尺寸和最小实体尺寸,即取安全裕度为零($A = 0$),如图 2.31(c)所示。此方案使误收和误废都有可能发生。

验收极限方式直接关系到产品的质量和价格经济性。如采用内缩方式,相对加工误差减少了 1/5,这样可以保证零件配合质量,而且可以选用精度较低的测量器具。但是因为占用了较多的零件公差,使生产公差减小,给加工带来困难。如采用不内缩方式,因测量误差的影响,对零件配合质量控制产生不稳定因素,因此需选择精度较高的测量器具。但是不内缩方式不会使生产公差减小,所以便于加工。

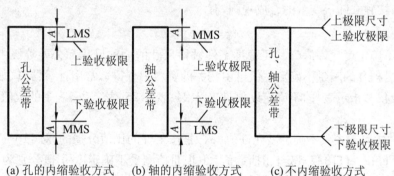

(a) 孔的内缩验收方式 (b) 轴的内缩验收方式 (c) 不内缩验收方式

图 2.31 尺寸公差带及验收极限示意图

(2) 验收极限方式的选择。

选择哪种验收极限方式,应综合考虑被测工件的不同精度要求、标准公差等级的高低、加工后尺寸的分布特性和工艺能力等因素来确定。具体原则如下:

① 对于遵循包容要求的尺寸和标准公差等级高的尺寸,其验收极限按内缩方式确定。

② 当工艺能力指数 $C_p \geqslant 1$ 时($C_p = T/6\sigma$,T 为工件尺寸公差,σ 为单次测量的标准偏差),验收极限可以按不内缩方式确定;但对于采用包容要求的孔、轴,其最大实体尺寸一边的验收极限应该按单向内缩方式确定,如图 2.32(a),(b)。

③ 对于偏态分布的尺寸,其验收极限可以只对尺寸偏向的一边(如生产批量不大,用试切法获得尺寸时,尺寸偏向 MMS 一边)按单向内缩方式确定,如图 2.33(a),(b)。

④ 对于非配合尺寸和一般公差的尺寸,其验收极限按不内缩方式确定。

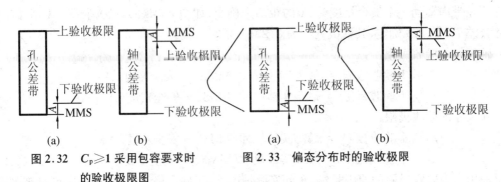

图 2.32 $C_p \geqslant 1$ 采用包容要求时的验收极限图

图 2.33 偏态分布时的验收极限

确定工件尺寸验收极限后,还需正确选择计量器具以进行测量。

3. 测量不确定度和计量器具的选择

根据测量误差的来源,测量不确定度是用来表征测量结果分散特性的误差限,即表示测得尺寸分散程度的测量误差范围。

测量不确定度 u 是由计量器具的测量不确定度 u_1 和测量条件引起的测量不确定度 u_2 组成的。u_1 是表征由计量器具内在误差,所引起的测得的实际尺寸对真实尺寸可能分散的一个范围,其中还包括使用的标准器(如调整比较仪示值零位时使用的量块,调整千分尺示值零位时使用的校正棒)测量不确定度。u_2 是表征测量过程中由温度、压陷效应及工件形状误差等因素所引起的测得的实际尺寸对真实尺寸可能分散的一个范围。

u_1,u_2 是独立的随机变量,两者对测量结果影响程度不同,u_1 的影响比较大,允许值约为 $u_1 = 0.9u$,u_2 的影响比较小,u_1 一般是 u_2 的 2 倍,$u_2 = 0.45u$。u_1 和 u_2 的综合结果也是随机变量,按独立随机变量的合成规则,有

$$u = \sqrt{u_1^2 + u_2^2} \tag{2.22}$$

计量器具的不确定度允许值(u_1)可根据工件被检尺寸的公称尺寸和公差等级由表 2.23 查得。通用计量器具的测量不确定度值可由相关的资料中查得。常用计量器具(如游标卡尺、千分尺、比较仪和指示表)的不确定度值见表 2.24、表 2.25、表 2.26,表中的数值供选择计量器具时参考。

表 2.23 中,计量器具不确定度允许值(u_1)是按工件的比值分挡的:对 IT6~IT11 分为 I、II、III 挡,而对 IT12~IT18 仅规定 I、II 挡数值。I、II、III 挡测量不确定度 u 值分别为工件公差的 1/10,1/6,1/4。按 $u_1 = 0.9u$ 计算得到的计量器具测量不确定允许值列于表 2.23。

从表 2.23 选用 u_1 时,有 I 至 III 挡作不同的选择,所选到的计量器具精度越低,造成误判的可能性越大,在一般情况下优先选用 I 挡,其次选用 II 挡、III 挡。然后,按表 2.24 至表 2.26 所列普通计量器具的测量不确定度 u_1' 的数值,选择具体的计量器具。所选择的计量器具的 u_1' 值应不大于 u_1 值。且尽可能地接近 u_1,以便选得较为经济的计量器具。

当选用 I 挡的 u_1 且所选择的计量器具的 $u_1' \leqslant u_1$ 时,$u = A = 0.1T$,$u_1 = 0.9u = 0.9A$。根据 GB/T 3177—2009 的理论分析,误收率为零,产品质量得到保证,而误废率为 6.98%(工件实际尺寸遵循正态分布)~14.1%(工件实际尺寸遵循偏态分布)。

当选用 II 挡、III 挡的 u_1 且所选择的计量器具的 $u_1' \leqslant u_1$ 时,$u > A(A = 0.1T)$,误收率和误废率皆有所增大,u 对 A 的比值(大于 1)越大,则误收率和误废率的增大就越多。

当验收极限采用不内缩方式即安全裕度等于零时,计量器具的测量不确定度允许值 u_1 也分成 I、II、III 三挡,从表 2.23 选用,亦应满足 $u_1' \leqslant u_1$。在这种情况下,根据 GB/T

3177—2009 的理论分析,工艺能力指数 C_p 越大,在同一工件尺寸公差的条件下,不同挡位的 u_1 越小,则误收率和误废率就越小。

对国家标准没有相关规定的工件尺寸测量器具的选择,可按所选的测量器具的极限误差占被测工件尺寸公差的 1/10～1/3 进行,被测工件的精度低时取 1/10,工件精度高时取 1/3 甚至 1/2,如果高精度的测量器具制造困难,只好增大测量器具极限误差占被测工件公差的比例来满足测量要求。

例 13 试确定测量 $\phi 50 f8(^{-0.025}_{-0.064})$Ⓔ 轴时的验收极限,并选择相应的计量器具。该轴可否使用标尺分度值为 0.01 mm 的外径千分尺进行测量,并加以分析。

解:

(1) 确定验收极限。

根据 $\phi 50 f8(^{-0.025}_{-0.064})$Ⓔ 轴的尺寸公差 IT7 = 0.039 mm,验收极限应按内缩方式确定,从表 2.23 查得安全裕度 A = 0.0039 mm,u_1 = 0.0035 mm。按式(2.21)确定上、下验收极限,见图 2.34 所示。

$$\begin{aligned}
上验收极限 &= 最大实体尺寸 - A \\
&= (50 - 0.025 - 0.0039) \\
&= 49.9711 \text{(mm)} \\
下验收极限 &= 最小实体尺寸 + A \\
&= (50 - 0.064 + 0.0039) \\
&= 49.9399 \text{(mm)}
\end{aligned}$$

(2) 按 Ⅰ 挡选择计量器具。

由表 2.23 按优先选用 Ⅰ 挡的计量器具测量不确定度允许值 u_1 的原则,确定 u_1 = 0.0035 mm。

由表 2.25 选用标尺分度值为 0.005 mm 的比较仪,其测量不确定度 u_1' = 0.0030 mm < u_1 = 0.0035 mm,能满足使用要求。

如果车间没有标尺分度值为 0.005 mm 的比较仪或精度更高的量仪,可以使用车间最常用的标尺分度值为 0.01 mm 的外径千分尺,可用两种变通的办法进行测量。

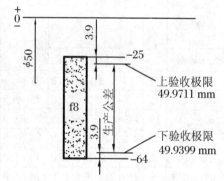

图 2.34 $\phi 50 f8$Ⓔ 轴的公差带及验收极限

当现有的计量器具的不确定度 u_1' 大于 Ⅰ 挡允许值 u_1 时,可选用表 2.23 中的第 Ⅱ 挡,重新选择计量器具,依次类推,第 Ⅱ 挡 u_1 值满足不了要求时,可选用第 Ⅲ 挡 u_1 值。

(3) 按 Ⅱ 挡选择计量器具。

当车间没有比较仪时,从表 2.23 选用分度值为 0.01 的外径千分尺,其测量不确定度 u_1' = 0.004 mm,它大于 Ⅰ 挡 u_1 = 0.0035 mm、小于 Ⅱ 挡 u_1 = 0.0059 mm 的允许值,为此,选用 Ⅱ 挡 u_1。但根据 GB/T 3177—2009 中的理论分析,在这种情况下,若工件实际尺寸遵循正态分布,则误收率为 0.10%,误废率为 8.23%。

(4) 用外径千分尺进行比较测量。

为了提高千分尺的使用精度,还可以采用比较测量法。实践表明,当使用形状与工件形状相同的标准器进行比较测量时,千分尺的测量不确定度降为原来的 40%;当使用形状与工件形状不相同的标准器进行比较测量时,千分尺的测量不确定度降为原来的60%。

本例使用形状与轴的形状不相同的标准器(50 mm 量块组)进行比较测量,因此千分尺的测量不确定度可以减小到 $u_1' = 0.004 \times 60\% = 0.0024$ (mm),它小于 0.0035 mm 允许值,这就能够满足使用要求(验收极限仍按图 2.36(a)的规定)。

例 14 试确定按 GB/T 1804—f(精密级)设计的 50 mm 一般公差尺寸的验收极限,并选择相应的计量器具。

解:

由线性尺寸一般公差可知,工件在 30~120 mm 范围内,f 级(精密级)的极限偏差为 ±0.15 mm。由于该尺寸采用一般公差,因此可按不内缩方式确定验收极限,即以其极限尺寸作为验收极限:

$$\text{上验收极限} = 50 + 0.15 = 50.15 \text{ (mm)}$$
$$\text{下验收极限} = 50 - 0.15 = 49.85 \text{ (mm)}$$

查表 2.23 可知,公称尺寸 = 30~50 mm,工件公差 $T = 0.25$ mm = 250 μm,公差等级 IT12,其计量器具不确定度允许值 $u_1 = 0.023$ μm(Ⅰ挡)。

查表 2.24 可知,分度值为 0.02 mm 的游标卡尺的测量不确定度 $u_1' = 0.02$ mm $< u_1 = 0.023$ μm,可以满足要求。

表 2.23 安全裕度 A 与计量器具的测量不确定度允许值 u_1

(单位:μm)

孔、轴的标准公差等级		IT6					IT7					IT8					IT9				
公称尺寸(mm)		T	A	u_1			T	A	u_1			T	A	u_1			T	A	u_1		
大于	至			Ⅰ	Ⅱ	Ⅲ			Ⅰ	Ⅱ	Ⅲ			Ⅰ	Ⅱ	Ⅲ			Ⅰ	Ⅱ	Ⅲ
18	30	13	1.3	1.2	2.0	2.9	21	2.1	1.9	3.2	4.7	33	3.3	3.0	5.0	7.4	52	5.2	4.7	7.8	12
30	50	16	1.6	1.4	2.4	3.6	25	2.5	2.3	3.8	5.6	39	3.9	3.5	5.9	8.8	62	6.2	5.6	9.3	14
50	80	19	1.9	1.7	2.9	4.3	30	3.0	2.7	4.5	6.8	46	4.6	4.1	6.9	10	74	7.4	6.7	11	17
80	120	22	2.2	2.0	3.3	5.0	35	3.5	3.2	5.3	7.9	54	5.4	4.9	8.1	12	87	8.7	7.8	13	20
120	180	25	2.5	2.3	3.8	5.6	40	4.0	3.6	6.0	9.0	63	6.3	5.7	9.5	14	100	10	9.0	15	23
180	250	29	2.9	2.6	4.4	6.5	46	4.6	4.1	6.9	10	72	7.2	6.5	11	16	115	12	10	17	26
孔、轴的标准公差等级		IT10					IT11					IT12					IT13				
公称尺寸(mm)		T	A	u_1			T	A	u_1			T	A	u_1			T	A	u_1		
大于	至			Ⅰ	Ⅱ	Ⅲ			Ⅰ	Ⅱ	Ⅲ			Ⅰ	Ⅱ				Ⅰ	Ⅱ	
18	30	84	8.4	7.6	13	19	130	13	12	20	29	210	21	19	32		330	33	30	50	
30	50	100	10	9.0	15	23	160	16	14	24	36	250	25	23	38		390	39	35	59	
50	80	120	12	11	18	27	190	19	17	29	43	300	30	27	45		460	46	41	69	
80	120	140	14	13	21	32	220	22	20	33	50	350	35	32	53		540	54	49	81	
120	180	160	16	15	24	36	250	25	23	38	56	400	40	36	60		630	63	57	95	
180	250	185	18	17	28	42	290	29	26	44	65	460	46	41	69		720	72	65	110	

注:T 为孔轴的尺寸公差。

资料来源:摘自 GB/T 3177—2009。

表 2.24　千分尺和游标卡尺的测量不确定度

尺寸范围 (mm)	分度值 0.01 mm 外径千分尺	分度值 0.01 mm 内径千分尺	分度值 0.02 mm 游标卡尺	分度值 0.05 mm 游标卡尺
	测量不确定度 u'_1 (mm)			
≤50	0.004		0.020	0.050
>50～100	0.005	0.008		
>100～150	0.006			
>150～200	0.007	0.013		

注：① 当采用比较测量时，千分尺的测量不确定度可小于本表规定的数值。

② 当所选用的计量器具 $u'_1 > u_1$ 时，需按 u'_1 计算出扩大的安全裕度 $A' \left(A' = \dfrac{u'_1}{0.9} \right)$；当 A'_1 不超过工件公差 15% 时，允许选用该计量器具。此时需按 A' 数值确定上、下验收极限。

资料来源：摘自 JB/Z 181—1982。

表 2.25　比较仪的测量不确定度

尺寸范围 (mm)	分度值为 0.0005 mm	分度值为 0.001 mm	分度值为 0.002 mm	分度值为 0.005 mm
	测量不确定度 u'_1 (mm)			
≤25	0.0006	0.0010	0.0017	0.0030
>25～40	0.0007			
>40～65	0.0008	0.0011	0.0018	
>65～90				
>90～115	0.0009	0.0012	0.0019	

注：本表规定的数值是指测量时，使用的标准器由四块 1 级（或 4 等）量块组成的数值。

资料来源：摘自 JB/Z 181—1982。

表 2.26　指示表的测量不确定度

尺寸范围 (mm)	分度值为 0.001 mm 的千分表（0 级在全程范围内，1 级在 0.2 mm 内），分度值为 0.002 mm 的千分表（在 1 转范围内）	分度值为 0.001 mm、0.002 mm、0.005 mm 的千分表（1 级在全程范围内），分度值为 0.01 mm 的百分表（0 级在任意 1 mm 内）	分度值为 0.01 mm 的百分表（0 级在全程范围内，1 级在任意 1 mm 内）	分度值为 0.01 mm 的百分表（1 级在全程范围内）
	测量不确定度 u'_1 (mm)			
≤25～115	0.005	0.010	0.018	0.030

注：本表规定的数值是指测量时，使用的标准器由四块 1 级（或 4 等）量块组成的数值。

资料来源：摘自 JB/Z 181—1982。

2.5.2 用光滑极限量规检验

1. 光滑极限量规的功用和分类

光滑极限量规结构简单,使用方便、可靠、检验效率高,因此在大批量生产中采用光滑极限量规检测孔、轴的尺寸得到广泛应用。通常,光滑极限量规成对设计和使用,它不能测得孔、轴实际尺寸的大小,只能判断被测孔、轴合格与否。

塞规是用于孔径检验的光滑极限量规,其测量面为外圆柱面。其中,圆柱直径具有被检孔下极限尺寸的为孔用通规。具有被检孔上极限尺寸的为孔用止规,如图2.35(a)所示。检验时,通规通过被检孔,而止规不通过,则被检孔合格。

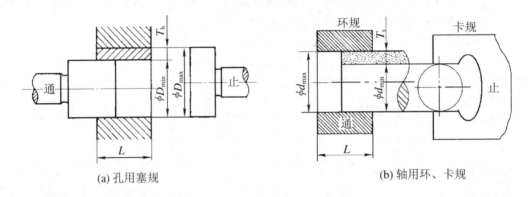

(a) 孔用塞规　　　　　　　　　　(b) 轴用环、卡规

图2.35　光滑极限量规通规和止规

环规适用于轴径检验的光滑极限量规,其测量面为内圆环面。其中,轴用通规尺寸为被检轴的上极限尺寸,轴用止规的尺寸为被检轴的下极限尺寸,如图2.35(b)所示。检验时,通规通过被检轴,而止规不通过,则被检轴合格。

量规按用途可分为:

(1) 工作量规。它是指在零件制造过程中,操作者对零件进行检验所使用的量规。操作者应该使用新的或磨损较少的量规。其通端和止端分别用代号"T"和"Z"表示。

(2) 验收量规。它是指在验收零件时检验人员或用户代表所使用的量规。验收量规一般不另行制造,检验人员应该使用与操作者所用相同类型且已磨损较多但未超过磨损极限的通规。这样,由操作者自检合格的零件,检验人员验收时也一定合格。

(3) 校对量规。它是指用来检验工作量规或验收量规的量规。孔用量规(塞规)可以使用指示式计量器具测量很方便,不需要校对量规。所以,只有轴用量规(环规、卡规)才使用校对量规(塞规),也可用量块作为校对量规。

校通—通(TT)量规:它是制造通规时所用的校对量规。新的通规若能被它通过则合格。

校止—通(ZT)量规:它是制造止规时所用的校对量规。新的止规若能被它通过则合格。

校通—损(TS)量规:它是检验使用中的通规是否磨损到极限时所用的校对量规。通规不应被它通过,若通过,则表示通规已磨损到极限,应予以报废。

2. 光滑极限量规的设计原理

设计光滑极限量规时,应遵守泰勒原则(极限尺寸判断原则)的规定。泰勒原则是指孔或轴的实际尺寸与形状误差综合的实际轮廓不允许超出最大实体尺寸(D_M或d_M),在孔或轴任何位置上的实际尺寸(D_a或d_a)不允许超出最小实体尺寸(D_L或d_L)。

根据这一原则,通规应设计成全形的,其测量面应具有与被测孔或轴相应的完整表面,其尺寸应等于被测孔或轴的最大实体尺寸,其长度应与被测孔或轴的配合长度一致;止规应设计成两点接触式的,其尺寸应等于被测孔或轴最小实体尺寸,如图2.36所示。

在实际生产中,为了使量规制造和使用方便,量规常常偏离泰勒原则。国际标准规定,允许在被检工件的形状误差不影响配合性质的条件下,使用偏离泰勒原则的量规。

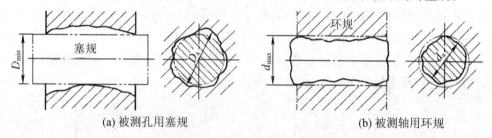

(a) 被测孔用塞规　　　　　　　　(b) 被测轴用环规

图2.36　泰勒原则的量规

例如,为了量规的标准化,量规厂供应的标准通规的长度,常不等于工件的配合长度,对大尺寸的孔和轴通常使用不全形的塞规(或球端杆规)和卡规检验,以代替笨重的全形通规;检验小尺寸孔的止规为了加工方便,常做成全形止规;检验薄壁零件时,为了防止两点式止规容易造成该零件变形,也可以采用全形止规。为了减少磨损,止规也可不是两点接触的,可以做成小平面、圆柱面或球面;检验轴的通规,由于环规不能检验正在顶尖上加工的工件或曲轴,允许用卡规代替。

用光滑极限量规检验孔或轴时,如果通规能够自由通过,且止规不能通过,则表示被测孔或轴合格。如果通规不能通过,或者止规能够通过,则表示被测孔或轴不合格。例如图2.37所示,孔的实际轮廓超出了尺寸公差带,用量规检验应判定该孔不合格。该孔用全形通规检验,不能通过;用两点式止规检验,虽然沿x方向不能通过,但沿y方向却能通过;因此

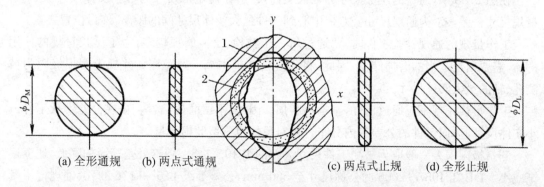

(a) 全形通规　　(b) 两点式通规　　　　　(c) 两点式止规　　(d) 全形止规

1—实际孔;　2—尺寸公差带

图2.37　量规工作部分的形状对检验结果的影响

这就能正确地判定该孔不合格。反之,该孔若用两点式通规检验,则可能沿 y 方向通过;若用全形止规检验,则不能通过。这样一来,由于使用工作部分形状不正确的量规进行检验,就会误判该孔合格。

当采用偏离泰勒原则的量规检验工件时,应从加工工艺上采取措施限制工件的形状误差,检验时应在工件的多个方位上加以检验,以防止误收。例如,使用非全形通规检验孔时,应在被测孔的全长上沿圆周的若干位置进行检验;使用卡规时,应在被检轴的全长范围内的若干部位并围绕被测轴圆周的若干位置进行检验。

设计和选择量规的结构形式和应用尺寸范围,可查阅 DB/T 1957—2006。

3. 光滑极限量规工作尺寸的设计

光滑极限量规的精度比被测孔或轴的精度高得多,但也不可能将量规的定形尺寸做得绝对准确,因此,对量规尺寸要规定制造公差。国家标准 DB/T 1957—2006 规定量规公差带采用"内缩方案",即将量规的公差带全部限制在被测孔、轴公差带之内,它能有效地控制误收,从而保证产品质量与互换性,如图 2.38 所示。

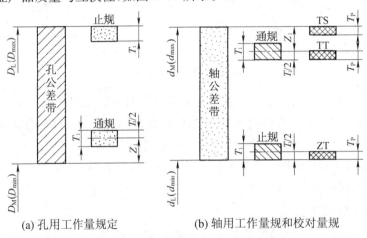

(a) 孔用工作量规定　　(b) 轴用工作量规和校对量规

图 2.38　量规定形尺寸及公差带示意图

(1) 量规定形尺寸及其公差带。

在图 2.38 中,通规的定形尺寸为最大实体尺寸,止规定形尺寸为最小实体尺寸。T_1 为量规尺寸公差,Z_1 为通规尺寸公差带中心到工件最大实体尺寸间的距离,称为位置要素。

工作量规的通规检验工件时,要通过每一个被检工件,磨损较多,为了延长量规的使用寿命,需要留出适当的磨损储量,因此,将通规公差带内缩一段距离。并规定磨损极限为被测孔、轴的最大实体尺寸。

工作量规止规不应通过工件,基本不磨损。因此,不留磨损储量。止规公差带从工件最小实体尺寸起,向工件的公差带内分布。校对量规也不留磨损储量。

测量极限误差一般取为被测工件尺寸公差的 1/10~1/3。随着公差等级的降低,比值逐渐减小。DB/T 1957—2006 的公称尺寸至 500 mm,公差等级 IT6~IT16 的孔、轴规定了量规尺寸公差,它们的 T_1 和 Z_1 值见表 2.27。

表 2.27 工作量规的尺寸公差值 T_1 及其通规位置要素值 Z_1

(单位:μm)

公称尺寸 (mm)	IT6	T_1	Z_1	IT7	T_1	Z_1	IT8	T_1	Z_1	IT9	T_1	Z_1	IT10	T_1	Z_1
~3	6	1	1	10	1.2	1.6	14	1.6	2	25	2	3	40	2.4	4
>3~6	8	1.2	1.4	12	1.4	2	18	2	2.6	30	2.4	4	48	3	5
>6~10	9	1.4	1.6	15	1.8	2.4	22	2.4	3.2	36	2.8	5	58	3.6	6
>10~18	11	1.6	2	18	2	2.8	27	2.8	4	43	3.4	6	70	4	8
>18~30	13	2	2.4	21	2.4	3.4	33	3.4	5	52	4	7	84	5	9
>30~50	16	2.4	2.8	25	3	4	39	4	6	62	5	8	100	6	11
>50~80	19	2.8	3.4	30	3.6	4.6	46	4.6	7	74	6	9	120	7	13
>80~120	22	3.2	3.8	35	4.2	5.4	54	5.4	8	87	7	10	140	8	15
>120~180	25	3.8	4.4	40	4.8	6	63	6	9	100	8	12	160	9	18
>180~250	29	4.4	5	46	5.4	7	72	7	10	115	9	14	185	10	20
>250~315	32	4.8	5.6	52	6	8	81	8	11	130	10	16	210	12	22
>315~400	36	5.4	6.2	57	7	9	89	9	12	140	11	18	230	14	25
>400~500	40	6	7	63	8	10	97	10	14	155	12	20	250	16	28

资料来源:摘自 DB/T 1957—2006。

此外,标准规定量规的几何误差应控制在其尺寸公差带的范围内,即采用包容要求。同时规定几何公差应为量规尺寸公差的 50%。考虑到制造和测量的困难,当量规尺寸公差小于或等于 0.002 mm 时,其几何公差可取为 0.001 mm。

仅轴用环规才使用校对量规(塞规)。校对量规公差带的分布如下:

① "校通—通"量规(TT)。它的作用是防止通规尺寸过小(制造时过小或自然时效时过小)。检验时应通过被校对的轴用通规。其公差带从通规的下偏差开始,向轴用通规的公差带内分布。

② "校止—通"量规(ZT)。它的作用是防止止规尺寸过小(制造时过小或自然时效时过小)。检验时应通过被校对的轴用止规。其公差带从止规的下偏差开始,向轴用止规的公差带内分布。

③ "校通—损"量规(TS)。它的作用是防止通规超出磨损极限尺寸。检验时,若通过了,则说明所校对的量规已超过磨损极限,应予报废。不能被校对量规 TS 通过的工作量规,其尺寸没有超出磨损极限尺寸,因此可以继续使用。其公差带是从通规的磨损极限开始,向轴用通规的公差带内分布。

三种校对塞规的定形尺寸及其公差带见图 2.38(b)所示。校对量规的定形尺寸 T_P 为工作量规定形尺寸公差 T_1 的一半。校对塞规的尺寸公差中包含几何误差。

(2) 量规的技术要求。

量规的测量表面硬度对量规的使用寿命有直接影响,通常钢制量规测量表面的硬度不应小于 60HRC 并应经过稳定性处理,如回火、时效等,以消除材料中的内应力。为此,量规工作面的材料合金工具钢、碳素工具钢、渗碳钢及硬质合金等尺寸稳定且耐磨的材料制造，也可用普通低碳钢表面镀铬或渗碳氮处理，其厚度应大于磨损量。

量规测量面的表面粗糙度轮廓 Ra 不应大于表 2.28 的规定，且不应有锈迹、墨斑、划痕、飞边等明显影响外观和使用质量的缺陷；非工作面不应有锈蚀或裂纹，装配连接应牢固、可靠，并避免产生应力而影响量规的尺寸和形状。

表 2.28　工作量规测量面的表面粗糙度轮廓 Ra 参数值

工作量规	工作量规的公称尺寸(mm)		
	>120	>120～315	>315～500
	工作量规的测量面表面粗糙度轮廓 $Ra(\mu m)$		
IT6 级孔用量规	0.05	0.10	0.20
IT7～IT9 级孔用量规	0.10	0.20	0.40
IT10～IT12 级孔用量规	0.20	0.40	0.80
IT6～IT9 级轴用量规	0.10	0.20	0.40
IT10～IT12 级轴用量规	0.20	0.40	0.40
IT13～IT16 级轴用量规	0.40	0.80	0.80

资料来源：摘自 GB/T 1957—2006。

(3) 量规工作尺寸的设计。

例 15　设计检验 $\phi 50H8$ⒺⅠ孔用工作量规和 $\phi 50f7$Ⓔ轴用工作量规及校对量规工作部分的极限尺寸，并确定工作量规的几何公差和表面粗糙度轮廓参数值。

解：

光滑极限量规工作尺寸的计算步骤如下：

① 由表 2.5、表 2.7、表 2.8 查出孔、轴的标准公差和基本偏差，计算出另一极限偏差（或由表 2.10、表 2.11 查出孔、轴的极限偏差）并计算出最大、最小实体尺寸，它们分别是通规和止规以及校对量规工作部分的定形尺寸。

② 由表 2.27 查出量规的尺寸公差 T_1 和通规的公差带中心到工件最大实体尺寸间的距离 Z_1，按工作量规尺寸公差 T_1，确定校对量规的尺寸公差 $T_P = T_1/2$。

③ 画出量规公差带图，确定量规的上、下偏差，并计算量规工作部分的极限尺寸。

计算结果见表 2.29，其量规尺寸公差带示意图如图 2.39 所示。

表 2.29　量规工作部分的极限尺寸计算

工件	量规代号	T_1 (μm)	Z_1 (μm)	量规定形尺寸(mm)	量规极限尺寸(mm)		量规图样标注尺寸(mm)
					最大	最小	
$\phi 50H8(^{+0.039}_{0})$Ⓔ	T	4	6	$\phi 50$	$\phi 50.0080$	$\phi 50.0040$	$\phi 50.0080^{\,0}_{-0.004}$
	Z	4	—	$\phi 50.039$	$\phi 50.0390$	$\phi 50.0330$	$\phi 50.0390^{\,0}_{-0.004}$

续表

工 件	量规代号	T_1 (μm)	Z_1 (μm)	量规定形尺寸(mm)	量规极限尺寸(mm)		量规图样标注尺寸(mm)
					最大	最小	
$\phi 50f7(^{-0.025}_{-0.050})$Ⓔ	T	3	4	$\phi 49.975$	$\phi 49.9725$	$\phi 49.9695$	$\phi 49.9695^{+0.0003}_{0}$
	Z	3	—	$\phi 49.950$	$\phi 49.9530$	$\phi 49.9500$	$\phi 49.9500^{+0.0003}_{0}$
$\phi 50f7(^{-0.025}_{-0.050})$Ⓔ	TT	1.5	—	$\phi 49.975$	$\phi 49.9710$	$\phi 49.9695$	$\phi 49.9710^{0}_{-0.015}$
	ZT	1.5	—	$\phi 49.950$	$\phi 49.9515$	$\phi 49.9500$	$\phi 49.9515^{0}_{-0.015}$
	TS	1.5	—	$\phi 49.975$	$\phi 49.9750$	$\phi 49.9735$	$\phi 49.9750^{0}_{-0.015}$

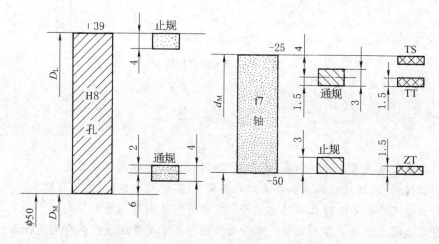

图 2.39 量规定形尺寸公差带示意图

工作量规除形状公差遵守包容要求外,还要规定更严格的几何公差。塞规圆柱形工作面的圆柱度公差值和素线平行度公差值不得大于塞规尺寸公差的一半,即它们为 $0.004 \div 2 = 0.002$ mm。卡规两平行工作面的平面度公差值和平行度公差值都不得大于卡规尺寸公差值的一半,即它们为 $0.003 \div 2 = 0.0015$ mm。

根据量规工作部分对表面粗糙度轮廓的要求,由表 2.28 查得量规工作面的 Ra 的上限值不得大于 $0.10~\mu m$。

检验 $\phi 50H8$Ⓔ孔和 $\phi 50f7$Ⓔ轴时使用的塞规和卡规的图样标注见图 2.40、图 2.41。

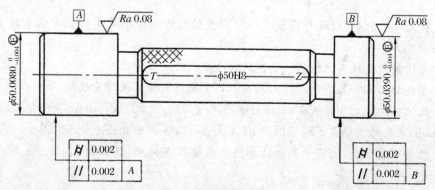

图 2.40 塞规图样标注

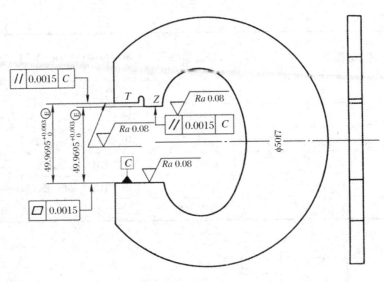

图 2.41 卡规图样标注

习 题 2

1. 什么是尺寸要素、实际(组成)要素、提取组成要素和拟合组成要素?
2. 公称尺寸、极限尺寸和提取要素的局部尺寸(实际尺寸)有何区别与联系?
3. 什么是尺寸公差? 什么是尺寸偏差? 二者有何区别与联系?
4. 什么是尺寸的公差带? 尺寸公差带由哪两个基本要素组成? 其含义是什么?
5. 什么是间隙配合、过盈配合和过渡配合? 极限间隙或过盈如何计算?
6. 什么是配合公差? 配合公差与相互配合的孔、轴公差有何关系?
7. 标准公差等级是怎样规定的? 什么是基本偏差? 轴的基本偏差有何特点?
8. 尺寸公差带代号有何含义? 在零件体中有哪些标注形式?
9. 为什么国家标准对公差带、配合的选择进行了限制?
10. 公称尺寸≤500 mm 常用尺寸段,孔、轴的公差带及配合是如何规定的?
11. 尺寸精度设计主要是确定哪三个方面的内容? 其基本原则是什么?
12. 什么是一般公差? 一般公差适用于什么情况? 怎样确定一般公差的极限偏差? 图样怎样表示?
13. 在尺寸检验时,误收与误废是如何产生的? 检测标准采用什么方法来减少这种可能性?
14. 光滑极限量规有何特点? 如何用它检验工件是否合格?
15. 量规分几类? 各有何用途? 孔用工作量规为何没有校对量规?
16. 孔的公称尺寸 $D = 50$ mm,上极限尺寸 $D_{max} = 50.087$ mm,下极限尺寸 $D_{min} = 50.025$ mm,求孔的上偏差 ES、下偏差 EI 及公差 T_h,并画出孔公差带示意图。
17. 已知下列配合,试将查表和计算的结果填入表格中,并画出孔、轴公差带示意图和指明配合种类。

① $\phi 50H6/g5$;

② ϕ30H7/p6;
③ ϕ50K8/h7;
④ ϕ100S7/h6;
⑤ ϕ18H5/h4;
⑥ ϕ48H8/js7。

表格的格式如下：

组号	公差带代号	基本偏差 (μm)	标准公差 (μm)	另一极限偏差(μm)	极限间隙或过盈(μm)	配合公差 (μm)	配合种类
①	ϕ60H6	EI = 0	IT6 = 19	ES = +19	X_{max} = +42	T_f = 32	间隙缝合
	ϕ60g5	es = −10	IT5 = 13	ei = −23	X_{min} = +10		
②	ϕ30H7						
	ϕ30p6						

18. 有一孔、轴配合，公称尺寸 D = 60 mm，X_{max} = +28 μm，T_h = 30 μm，T_s = 19 μm，es = 0。试求 ES,EI,ei,T_f 及 X_{min}（或 Y_{max}），并画出孔、轴公差带示意图。

19. 有一基孔制的孔、轴配合，公称尺寸 D = 25 mm，T_s = 21 μm，X_{max} = +74 μm，X_{av} = +47 μm，试求孔、轴的极限偏差、配合公差，并画出孔、轴公差带示意图，说明其配合种类。

20. 设孔、轴配合的公称尺寸和使用要求如下：
① D = 60 mm, X_{max} = +89 μm, X_{min} = +25 μm；
② D = 100 mm, Y_{max} = −93 μm, Y_{min} = −36 μm；
③ D = 20 mm, X_{max} = +6 μm, Y_{max} = −28 μm。
试按表 2.5、表 2.7、表 2.8，采用基孔制，确定配合的配合代号，画出孔、轴公差带示意图，并进行极限间隙或极限过盈的验算。

21. 设有一公称尺寸为 ϕ50 mm 的孔、轴配合，经分析和计算确定其最大过盈为 −86 μm，最小过盈为 −45 μm；若已经决定采用基轴制，试按表 2.11、表 2.12、表 2.13 确定此配合的配合代号和孔、轴的极限偏差，并画出公差带示意图。

22. 试确定测量 ϕ30p8Ⓔ 轴时的验收极限，并选择相应的计量器具。分析该轴能否使用标尺分度值为 0.01 mm 的外径千分尺进行比较测量。

23. 确定 ϕ50K8/h7 孔、轴用工作量规及校对量规的极限尺寸，并画出量规的公差带示意图。

第 3 章　几 何 公 差

机械零件几何要素的几何精度是该零件重要的质量指标,直接影响该零件和机械产品的互换性和功能要求。由于机床、刀具、夹具和工件所组成的机械制造工艺系统本身存在各种误差,机械零件加工过程中存在受力变形、受热变形、振动和磨损各种因素的影响,因此加工后的机械零件的实际几何要素与理想几何要素在形状、方向和位置上存在差异,这些差异就是几何误差。

为了保证机械产品的质量,保证机械零件的互换性,应该在图样上给出几何公差(形状、方向、位置和跳动公差),规定零件加工的几何误差的允许变动范围,并且按照图样上的几何公差要求来检测几何误差。本章主要介绍形状、方向、位置和跳动公差的基本概念、表示方法和标注原则。

为此,我国发布了一系列的几何公差国家标准:GB/T 18780.1—2002《产品几何量技术规范(GPS)几何要素第 1 部分:基本术语和定义》,GB/T 18780.2—2003《产品几何量技术规范(GPS)几何要素第 2 部分:圆柱面和圆锥面的提取中心线、平行平面的提取中心面、提取要素的局部尺寸》,GB/T 1182—2008《产品几何量技术规范(GPS)几何公差形状、方向、位置和跳动公差标注》,GB/T 4249—2009《产品几何技术规范(GPS)公差原则》,GB/T 16671—2009《产品几何量技术规范(GPS)几何公差最大实体要求、最小实体要求和可逆要求》。

3.1　概　　述

3.1.1　几何误差对零件使用性能的影响

机械零件的几何精度(形状、方向和位置精度)是评定机械产品质量的重要指标之一,对机械产品的工作精度、连接强度、运动平稳性、密封性、耐磨性、噪声振动和使用寿命等方面都有重要影响。如图 3.1(a)所示,轴套零件的主要作用是支撑和定位,减少轴旋转运动时的摩擦与磨损。轴套外圆柱面绕通孔轴线旋转时,存在圆跳动误差,而定位端面对通孔轴线存在垂直度误差。这些几何误差过大会增大轴套的磨损,增大定位误差,缩短轴套的使用寿命。

零件的几何误差对零件使用性能影响可以归纳为三个方面:

(1) 影响零件的功能要求。

零件的几何误差将影响零件的功能要求。例如,机床导轨面存在直线度误差,将影响机床刀架的运动精度。当车削零件外圆柱表面时,刀具的运动轨迹与零件的旋转轴线存在平行度误差,会使零件表面产生圆柱度误差,而圆柱度误差进一步影响圆柱结合要素的配合均匀性。

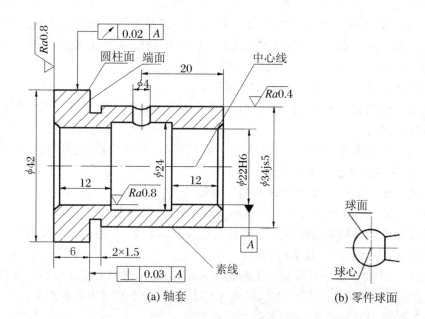

图 3.1 零件图

(2) 影响零件的配合性质。

零件的几何误差会使相互配合的零件孔、轴的配合性质发生变化。例如,零件孔、轴装配形成间隙配合,外圆柱表面的圆度或圆柱度误差会使间隙大小分布不均匀,当配合件有相对转动时,磨损加剧,零件的使用寿命和运动精度降低。例如,圆柱齿轮减速器中的齿轮轴,为保证装配精度和工作性能,就要限制两端支撑轴颈的同轴度误差或跳动误差,否则影响齿轮的啮合精度,并且产生较大振动和噪声。

(3) 影响零件的装配要求。

零件的几何误差会影响零件的装配要求。例如,铣床上铣削齿轮轴上的键槽时,若铣刀杆轴线的运动轨迹相对于零件的轴线有偏离或倾斜,则会使加工出的键槽产生对称度误差,而键槽的对称度误差会使键槽安装困难或者安装后受力状况恶化。例如,圆柱齿轮减速器中的轴承端盖上各螺纹孔中心的位置不正确,即存在位置度误差。用螺钉紧固时,就有可能影响自由装配,甚至无法装配。

3.1.2 几何公差的研究对象

几何公差研究的对象是构成零件几何特征的点、线、面,这些点、线、面统称为几何要素(见图 3.1)。点是指线的交点、圆心和球心等;线是指零件的棱边、素线、轴线或中心线等;面是指零件中心平面或圆柱面、圆锥面、球面等各种形状的内外表面。

按结构特征、存在状态、检测关系及功能关系的不同,零件的几何要素可从不同角度分为以下类型:

(1) 按结构特征分类:组成要素和导出要素。

组成要素是由一个或几个表面形成的要素。对称要素的中心点、中心线和中心面或回转表面的轴线,称为导出要素。导出要素往往依存于相应的组成要素。例如,球心是由球面导出的导出要素,该球面为组成要素;圆柱面的中心线是由圆柱面导出的导出要素,该圆柱面为组成要素。图 3.1(a)所示圆柱面、图 3.1(b)所示的球面为组成要素;图 3.1(a)所示的中心线、图 3.1(b)所示的球心为导出要素。

(2) 按存在状态分类:拟合要素和实际要素。

具有几何学意义的要素,即不存在任何误差的要素称为拟合要素。如具有理想形状的点、线、面都是拟合要素。

实际要素是指零件上实际存在的要素。在测量时,实际要素由提取要素来体现。由于存在测量误差,提取要素并非该要素的真实情况。

(3) 按检测关系分类:被测要素和基准要素。

被测要素是图样上给出了几何公差的要素,是检测的对象。

基准要素是用来确定被测要素方向和位置关系的要素,理想的基准简称基准。基准要素有基准平面、基准直线和基准点三种。

图 3.1(a)中对 $\phi 42$ 圆柱面规定了圆跳动公差,所以是被测要素。该圆柱面任意横截面的圆心应在 $\phi 22H6$ 通孔的中心线上,因此 $\phi 22H6$ 通孔的中心线为基准要素。

(4) 按功能关系分类:单一要素和关联要素。

单一要素是仅对被测要素自身提出形状公差的要素。单一要素是独立的,与基准不相关。如图 3.1(a)所示的 $\phi 42$ 圆柱面仅有形状公差(圆度或圆柱度)要求时,为单一要素。

关联要素是被测要素对基准要素有功能关系而给出方向、位置或跳动公差的要素。

如图 3.1(a)所示的端面对于 $\phi 22H6$ 通孔轴线有垂直度公差要求时,则该端面为关联要素,通孔轴线 A 为基准。

3.1.3 几何公差的特征项目、符号及其分类

几何要素公差特征项目分为形状公差、方向公差、位置公差和跳动公差四大类,项目名称、符号及分类如表 3.1 所示。

表 3.1 几何公差的分类、特征项目及符号

几何公差分类和特征项目			
公 差 类 型	特 征 项 目	符 号	有或无基准要求
形 状 公 差	直线度	——	无
	平面度	▱	无
	圆度	○	无
	圆柱度	⌭	无
形状、方向或位置公差	线轮廓度	⌒	有或无
	面轮廓度	⌒	有或无

续表

几何公差分类和特征项目

公差类型	特征项目	符号	有或无基准要求
方向公差	平行度	∥	有
	垂直度	⊥	有
	倾斜度	∠	有
位置公差	位置度	⊕	有或无
	同轴度(用于中心线) 同心度(用于中心点)	◎	有
	对称度	=	有
跳动公差	圆跳动	↗	有
	全跳动	↗↗	有

注：没有基准要求的线、面轮廓度公差属于形状公差，而有基准要求的线、面轮廓度公差则属于方向或位置公差。

3.1.4 几何公差带

1. 几何公差带基本概念

几何公差标注是图样中对几何要素的形状、方向和位置提出精度要求所作的规定。几何公差标注明确了被控制的对象(要素)允许的变动量(即公差值)，要求被测要素在这个范围内可以具有任意形状，也可以占有任何位置，因此几何要素(点、线、面)在整个被测范围内均受其控制。

为了讨论方便，可以用图形来描绘允许实际要素变动的区域，这就是几何公差带。它必须明确形状、大小、方向和位置关系。

2. 几何公差带的四个特性

几何公差带是由形状、大小(公差值)、方向和位置四个特性组成的。

(1) 公差带的形状。

公差带的形状取决于几何公差的特征项目和被测要素的形状和设计时表达的要求。常用的公差带有9种形状，见表3.2。

表 3.2 几何公差带的九种形状

形 状	说 明	形 状	说 明
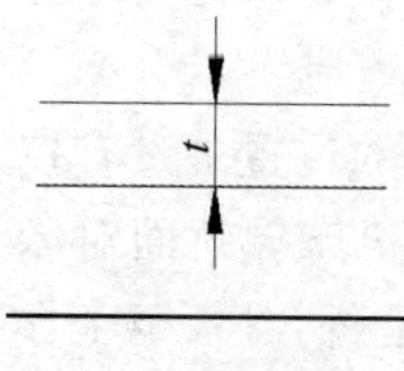	两平行直线之间的区域	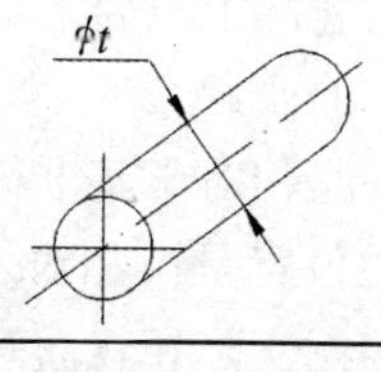 ⌀t	圆柱面内的区域

形 状	说 明	形 状	说 明
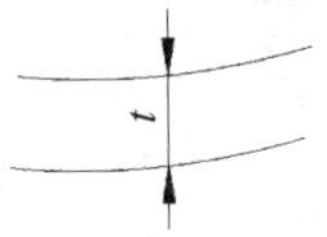	两等距曲线之间的区域	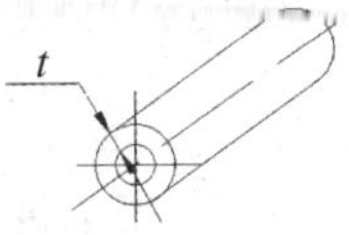	两同轴圆柱面之间的区域
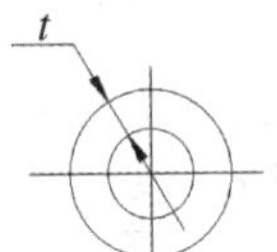	两同心圆之间的区域	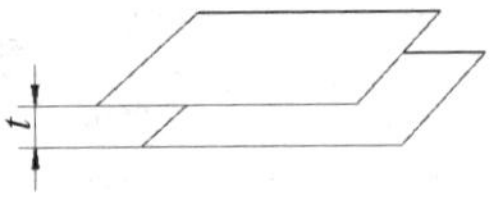	两平行平面之间的区域
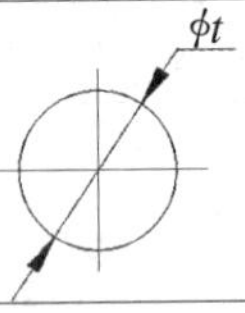	圆内的区域	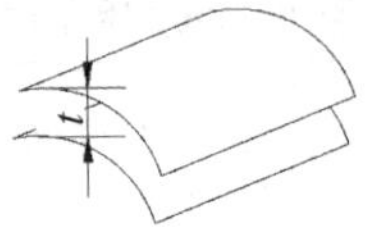	两等距曲面之间的区域
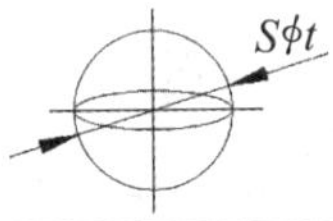	球内的区域		

(2) 公差带的大小。

公差带的大小由图样上给定的公差值 t 来确定。它是指实际要素允许的变动全量,它的大小表明形状或位置精度的高低。按照表 3.2 公差带的形状不同,可以是指公差带的宽度或直径,这取决于被测要素的形状和设计要求。如果公差带为圆形或圆柱形,在公差值 t 前应加注 ϕ,如果公差带是球形的,则应加注 $S\phi$。

(3) 公差带的方向。

公差带的方向是指允许被测要素几何误差的变动方向。在评定几何误差时,几何公差带的放置方向直接影响到误差评定的正确性。

对于形状公差带,其放置的方向由被测实际要素决定,并应符合最小条件(见几何误差评定)。对于方向公差带,由于控制的是方向,故其放置方向要与基准要素成绝对理想的方向关系,即平行、垂直或理论正确的其他角度关系。

对于位置公差,控制位置的公差带都有方向要求(点的位置度公差除外),其方向由相对于基准的理论正确尺寸来确定。

(4) 公差带的位置。

几何公差带的位置是指具有一定形状的公差带固定在某一确定位置上,或者在一定范围内浮动。

对于形状公差带,只是用来控制被测要素的形状误差,没有位置要求。如平面度公差带只限制被测平面起伏的程度。至于该平面在哪个位置上,不属于平面度公差控制要求,它们是由相应的尺寸公差控制的,实际上只要求形状公差带在尺寸公差带内便可,允许在尺寸公差带范围内任意浮动。

对于方向公差带,强调的是相对于基准的方向关系,其对被测实际要素的位置是没有控制要求的,而被测实际要素的位置是由相对于基准的尺寸公差控制的。如机床导轨面对床脚底面的平行度要求,它只控制实际导轨面对床脚底面的平行度误差要求是否合格,至于导轨面离地面的高度,由其对床脚底面的尺寸公差控制,被测导轨面只要位于尺寸公差带内,且不超过给定的平行度公差带,就视为合格。如果导轨面偏高,平行度公差带可移到尺寸公差带的上部位置,依据被测要素离基准的距离不同,平行度公差带可以在尺寸公差带内上下浮动变化,所以平行度公差带的方向是固定的而位置是浮动的。

对于位置公差带,强调的是相对于基准的位置关系,公差带的位置由相对于基准的理论正确尺寸确定。例如,同轴度、对称度的公差带位置与基准重合,即理论正确尺寸为零,而位置度公差则应在直角坐标系中 x、y、z 坐标上分别给出理论正确尺寸,用来确定公差带的位置。因此,位置公差带位置是固定的,那么其方向也随之而定,即方向和位置都是固定的。

3.2 几何公差在图样上的标注方法

3.2.1 几何公差代号

当机械零件的几何要素有几何公差要求时,应该在图样上严格按照国家标准的规定,采用公差框格、指引线、几何公差特征符号、公差值和相关符号、基准符号以及其他要求符号进行标注。

1. 公差框格

几何公差采用公差框格标注,详细的公差要求填写在两格或多格的矩形框格内。两格用于形状公差,如图 3.2 所示的平面度公差。三格或三格以上用于方向、位置或跳动公差,如图 3.2 所示的同轴度公差(三格)和位置度公差(五格)。在图样上,公差框格水平放置。几何公差的几何特征符号、公差值和相关符号、基准符号在公差框格内按照从左到右的顺序填写。

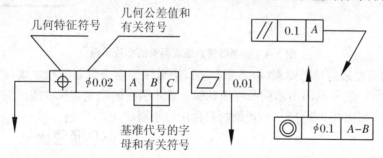

图 3.2 几何公差框格

2. 指引线

公差框格用指引线与被测要素联系,指引线由细实线和箭头构成。指引线可以从公差框格的任意一端垂直引出(不允许从两端同时引出),必要时可以弯折,但最多弯折两次,见图 3.2 所示。

3. 基准

基准符号由基准三角形、方格、连线和基准字母组成。与被测要素相关的基准用一个大写字母表示(为不致引起误解,字母不采用 E、I、J、M、O、P、L、R 和 F)。基准字母标注在基准方格内,与一个涂黑或空白的三角形用细实线相连,如图 3.3 所示。表示基准的字母也要注写在相应被测要素的几何公差框格内。

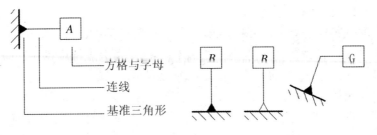

图 3.3 基准代号

3.2.2 被测要素的表示方法及标注

1. 用带箭头的指引线将框格与被测要素相连

(1) 当被测要素为组成要素(轮廓要素)时,指引线箭头应该指在被测要素的可见轮廓线上或轮廓线的延长线上(但必须与尺寸线明显错开),如图 3.4(a)所示的上表面和台阶面。当被测要素为视图上的实际表面时,指引线箭头可置于带点的引出线的水平线上,如图 3.4(b)所示的圆形表面。

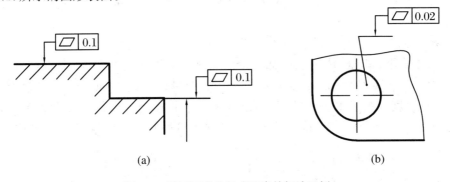

图 3.4 被测要素为组成要素的标注示例

(2) 当被测要素为导出要素(中心要素)时,指引线的箭头应对准尺寸线,即与尺寸线的延长线相重合,如图 3.5(a)所示的圆柱面轴线。若指引线的箭头与尺寸线的箭头方向一致,可合并为一个,如图 3.5(b)所示的通槽的对称中心平面。

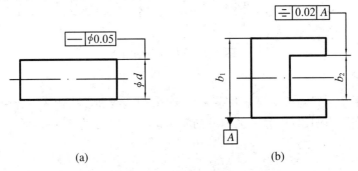

图 3.5 被测要素为导出要素的标注示例

(3) 当被测要素是圆锥体轴线时,指引线箭头应与圆锥体的大端或小端的直径尺寸线对齐。如图 3.6(a)所示,指引线箭头与圆锥体大端的直径尺寸线对齐。必要时也可在圆锥体上任一部位增加一个空白尺寸线与指引线箭头对齐,如图 3.6(b)所示。

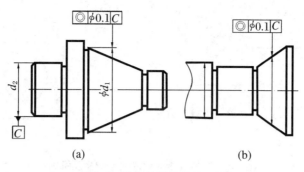

图 3.6 锥体轴线的标注示例

2. 指引线箭头的指向

指引线的箭头应指向几何公差带的宽度方向或直径方向。公差带的宽度方向为被测要素的法向。当指引线的箭头指向公差带的宽度方向时,公差框格中的几何公差值只写数值,如图 3.4(a)所示的上表面和台阶面的公差带形状为两平行平面,指引线箭头指向两平行平面的宽度方向。如在公差值前加注 ϕ,则公差带是圆柱形或圆形,如图 3.6(a)所示圆锥体轴线的公差带为圆柱面,指引线箭头指向圆柱面的直径方向。如加注 $S\phi$,则公差带的形状是球形,指引线箭头指向球面的直径方向。

3. 公共公差带的标注

当两个或两个以上的要素,同时受一个公差带控制,以保证这些要素共面或共线,可用一个几何框格表示,但需在框格内用 CZ 表示共线或共面的要求。例如,图 3.7 中三个平面要求共面而构成公共被测平面,图 3.8 中两个孔的轴线要求共线而构成公共被测轴线。

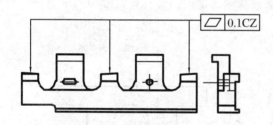
图 3.7 公共被测平面标注示例

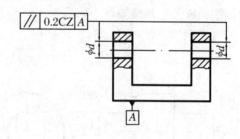
图 3.8 公共基准轴线标注示例

3.2.3 基准要素的标注

(1) 当基准要素为轮廓线或轮廓面等组成要素时,基准代号三角形放置在要素的轮廓线或其延长线上(基准代号的连线与尺寸线明显错开),如图 3.9(a)所示的上表面 A 和台阶面 B。当受到图形限制,基准代号必须注在某个基准面上时,基准代号三角形也可以放置在该轮廓面引出线的水平线上,如图 3.9(b)所示的圆形面。

(2) 当基准是轴线、中心平面或中心点等导出要素时,基准代号的连线应与该要素尺寸线对齐,如图 3.10(a)所示的圆柱面轴线。如果没有足够的位置标注基准要素尺寸的两个尺寸箭头,则其中一个箭头可用基准三角形代替,如图 3.10(b)所示的通孔轴线。

(3) 公共基准的标注。

对于由两个同类要素构成而作为一个基准使用的公共基准轴线、公共基准中心平面等

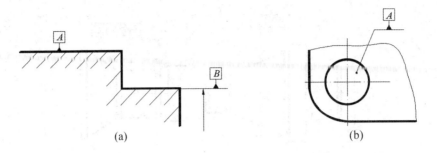

图 3.9　基准要素为组成要素的标注示例

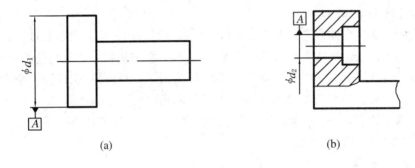

图 3.10　基准要素为导出要素的标注示例

公共基准,应对这两个同类要素分别标注基准代号(采用两个不同的字母),并且在相应的被测要素几何公差框格第三格中填写用短横线隔开的这两个字母。如图 3.11 所示,两圆柱面的轴线构成公共基准轴线。如图 3.12 所示,两对称中心平面构成公共基准中心平面。

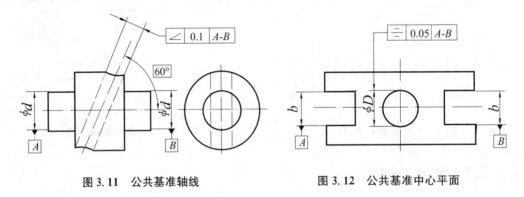

图 3.11　公共基准轴线　　　　图 3.12　公共基准中心平面

3.2.4　几何公差的简化标注

为了简化绘图,在保证读图方便且不引起误解的前提下,可以采用以下的简化标注方法。

(1) 同一被测要素有几种不同几何特征的公差要求时,可将一个公差框格放在另一个公差框格的下面。如图 3.13 所示,上表面有平行度和平面度的公差要求,可以将这两项要求的公差框格重叠绘出,只用一条指引线指向被测表面。

(2) 几个被测要素有同一几何公差要求时,可以只使用一个公差框格。如图 3.14 所

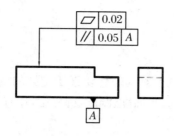

图 3.13 同一被测要素的几项几何公差的简化标注示例

示,不要求共面的三个平面的平面度公差值均为 0.1 mm,只使用一个公差框格,由该框格一端引出一条指引线,并绘制三条带箭头的连线,分别与三个被测平面相连。

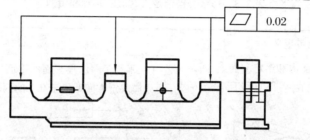

图 3.14 几个被测要素的同一几何公差的简化标注示例

图 3.7 和图 3.14 的几何公差表示的含义是不同的。前者表示 3 个被测平面的几何公差要求相同,具有单一的公共公差带;后者表示 3 个被测平面的几何公差要求相同,但是具有各自独立的公差带。

(3) 结构和尺寸分别相同的几个同型要素有相同公差要求时,可以只使用一个公差框格。如图 3.15(a)所示,法兰盘零件结构和尺寸分别相同的 4 个通孔的位置度公差值均为 0.5 mm,只使用一个公差框格,并在公差框格上方通孔尺寸之前注明通孔的个数和乘号"4×"。如图 3.15(b)所示,三条刻线的中心线间距离的位置度公差值均为 0.03 mm。

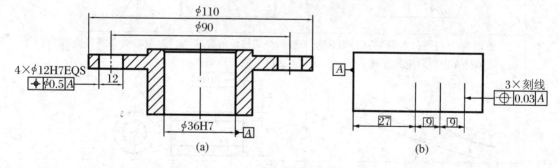

图 3.15 同一几何公差用于几个相同要素的简化标注示例

3.3 几何公差带

几何公差是指实际被测要素对图样上给定的理想形状、理想方位的允许变动量。几何公差带是用来限制实际被测要素变动的区域,是几何误差的最大允许值。

3.3.1 形状公差带

形状公差是单一被测实际要素对其理想要素所允许的变动量。涉及要素是线和面,点无所谓形状。形状公差有直线度、平面度、圆度、圆柱度,还有无基准要求的线轮廓度和面轮廓度6个特征项目。

1. 形状公差带

形状公差带是限制单一被测实际要素的允许变动量。形状公差带的定义、标注和解释如表3.3所示。

表 3.3 形状公差带定义、标注、解释和示例

(单位:mm)

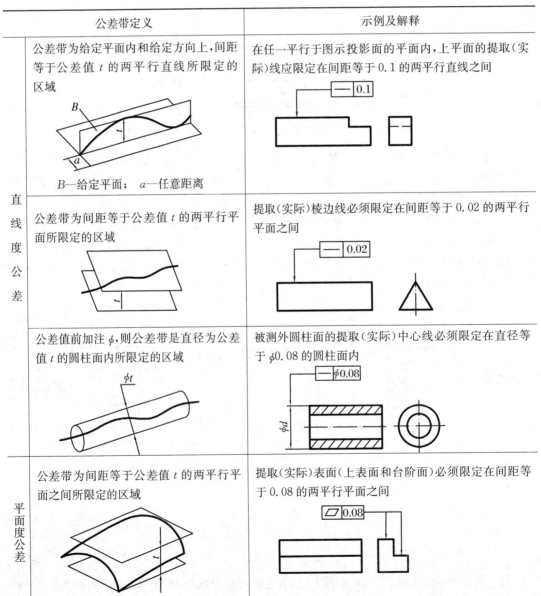

公差带定义	示例及解释
圆度公差: 公差带是在给定横截面内,半径差等于公差值 t 的两同心圆所限定的区域 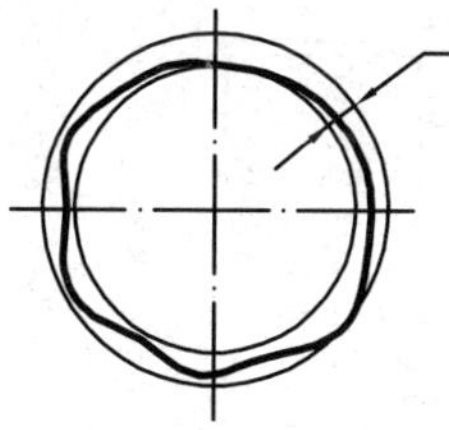	在圆柱面的任意横截面内,提取(实际)圆周必须限定在半径差等于 0.1 的两共面同心圆之间 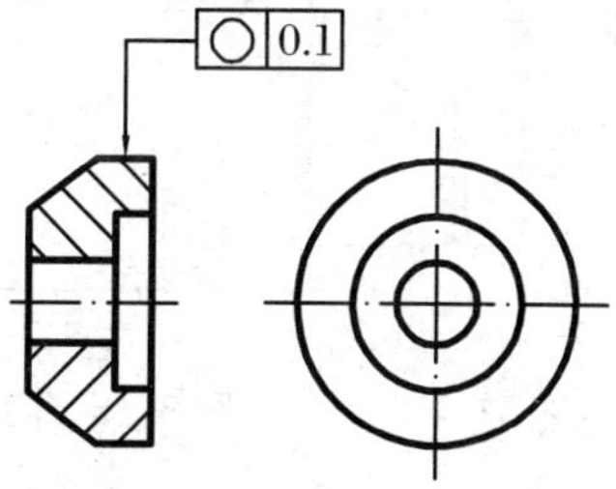 在圆锥面的任意横截面内,提取(实际)圆周必须限定在半径差等于 0.1 两同心圆之间 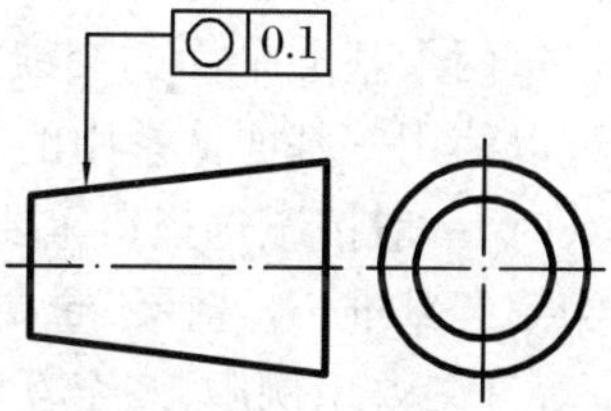
圆柱度公差: 公差带是半径差等于公差值 t 的两同轴圆柱面所限定的区域 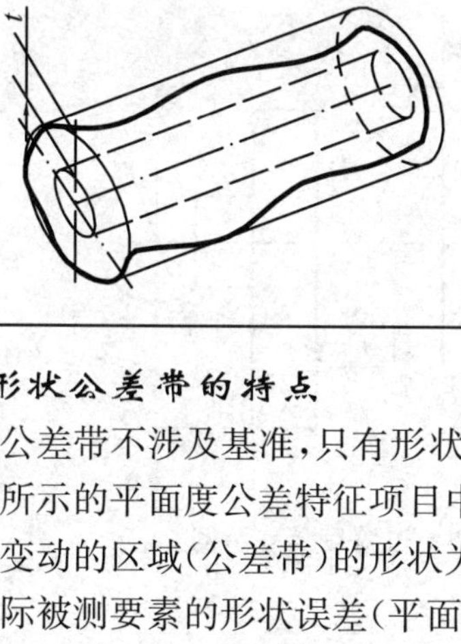	提取(实际)圆柱面必须限定在半径差为公差值 0.1 的两同轴圆柱面之间 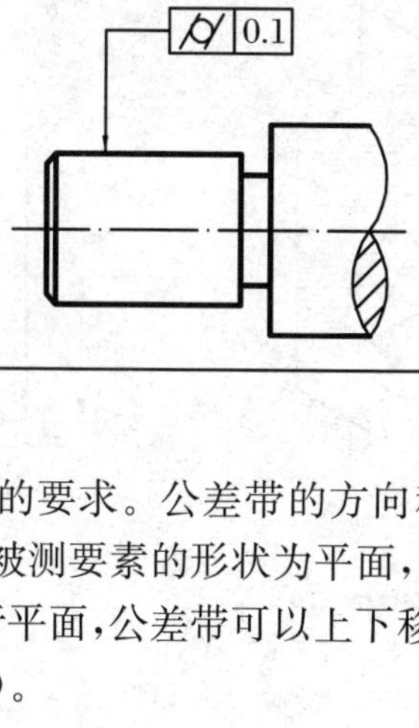

2. 形状公差带的特点

形状公差带不涉及基准,只有形状和大小的要求。公差带的方向和位置可以浮动。例如表 3.3 所示的平面度公差特征项目中,理想被测要素的形状为平面,因此限制实际被测要素在空间变动的区域(公差带)的形状为两平行平面,公差带可以上下移动或任意方向倾斜,只控制实际被测要素的形状误差(平面度误差)。

3.3.2 基准

基准用来确定实际关联要素几何位置关系的参考对象。基准有基准点、基准直线(包括基准轴线)和基准平面(包括基准中心平面)等几种形式。

单一基准是指由一个基准要素建立的基准。

公共基准是由两个或两个以上的同类基准要素建立的一个独立的基准,用由横线隔开的两个大写字母表示。如图 3.16 的同轴度公差示例中,由两个直径都为 ϕd_1 的圆柱面的轴

线 A,B 建立公共基准轴线 A-B,作为独立的基准使用。

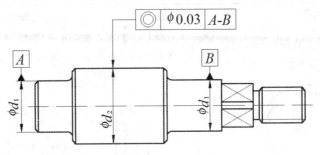

图 3.16 同轴度公差示例

当单一基准或一个独立的公共基准不能确定关联要素准确的方向或位置时,需要建立由两个或三个要素组成的基准体系。与空间直角坐标系一致,规定三个互相垂直的基准平面构成一个基准体系——三基面体系。如图 3.17 所示,三个互相垂直的平面 A,B,C 构成了一个三基面体系。每两个基准平面的交线构成一条基准轴线,三条基准轴线的交点构成一个基准点。因此可以使用三基面体系中的基准平面和基准轴线确定关联要素的方向或位置。应用三基面体系时,一般情况选择最重要的或最大尺寸的要素作为第一基准 A,选择次要或较长的要素作为第二基准 B,选择不重要的要素作为第三基准 C。

如图 3.18 的位置度公差示例中,三个互相垂直的平面 A,B,C 构成了一个三基面体系,球面的球心位于由相对基准 A,B,C 的理论正确尺寸所确定的理想位置上。

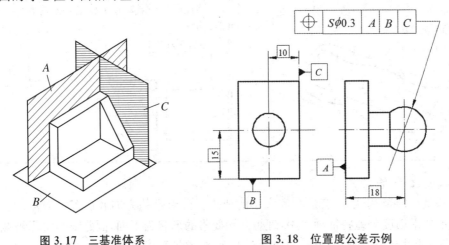

图 3.17 三基准体系　　　　图 3.18 位置度公差示例

3.3.3 轮廓度公差带

轮廓度公差有线轮廓度公差与面轮廓度公差两个特征项目,被测要素分别是曲线和曲面。线轮廓公差用于限制平面曲线(或曲面的截面轮廓)的误差,面轮廓度用于限制空间曲面的误差,因此轮廓度公差是限制实际曲线或曲面对理想曲线或曲面变动量的指标。在图样上应标注出被测理想要素的形状,用理论正确尺寸(没有公差而绝对准确的尺寸)来表示。轮廓度公差分为无基准要求和有基准要求两种情况。前者为形状公差,只限制被测要素的轮廓形状,公差带没有基准约束,方向和位置可以浮动;后者为方向公差或位置公差,公差带有基准约束,方向或(和)位置是固定的。

轮廓度公差带的定义、标注和解释如表3.4所示。

表3.4 轮廓度公差带定义和标注示例

(单位:mm)

		公差带定义	示例及解释
线轮廓度公差	无基准的线轮廓度	公差带为直径等于公差值 t,圆心位于具有理论正确几何形状上的一系列圆的两包络线所限定的区域 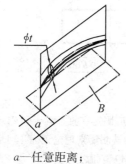 a—任意距离; B—垂直于右图视图所在平面	在任一平行于图示投影面的截面内,提取(实际)轮廓线必须限定在直径等于0.04且圆心位于被测要素理论正确几何形状上的一系列圆的两等距包络线之间 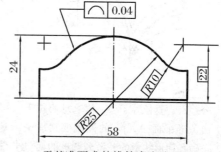 无基准要求的线轮廓度公差
	相对于基准体系的线轮廓度	公差带为直径等于公差值 t,圆心位于由基准平面 A 和基准平面 B 确定的被测要素理论正确几何形状上的一系列圆的两包络线所限定的区域 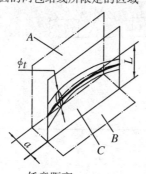 a—任意距离; A、B—基准平面; C—平行于基准平面 A 的平面	在任一平行于图示投影平面的截面内,提取(实际)轮廓线应限定在直径等于0.2,圆心位于由基准平面 A 和基准平面 B 确定的被测要素理论正确几何形状上的一系列圆的两等距包络线之间 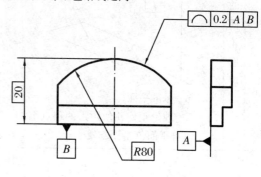

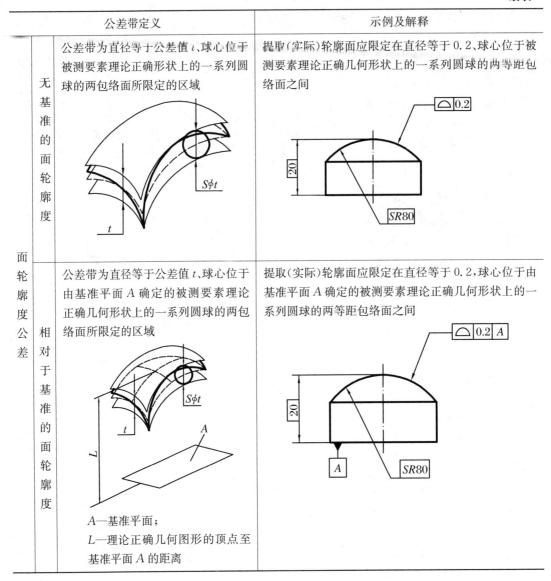

3.3.4 方向公差带

方向公差是关联被测实际要素对其具有确定方向的理想要素的允许变动量。理想要素的方向由基准和理论正确角度确定。方向公差涉及要素是线和面,点无所谓方向。方向公差有平行度、垂直度、倾斜度和有基准要求的线轮廓度、面轮廓度 5 个特征项目。

1. 方向公差带

方向公差带是限制关联被测实际要素的变动区域。平行度、垂直度和倾斜度公差各有被测平面相对于基准平面(面对面)、被测平面相对于基准直线(面对线)、被测直线相对于基准直线(线对线)和被测直线相对于基准平面(线对面)四种基本形式。方向公差带不仅有形状和大小的要求,还有特定方向的要求。方向是固定的,位置可以浮动。

方向公差带有基准要求,被测要素相对于基准要素保持图样上给定的平行、垂直或倾斜所夹角度的方向关系,并由理论正确角度来确定。平行和垂直时理论正确角度分别为0°和90°,因此在图样标注时省略。

方向公差带的定义、标注和解释如表3.5所示。

表3.5 方向公差带定义和标注示例

(单位:mm)

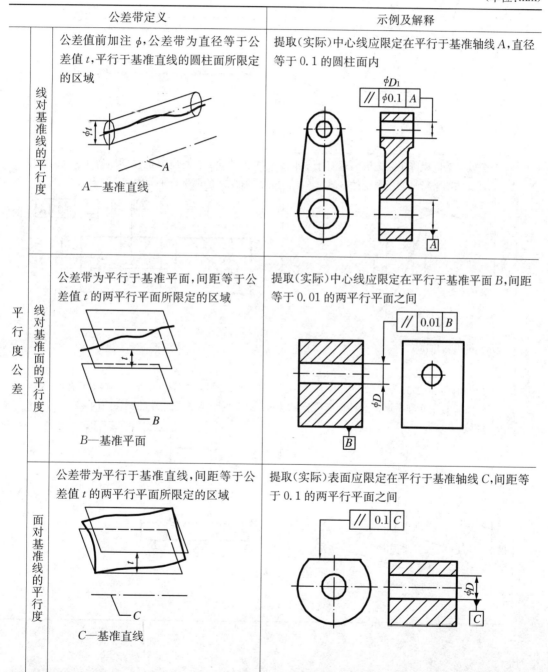

续表

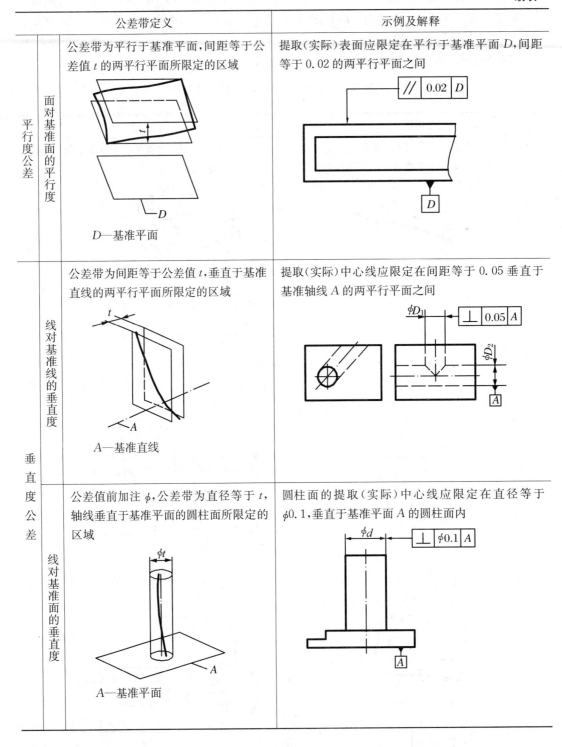

续表

	公差带定义	示例及解释
垂直度公差 / 线对基准面的垂直度	公差带为间距分别等于公差值 t_1 和 t_2，且互相垂直的两组平行平面所限定的区域。该两组平行平面都垂直于基准平面 A，其中一组平行平面垂直于基准平面 B，另一组平行平面平行于基准平面 B 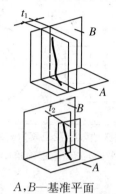 A,B—基准平面	圆柱的提取（实际）中心线限定在间距分别等于 0.1 和 0.2，且相互垂直的两组平行平面内。该两组平行平面垂直于基准平面 A 且垂直或平行于基准平面 B 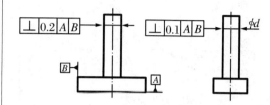
垂直度公差 / 面对基准线的垂直度	公差带为间距等于公差值 t 且垂直于基准直线的两平行平面所限定的区域 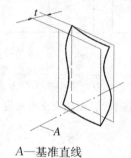 A—基准直线	提取（实际）表面应限定在间距等于 0.08，且垂直于基准轴线 A 的两平行平面之间 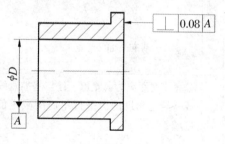
垂直度公差 / 面对基准面的垂直度	公差带为间距等于公差值 t 且垂直于基准平面的两平行平面所限定的区域 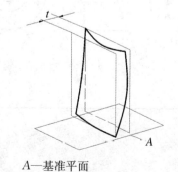 A—基准平面	提取（实际）表面应限定在间距等于 0.05 且垂直于基准平面 A 的两平行平面之间 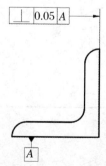

续表

		公差带定义	示例及解释
倾斜度公差	线对基准线的倾斜度	被测直线和基准直线在同一平面内，公差带是距离为公差值 t 且与基准线成一给定角度的两平行平面所限定的区域 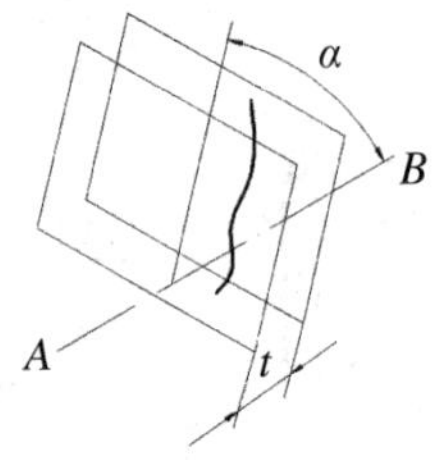 A-B—基准直线	提取(实际)中心线必须限定在距离为公差值 0.1，且与公共基准线 A-B 成一理论正确角度 $60°$ 的两平行平面之间 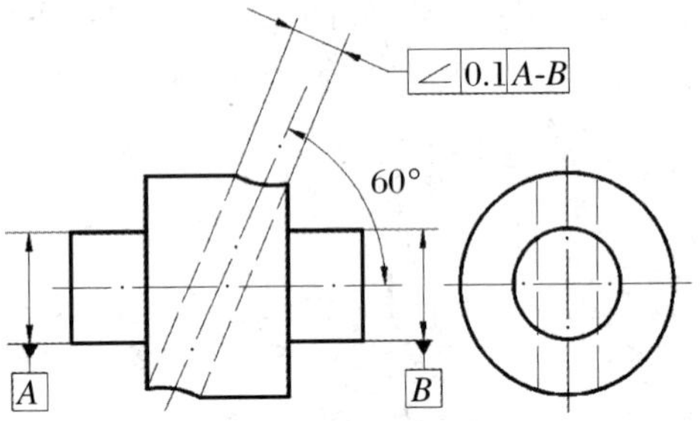
	线对基准面的倾斜度	公差带是距离为公差值 t，且与基准平面成一给定角度的两平行平面之间所限定的区域 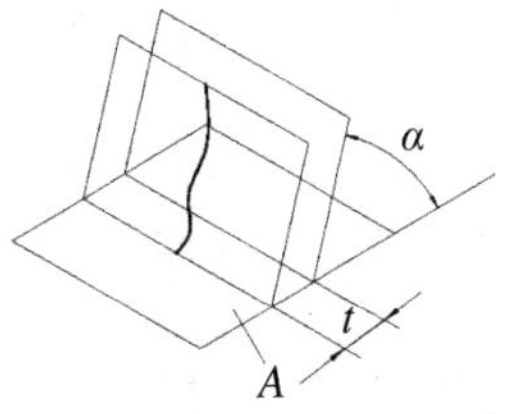 A—基准平面	提取(实际)中心线必须限定在距离为公差值 0.1 且与基准面 A(基准平面)成理论正确角度 $60°$ 的两平行平面之间 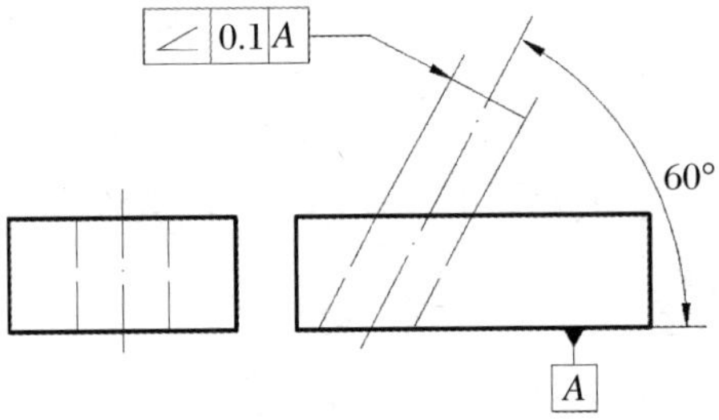
	面对基准线的倾斜度	公差带是距离为公差值 t 且与基准直线成一给定角度的两平行平面所限定的区域 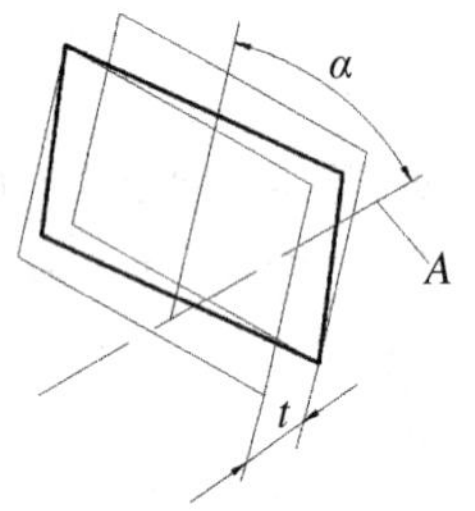 A—基准直线	提取(实际)表面必须限定在距离为公差值 0.2 且与基准直线 A(基准轴线)成理论正确角度 $70°$ 的两平行平面之间 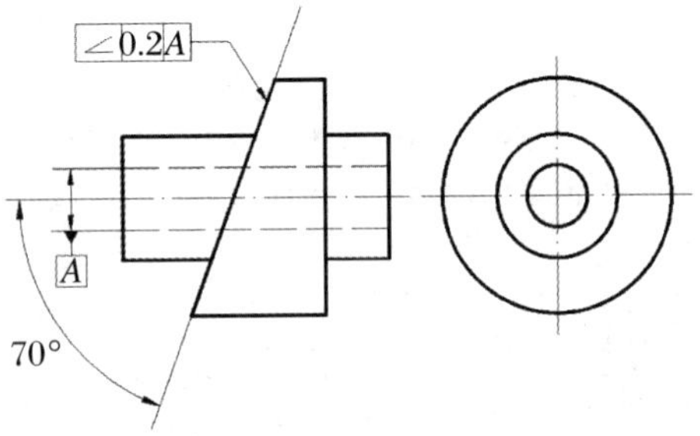

续表

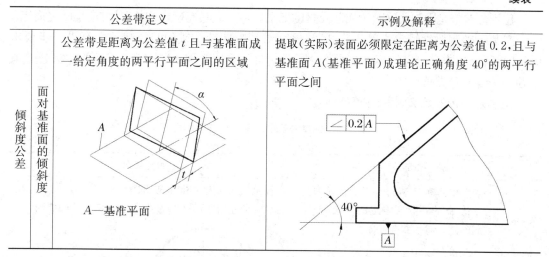

公差带定义	示例及解释
面对基准面的倾斜度 公差带是距离为公差值 t 且与基准面成一给定角度的两平行平面之间的区域 A—基准平面	提取（实际）表面必须限定在距离为公差值 0.2，且与基准面 A（基准平面）成理论正确角度 40°的两平行平面之间

2. 方向公差带的特点

方向公差带有形状和大小的要求，还有特定方向的要求。公差带的位置可以在尺寸公差带内浮动。方向公差带在控制被测要素相对于基准方向误差的同时，不再对该要素提出形状公差要求。

以表 3.5 线对基准线的平行度公差特征项目为例，提取被测轴线应限定在平行于基准轴线 A 且直径等于 0.1 的圆柱面内。该公差带圆柱面的轴线可以平行于基准轴线移动，既控制实际被测要素的平行度误差（线对基准线的平行度误差），同时也自然的在平行度公差带范围内控制该实际被测要素的直线度误差 f（$f \leqslant t$）。

如果需要对形状精度提出进一步要求时，可以在给出方向公差的同时，再给出形状公差，但形状公差值一定要小于方向公差值（$t_{形状} < t_{方向}$）。如图 3.19 所示，实际被测要素零件端平面给出 0.03 mm 的垂直度公差和 0.01 mm 的平面度公差。

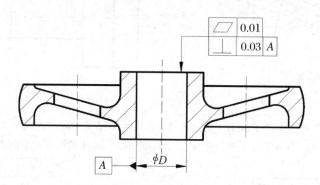

图 3.19 实际被测要素同时给出方向公差和形状公差示例

3.3.5 位置公差带

位置公差是指关联实际要素对其具有确定位置的理想要素的变动量，理想要素的位置由基准和理论正确尺寸确定。位置公差有同轴度、对称度和位置度以及有基准要求的线轮廓度和面轮廓度。

1. 位置公差带

位置公差带是限制关联被测实际要素的变动区域。它具有确定的位置，方向也随之而定。

对某一被测要素给出位置公差之后，仅在对其方向精度或(和)形状精度有进一步要求时，才另行给出方向公差或(和)形状公差，而方向公差值必须小于位置公差值，形状公差值必须小于方向公差值。

位置公差带的定义、标注和解释如表 3.6 所示。

表 3.6　位置公差带定义和标注示例

(单位:mm)

<table>
<tr><th colspan="3">公差带定义</th><th>示例及解释</th></tr>
<tr><td>同心度</td><td>点的同心度</td><td>公差值前标注 ϕ，公差带是直径为公差值 ϕt 的圆周所限定的区域，该圆周的圆心与基准点重合
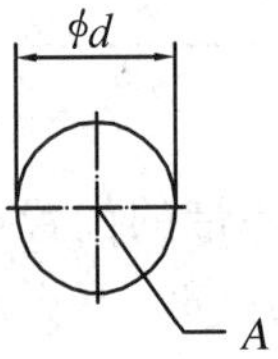

A—基准点</td><td>在任意横截面内，外圆的提取(实际)中心必须限定在直径为公差值 ϕ0.02，以基准点 A 为圆心的圆周内
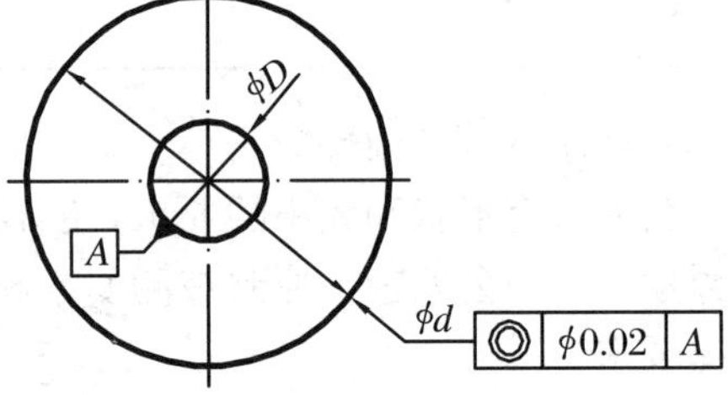
</td></tr>
<tr><td>同轴度</td><td>线的同轴度</td><td>公差带是直径为公差值 ϕt 的圆柱面内所限定的区域，该圆柱面的轴线与基准轴线同轴
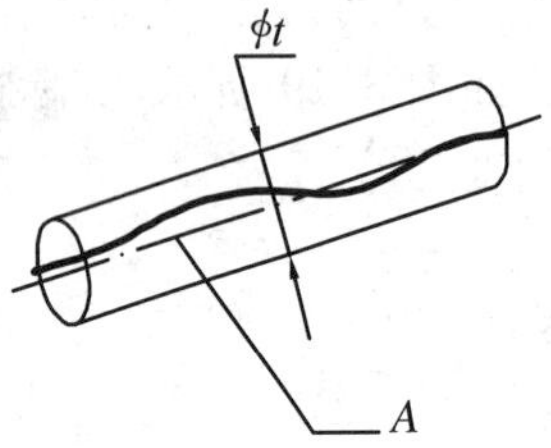

A—基准轴线</td><td>大圆柱面的提取(实际)中心线必须限定在直径为公差值 0.02 且以基准轴线 A 为轴线的圆柱面内
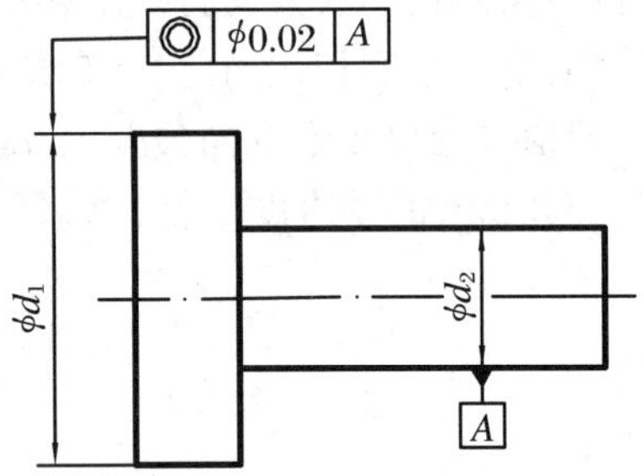
</td></tr>
<tr><td>对称度</td><td>线对面的对称度</td><td>公差带为间距等于公差值 t，对称于基准中心平面的两平行平面所限定的区域
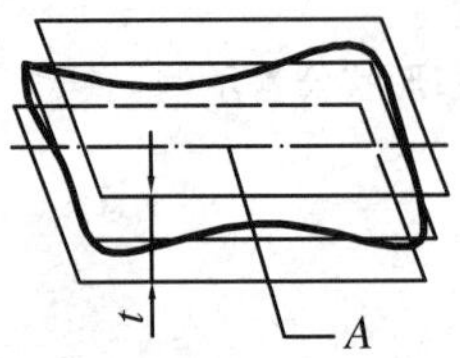

A—基准平面</td><td>提取(实际)中心面应限定在间距等于公差值 0.1，对称于基准中心平面 A 的两平行平面之间
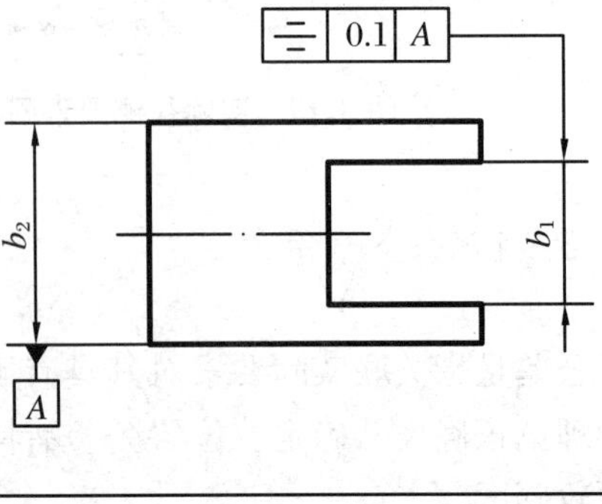
</td></tr>
</table>

续表

公差带定义	示例及解释
公差值前加注 $S\phi$，公差带是直径等于公差值 $S\phi t$ 的圆球面所限定的区域。该圆球面中心的理论正确位置由基准平面 A,B,C 和理论正确尺寸确定 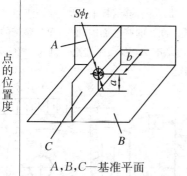 A,B,C—基准平面	提取(实际)球心应限定在直径为 $S\phi0.3$ 的圆球面内，该圆球面的中心由基准平面 A,B,C 和理论正确尺寸 18,15 确定 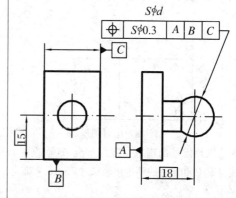
公差值前加注符号 ϕ，公差带为直径等于公差值 ϕt 的圆柱面所限定的区域，该圆柱面的轴线位置由基准平面 C,A,B 理论正确尺寸确定 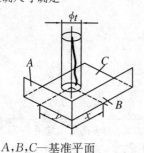 A,B,C—基准平面	提取(实际)中心线应限定在直径等于 0.1 的圆柱面内，该圆柱面的轴线位置应处于由基准平面 C,A,B 和理论正确尺寸 100,40 所确定的理论正确位置上 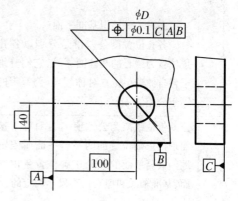

位置度 — 点的位置度 / 线的位置度

续表

公差带定义	示例及解释
<td colspan="2">

位置度 / 线的位置度

四孔之间的相对位置关系由保持垂直关系的理论正确尺寸 35 和 30 把它们联系在一起，作为一个整体而构成的几何图框

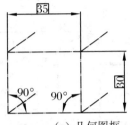

(a) 几何图框

几何图框的理想位置由基准 A（垂直于 A），B,C 和定位的理论正确尺寸 15,15 来确定

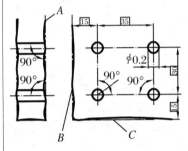

(b) 公差带

A,B,C—模拟基准平面

各孔位置度公差带是分别以各孔的理想位置为中心的圆柱面区域，它们分别相对于各自的理想位置对称配置，公差带的直径等于公差值 ϕt

对于尺寸和结构分别相同的几个被测要素称为成组要素（孔组）。用理论正确尺寸按确定的几何关系把它们联系在一起，作为一个整体而构成的几何图框，来给出它们的理想位置

孔系中每孔的实际（提取）轴线应位于直径等于公差值 $\phi 0.2$ 的圆柱面内；圆柱面公差带的轴线位置由基准 A,B,C 和理论正确尺寸 35,30 和 15 确定

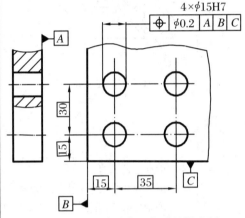

矩形布置的四孔组位置度公差带示例

</td> |
| **位置度 / 平面或中心平面的位置度**

公差带是距离为公差值 t，且对称于被测平面理论正确位置的两平行平面所限定的区域。被测平面的理论正确位置是由基准平面、基准轴线和理论正确尺寸确定的

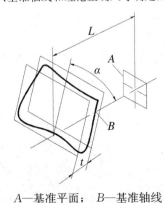

A—基准平面；　B—基准轴线 | 提取（实际）表面应限定在间距等于 0.05，且对称于被测平面的理论正确位置的两平行平面之间，该两平行平面对称于由基准平面 B，基准轴线 A 和理论正确尺寸 60，理论正确角度 60°确定的被测平面的理论正确位置

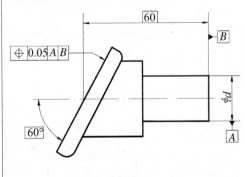 |

2. 位置公差带的特点

（1）位置公差带不仅有形状和大小的要求，而且相对于基准的定位尺寸还有特定方向和位置的要求，即位置公差带的中心具有确定的理想位置，且以该理想位置来对称配置公差带。

（2）位置公差带能把同一被测要素的形状误差和方向误差控制在位置公差带范围内。同一被测要素同时给出形状公差、方向公差和位置公差时，方向公差值小于位置公差值，形状公差小于方向公差值（$t_{形状} < t_{方向} < t_{位置}$）。如图 3.20 所示，实际被测要素零件端平面给出 0.05 mm 的位置度公差、0.03 mm 的平行度公差和 0.01 mm 的平面度公差。

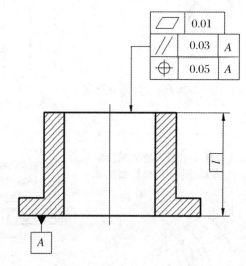

图 3.20　同一要素的形状、方向和位置公差示例

3.3.6　跳动公差带

跳动公差是关联实际要素绕基准轴线回转一周或连续回转时所允许的最大跳动量，是按特定的测量方法定义的几何公差项目。跳动公差涉及的被测要素为圆柱面、圆形端平面、环状端平面、圆锥面和曲面等组成要素，涉及的基准要素为轴线，有圆跳动和全跳动两个特征项目。

1. 跳动公差带

圆跳动是指关联实际要素在无轴向移动条件下绕基准轴线旋转一周的过程中，由位置固定的指示表在给定的测量方向上，任意测量面内测得最大与最小示值的代数差。圆跳动分为径向圆跳动、端面圆跳动和斜向圆跳动三种。

全跳动是指关联实际要素在无轴向移动条件下绕基准轴线连续旋转过程中，指示表沿平行于轴线或垂直轴线方向上匀速移动。指示表在给定的测量方向上测得在整个表面上的最大与最小示值的代数差。全跳动分为径向全跳动和端面全跳动两种。

跳动公差带的定义、标注和解释如表 3.7 所示。

表 3.7　跳动公差带定义和标注示例

(单位:mm)

公差带定义	示例及解释

		公差带定义	示例及解释
圆跳动公差	径向圆跳动公差	公差带为在任一垂直于基准轴线的横截面内半径差等于公差值 t 且圆心在基准轴线上的两同心圆所限定的区域 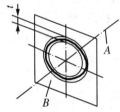 A—基准轴线；　B—横截面 跳动通常是围绕轴线旋转一整周,也可对部分圆周进行限制	在任一垂直于基准轴线 A 的横截面内,提取(实际)圆应限定在半径差等于0.05且圆心在基准轴线 A 上的两个同心圆之间 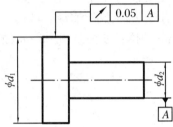
	轴向圆跳动公差	公差带是在与基准同轴的任一半径位置的圆柱截面上,间距等于公差值 t 的两圆所限定的圆柱面区域 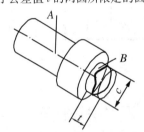 A—基准轴线；　B—公差带；　C—任意直径	在与基准轴线 A 同轴的任一圆柱形截面上,提取(实际)圆应限定在轴向距离等于0.05的两个直径相等的圆之间 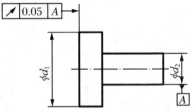
	斜向圆跳动公差	公差带为与基准轴线同轴的某一圆锥截面上,间距等于公差值 t 的两圆所限定的圆锥面区域(除非另有规定,测量方向应沿被测表面的法向) 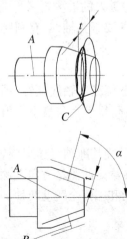 A—基准轴线；　B—公差带；　C—圆锥截面	在与基准轴线 A 同轴的任一圆锥截面上,提取(实际)线应限定在垂直于素线方向(法线方向)间距等于0.1的两个直径不等的圆之间 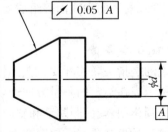

续表

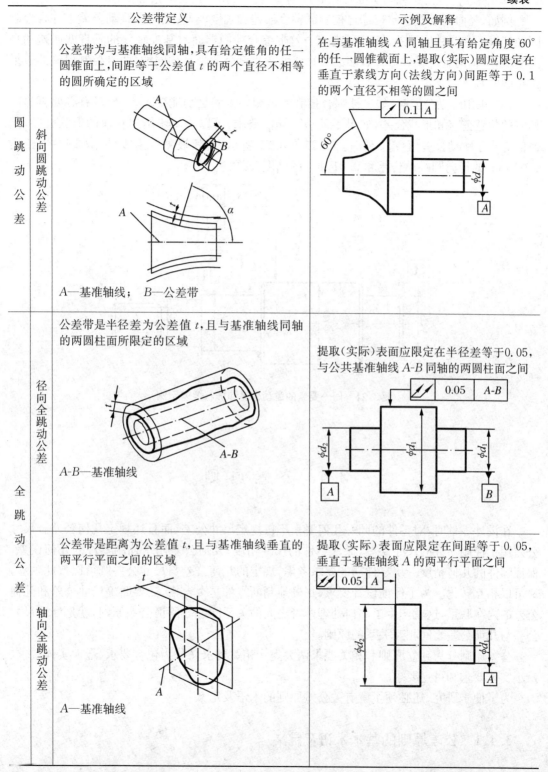

2. 跳动公差带的特点

(1) 跳动误差测量方法简便,只要测量的实际跳动量不超出对应的跳动公差值便合格。

(2) 跳动公差是用跳动量综合控制被测要素形状和位置变动量的指标。

例如,径向圆跳动公差带综合控制同轴度误差和圆度误差;径向全跳动公差带综合控制同轴度误差和圆柱度误差;轴向全跳动公差带综合控制端面对基准轴线的垂直度误差和平面度误差(轴向全跳动公差带和端面对轴线的垂直度公差带是相同的,两者控制误差的效果是相同的)。

(3) 采用跳动公差时,如果被综合控制的被测要素满足功能要求,一般没有必要再给出相应的位置公差和形状公差,如果不能满足功能要求,可以进一步给出相应的形状公差,但数值应小于跳动公差值($t_{形状} < t_{跳动}$)。如图 3.21 所示,实际被测要素零件 ϕd_2 圆柱面给出 0.04 mm 的径向圆跳动公差和 0.01 mm 的圆度公差。

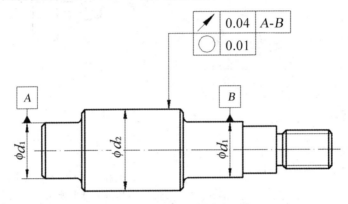

图 3.21　同一要素的跳动公差和形状公差示例

3.4　公差原则

在设计零件时,对零件的同一几何要素不仅规定尺寸公差,而且还规定几何公差。尺寸公差用于控制零件的尺寸误差,保证零件的尺寸精度;几何公差用于控制零件的几何误差,保证零件的几何精度。从零件功能要求考虑,规定的几何公差与尺寸公差既可以彼此独立,又可以相互转化。为了保证设计要求,正确地判断零件是否合格,需要明确尺寸公差和几何公差的内在联系,这就产生了如何处理两者之间的关系问题。所谓公差原则,就是处理尺寸公差与几何公差之间相互关系的原则。

公差原则分为独立原则和相关要求两大类。相关要求又分为包容要求、最大实体要求、最小实体要求和可逆要求。

为了便于研究,还必须了解有关公差原则的术语及定义。

3.4.1　公差原则的基本术语及定义

1. 体外作用尺寸

外表面(轴)的体外作用尺寸用符号 d_{fe} 表示,是指在被测要素的给定长度上,与实际外表面体外相接的最小理想面的直径或宽度,如图 3.22(a)所示。内表面(孔)的体外作用尺寸用符号 D_{fe} 表示,是指在被测要素的给定长度上,与实际内表面体外相接的最大理想面的直径(或宽度),如图 3.22(b)所示。对于关联要素,该理想面的轴线或中心平面必须与基准保持图样上给定的几何关系,如图 3.23(a)所示。被测轴的体外作用尺寸 d_{fe} 是指在被测轴的配合全长上,与被测轴体外相接的最小理想孔的直径,而该理想孔的轴线必须垂直于基准平面 A,如图 3.23(b)所示。

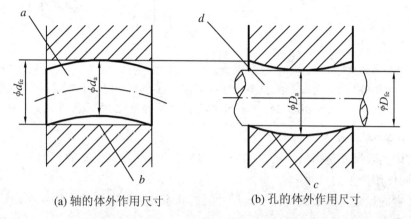

(a) 轴的体外作用尺寸　　(b) 孔的体外作用尺寸

a—实际被测轴；　b—最小理想孔；　c—实际被测孔；　d—最大理想轴；　ϕd_{fe}—轴的体外作用尺寸；
　ϕd_a—轴的实际尺寸；　ϕD_{fe}—孔的体外作用尺寸；　ϕD_a—孔的实际尺寸

图 3.22　单一要素的体外作用尺寸

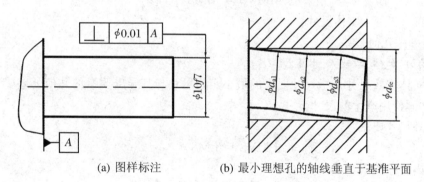

(a) 图样标注　　(b) 最小理想孔的轴线垂直于基准平面

d_{a1}, d_{a2}, d_{a3}—轴的局部实际尺寸

图 3.23　关联要素的体外作用尺寸

2. 体内作用尺寸

外表面(轴)的体内作用尺寸用符号 d_{fi} 表示,在被测要素的给定长度上,与实际外表面体内相接的最大理想面的直径或宽度,如图 3.24(a)所示。内表面(孔)的体内作用尺寸用符号 D_{fi} 表示,在被测要素的给定长度上,与实际内表面体内相接的最小理想面的直径或宽度,如图3.24(b)所示。对于关联要素,该理想面的轴线或中心平面必须与基准保持图样给定的几何关系。

注:GB/T 16671—2009 已经取消作用尺寸的概念,用拟合要素的尺寸代替,考虑标准应用的延续性,为更好理解公差原则,仍做介绍。

对于按照同一零件图样加工后的一批零件的轴或孔来说,各个零件的实际轴或孔的体外作用尺寸和体内作用尺寸并不相同。

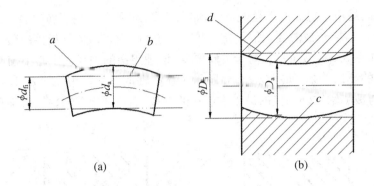

a—实际被测轴； b—最大的内接理想面； c—实际被测孔； d—最小的内接理想面；
ϕd_{fi}—轴的体内作用尺寸； ϕd_a—轴的实际尺寸； ϕD_{fi}—孔的体内作用尺寸； ϕD_a—孔的实际尺寸；

图 3.24 单一尺寸要素的体内作用尺寸

3. 最大实体实效尺寸 MMVS

最大实体实效尺寸是指尺寸要素的最大实体尺寸与其导出要素的几何公差（形状、方向或位置）共同作用产生的尺寸。

拟合要素的尺寸为其最大实体实效尺寸时的状态称为最大实体实效状态（MMVC）。

外尺寸要素：

$$MMVS = MMS + t_{几何}$$

内尺寸要素：

$$MMVS = MMS - t_{几何}$$

式中，MMS——最大实体尺寸；

$t_{几何}$——几何公差。

4. 最小实体实效尺寸 LMVS

最小实体实效尺寸是指尺寸要素的最小实体尺寸与其导出要素的几何公差（形状、方向或位置）共同作用产生的尺寸。

对于外尺寸要素：

$$LMVS = LMS - t_{几何}$$

对于内尺寸要素：

$$LMVS = LMS + t_{几何}$$

式中，LMS——最小实体尺寸；

$t_{几何}$——几何公差。

拟合要素的尺寸为其最小实体实效尺寸时的状态称为最小实体实效状态（LMVC）。

5. 边界

设计时，为了控制被测提取要素的局部尺寸和几何误差的综合结果，需要对该综合结果规定允许的极限，该极限用边界的形式表示。边界是由设计给定的具有理想形状的极限包容面（极限圆柱或两平行平面）。

最大实体边界（MMB）是指最大实体状态下的理想形状的极限包容面；最小实体边界（LMB）是指最小实体状态下的理想形状的极限包容面；最大实体实效边界（MMVB）是最大实体实效状态下的理想形状的极限包容面；最小实体实效边界（LMVB）是指最小实体实效状态下的理想形状的极限包容面。单一要素的边界没有方向或位置的约束，关联要素的边界应与基准保持图样上给定的几何关系。

3.4.2 独立原则

1. 独立原则的含义

独立原则是指图样上给定的每一个尺寸公差和几何公差相互独立,分别满足各自功能要求的公差原则。它是尺寸公差和几何公差相互关系遵循的基本准则。尺寸公差控制提取要素的局部尺寸的变动量,几何公差控制几何误差。独立原则一般用于对零件的几何公差有特定功能要求的场合。尺寸公差与几何公差遵守独立原则时,在图样上不做任何附加标记。

图3.25为按照独立要求原则标注的尺寸公差和几何公差的示例。零件加工后,其实际尺寸在20~19.979 mm的范围内,其形状误差应在给定的相应形状公差之内。如图3.25(b),(c),(d)所示,不论提取圆柱面的局部尺寸是上极限尺寸还是下极限尺寸,任意横截面的圆度误差应不大于0.005 mm;轴线的直线度误差应不大于0.01 mm。

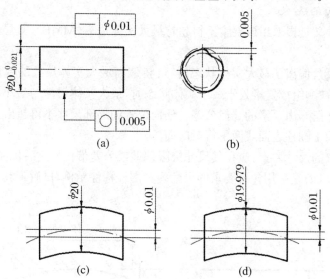

图 3.25 按独立原则标注示例

2. 应用场合

独立原则主要应用于零件的几何公差要求较高的场合,且几何公差与尺寸公差彼此不发生联系,根据不同的功能要求分别满足各自的公差要求。

例如,印刷机的滚筒重点控制圆柱度误差,保证印刷或印染时它与纸面或面料接触均匀,使印刷的图文或印染的花色清晰,如图3.26所示;例如,导向滑块影响摩擦寿命的两个工作表面的平行度公差,如图3.27所示。

独立原则是图样中应遵循的基本原则,据统计机械图样中95%以上的公差要求遵守的是独立原则。

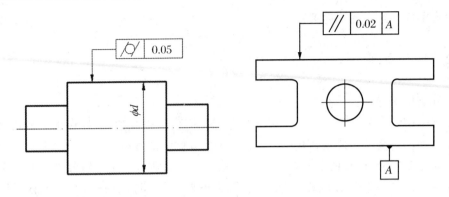

图 3.26　独立原则用于印刷机滚筒　　　　图 3.27　独立原则用于导向滑块

3.4.3　包容要求

1. 包容要求的含义

包容要求的含义是提取组成要素不得超越最大实体边界(MMB)，其局部尺寸不得超越最小实体尺寸。

当被测组成要素偏离了最大实体状态时，可将偏离最大实体尺寸的差值补偿给导出要素的几何公差；当被测组成要素处于最小实体状态时，最大实体尺寸与最小实体尺寸的差值即尺寸公差全部补偿导出要素的几何公差。任何位置的局部尺寸不得超出最小实体尺寸。

包容要求适用于圆柱表面或两平行对应面。

采用包容要求的尺寸要素，应在其尺寸极限偏差或公差带代号之后标注符号Ⓔ。

例 1　图 3.28(a)是采用包容要求的尺寸要素图样标注示例，试解释其含义。

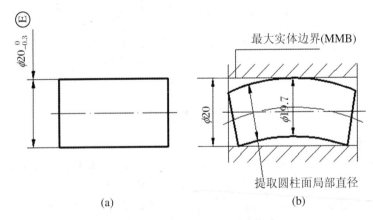

图 3.28　包容要求的图样标注

解：

(1) 轴的提取要素不得违反其最大实体状态，即不得超出最大实体边界(MMB)，其尺寸 MMS = $\phi 20$ mm，且任何位置其局部尺寸不得小于最小实体尺寸 $\phi 19.7$ mm，如图 3.29(b)所示。

(2) 最大实体状态(MMS = $\phi 20$ mm)时，轴的提取要素的局部尺寸处处皆为 $\phi 20$ mm，不允许有形状误差，即直线度误差为零，如图 3.29(a)所示。

(3) 最小实体状态（LMS = ϕ19.7 mm）时，轴的提取要素的局部尺寸处处皆为 ϕ19.7 mm，其轴线直线度误差允许值达到最大值，即等于图样上给出的尺寸公差值（0.3 mm）。此时，尺寸公差全部补偿给了该轴的导出要素轴线的直线度公差，如图3.29(b)所示。

(4) 当该轴处于最大实体状态和最小实体状态之间时，其轴线的直线度公差值在 ϕ0～ϕ0.3 mm之间变化。

尺寸公差与几何公差的关系可以用动态公差图表示，图3.29(c)表示轴线直线度公差（直线度误差允许值）随轴的局部尺寸 d_a 的变化规律。

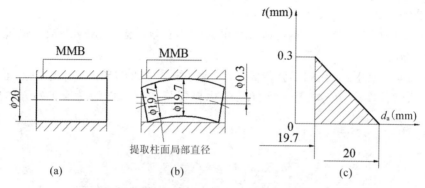

图3.29 包容要求的图样上标注解释

2. 应用场合

包容要求常用于保证孔轴的配合性质，特别是配合公差较小的精密配合要求，用最大实体边界保证所需要的最小间隙或最大过盈。

例如，为了保证液体摩擦状态，滑动轴承与轴的配合；车床尾座孔与尾座套筒的配合可采用包容要求。例如，孔轴的间隙配合 ϕ30H7/h6Ⓔ 中，所要的间隙是通过孔或轴各自遵守最大实体边界来保证的，这样既能保证预定的最小间隙等于零，避免了因孔和轴的形状误差而产生过盈。

3.4.4 最大实体要求

1. 最大实体要求的含义

最大实体要求的含义是提取组成要素不得超越最大实体实效边界（MMVB），其局部尺寸不得超出最大实体尺寸和最小实体尺寸的范围（尺寸公差）。

最大实体要求用于导出要素，是从材料外对非理想要素进行限制，通常用于保证可装配性的场合。

最大实体要求应用于被测要素时，应在被测要素公差框格中的公差值后标注符号Ⓜ；应用于基准要素时，应在几何公差框格内的基准字母代号后标注符号Ⓜ，如图3.30所示。

图3.30 最大实体要求的图样标注

(1) 最大实体要求应用于被测要素。

当最大实体要求应用于被测要素时,几何公差图样上的几何公差值是在该要素处于最大实体状态时给出的。当提取组成要素偏离其最大实体状态,即拟合要素的尺寸偏离其最大实体尺寸时,几何误差可以超出图样上的给定的几何公差值。

最大实体要素应用于被测要素时,对尺寸要素的表面规定了以下规则:

对于外尺寸要素(轴),被测要素的提取局部尺寸要小于或等于最大实体尺寸(MMS),同时大于或等于最小实体尺寸(LMS)。

对于内尺寸要素(孔),被测要素的提取局部尺寸要大于或等于最大实体尺寸(MMS),同时小于或等于最小实体尺寸(LMS)。

被测要素的提取组成要素不得违反其最大实体实效状态(MMVC)或其最大实体实效边界(MMVB)。

当一个以上被测要素用同一公差标注,或者是被测要素的导出要素标注方向和位置公差时,其最大实体实效状态或最大实体实效边界要与各自基准的理论正确方向或位置相一致。

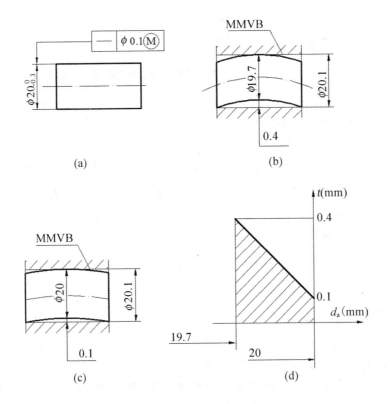

图 3.31 外尺寸要素最大实体要求的标注及解释

例 2 图 3.31(a)是一个外尺寸要素具有尺寸要求和对其轴线直线度应用最大实体要求的图样标注示例,试解释其含义。

解:

① 轴的提取要素各处的局部直径尺寸在 $\phi 19.7 \sim \phi 20$ mm 之间。

② 轴的提取要素不得违反其最大实体实效状态,即不得超出最大实体实效边界

(MMVB),其尺寸 MMVS = ϕ20.1 mm,见图3.31(b)。图样上被测要素为单一要素,故最大实体实效边界(MMVB)的方向和位置是浮动的。

③ 最大实体状态(MMS = ϕ20 mm)时,轴的提取要素的局部尺寸处处皆为 ϕ20 mm,其轴线直线度误差最大允许值为图样上标注的直线度公差(ϕ0.1 mm),见图3.31(c)。

④ 最小实体状态(LMS = ϕ19.7 mm)时,轴的提取要素的局部尺寸处处皆为 ϕ19.7 mm 其轴线直线度误差允许值达到最大值,即等于图样上给出的直线度公差值(0.1 mm)与该轴的尺寸公差(0.3 mm)之和(ϕ0.4 mm),见图3.31(b)。

⑤ 当该轴处于最大实体状态和最小实体状态之间时,其轴线的直线度公差值在 ϕ0.1~ϕ0.4 mm 之间变化。

图 3.31(d)给出了表述尺寸公差与几何公差关系的动态公差图。横坐标表示被测轴实际直径尺寸的变化,纵坐标表示轴线直线度公差相应的变化。

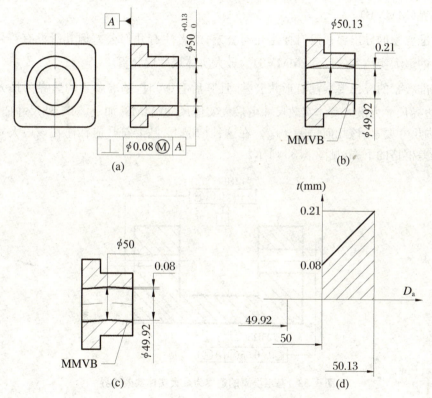

图 3.32 内尺寸要素最大实体要求的标注及解释

例 3 图 3.32(a)是一个内尺寸要素具有尺寸要求和对其轴线垂直度应用最大实体要求的图样标注示例,试解释其含义。

解:
① 孔的提取要素各处的局部直径尺寸在 ϕ50~ϕ50.13 mm 之间。

② 孔的提取要素不得违反最大实体状态,即不得超出最大实体实效边界(MMVB),其尺寸 MMVS = ϕ49.92 mm,见图3.32(b)。图样上被测要素为关联要素,被测孔的最大实体实效边界 MMVB 的方向和基准平面 A 垂直。

③ 最大实体状态(MMS = ϕ50 mm)时,其轴线的垂直度误差最大允许值为图样上标注

的垂直度公差($\phi 0.08$ mm),见图3.32(c)。

④ 最小实体状态(LMS = $\phi 50.13$ mm)时,其轴线垂直度误差允许值达到最大值,即等于图样上给定的垂直度公差值($\phi 0.08$ mm)与该孔尺寸公差(0.13 mm)之和($\phi 0.21$ mm),见图3.32(b)。

⑤ 当该孔处于最大实体状态和最小实体状态之间时,其内孔轴线的垂直度公差值在$\phi 0.08 \sim \phi 0.21$ mm之间变化。

图3.32(d)给出了表述尺寸公差与几何公差关系的动态公差图。横坐标表示被测孔实际直径尺寸的变化,纵坐标表示轴线垂直度公差相应的变化。

(2) 最大实体要求用于基准要素。

当最大实体要求用于基准要素时,对基准要素的表面规定了以下规则:

基准要素的提取组成要素不得违反基准要素的最大实体实效状态(MMVC)或最大实体实效边界(MMVB)。

当基准要素的导出要素没有标注几何公差,或者注有几何公差但其后没有符号Ⓜ时,基准要素的最大实体实效尺寸(MMVS)为最大实体尺寸(MMS)。

当基准要素的导出要素注有形状公差,且其后有Ⓜ时,基准要素的边界为最大实体实效边界,边界尺寸为最大实体实效尺寸由最大实体尺寸(MMS)加上(对于外尺寸要素)或减去(对于内尺寸要素)该几何公差 $t_{几何}$。在这种情况下,基准符号应标注在该最大实体边界的几何公差框格的下方,见图3.33所示。

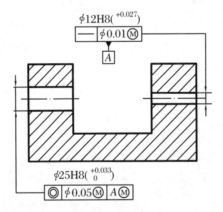

图3.33 基准要素的边界为最大实体实效边界

例4 图3.34(a)是一个外尺寸要素的被测要素和基准要素都应用最大实体要求的图样标注示例,试解释其含义。

解:

① 被测轴的提取要素各处的局部直径尺寸在 $\phi 11.95 \sim \phi 12$ mm 之间。

② 被测轴的提取要素即外圆柱面不得违反最大实体实效状态(MMVC),即不得超出最大实体实效边界(MMVB),其尺寸 MMVS = $\phi 12.04$ mm。因图样上是关联要素,被测轴的最大实体实效边界(MMVB)的轴线位置和基准轴线 A 同轴。

③ 当该轴处于最大实体状态(MMS = $\phi 12$ mm)时,其轴线的同轴度误差最大允许值为图样上标注的同轴度公差($\phi 0.04$ mm);当该轴处于最小实体状态(LMS = $\phi 11.95$ mm)时,其轴线同轴度误差允许值达到最大值,即等于图样上给出的同轴度公差值($\phi 0.04$ mm)与该

轴尺寸公差(0.05 mm)之和(ϕ0.09 mm)。

④ 基准要素注有尺寸公差，基准要素的导出要素没有标注几何公差，此时，基准要素 A 的提取要素即外圆柱面不得违反最大实体实效状态(MMVC)，其边界尺寸 MMVS = MMS = 25 mm，此时基准轴线不能浮动。

⑤ 当基准要素 A 的拟合要素偏离最大实体尺寸时，则允许基准轴线在一定的范围内浮动。其浮动范围等于基准要素的拟合尺寸与其相应边界尺寸之差。当基准要素 A 轴处于最小实体状态(LMS = ϕ24.95 mm)时，其轴线相对于理论正确位置的最大浮动量可以达到最大值，等于尺寸公差(0.05 mm)。在此情况下，若被测要素也处于最小实体状态(LMC)，其轴线与基准轴线的同轴度误差允许最大值为 ϕ0.14 mm，即给定的同轴度公差值(ϕ0.04 mm)、被测轴的尺寸公差(0.05 mm)与基准要素的尺寸公差(0.05 mm)三者之和。前提是基准要素和被测要素的提取组成要素都不得超出各自应遵守的边界，并且基准要素的提取要素各处的局部尺寸应在其极限尺寸范围内。

图 3.34(b)给出了表述尺寸公差与几何公差关系的动态公差图。横坐标表示被测轴实际直径尺寸的变化，纵坐标表示轴线同轴度公差相应的变化。

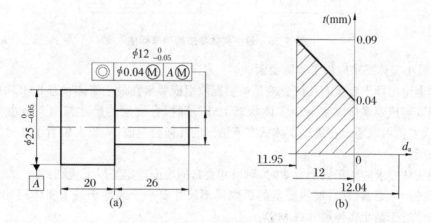

图 3.34 外尺寸要素的被测要素和基准要素应用最大实体要求的标注及解释

2. 应用场合

由于最大实体要求在几何公差与尺寸公差之间建立了联系，因此只有被测要素或基准要素为导出要素时，才能应用最大实体要求。最大实体要求一般主要用于保证可装配性，而对其他功能要求较低的零件要素，这样可以充分利用尺寸公差补偿几何公差，提高零件的合格率。例如，图 3.35 所示，螺栓或螺钉连接的端盖零件上圆周布置的通孔的位置度公差广泛采用最大实体要求，以便充分利用图样上给出的通孔的尺寸公差，获得最佳的技术经济效益。

3.4.5 最小实体要求

1. 最小实体要求的含义

最小实体要求也是相关要求，是尺寸要素的非理想要素不得违反其最小实体实效状态的一种尺寸要素要求，即尺寸要素的非理想要素不得超越其最小实体实效边界的一种尺寸要素要求。

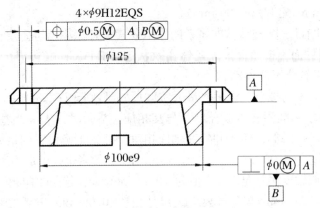

图 3.35 端盖(最大实体要求应用)

最小实体要求应用于被测要素时,应在被测要素公差框格中的公差值后标注符号Ⓛ;应用于基准要素时,应在几何公差框格内的基准字母代号后标注符号Ⓛ,如图 3.36 所示。

图 3.36 最小实体要求的图样标注

(1) 最小实体要求应用于被测要素。

图样上给出导出要素的几何公差是被测提取组成要素在最小实体状态 LMC 时给定的;当被测提取组成要素偏离了最小实体状态 LMC,即拟合要素的尺寸偏离其最小实体尺寸时,几何误差值可以超出在最小实体状态下给出的几何公差值,实质上相当于几何公差值可以得到补偿。

最小实体要求应用于被测要素时,对尺寸要素的表面规定了以下规则:

对于外尺寸要素(轴),被测要素的提取局部尺寸要小于或等于最大实体尺寸(MMS),同时大于或等于最小实体尺寸(LMS)。

对于内尺寸要素(孔),被测要素的提取局部尺寸要大于或等于最大实体尺寸(MMS),同时小于或等于最小实体尺寸(LMS)。

被测要素的提取组成要素不得违反其最小实体实效状态(LMVC)或其最大实体实效边界(LMVB)。

当一个以上被测要素用同一公差标注,或者是被测提取组成要素的导出要素标注方向或位置公差时,其最小实体实效状态或最小实体实效边界要与各自基准的理论正确方向和位置相一致。

例 5 图 3.37(a)是一个外尺寸要素具有尺寸要求和对其轴线直线度应用最小实体要求的图样标注示例,试解释其含义。

解:

① 孔的提取要素各处的局部直径在 $\phi 8 \sim \phi 8.25$ mm 之间。

② 孔的提取要素不得违反最小实体实效状态(LMVC),即不得超出最小实体实效边界(LMVB),其尺寸 LMVS = $\phi 8.65$ mm。

③ 因图样上是关联要素,内圆柱面的最小实体实效状态(LMVC)或最小实体实效边界(LMVB)的理论正确位置应距离 A 基准面 6 mm。

④ 当孔的提取要素处于最小实体状态（LMS = ϕ8.25 mm）时，其轴线的位置度误差最大允许值为图样上标注的位置度公差（ϕ0.4 mm）；当该孔的提取要素处于最大实体状态（MMS = ϕ8 mm）时，其允许的最大位置度误差等于图样上给出的位置度公差值（ϕ0.4 mm）与该孔尺寸公差（0.25 mm）之和（ϕ0.65 mm）。

⑤ 当该孔处于最大实体状态和最小实体状态之间时，其允许的最大位置度误差在 ϕ0.4～ϕ0.65 mm 之间。其变化关系见图 3.37(b) 所示的动态公差图。横坐标表示内圆柱面直径尺寸的变化，纵坐标表示轴线位置度公差相应的变化。

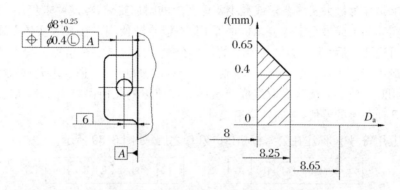

图 3.37 最小实体要求的标注及解释

(2) 最小实体要求应用于基准要素。

当最小实体要求应用于基准要素时，对基准要素的表面规定以下规则：

基准要素的提取组成要素不得违反基准要素的最小实体实效状态 LMVC 或最小实体实效边界 LMVB。

当基准要素的导出要素没有标注几何公差要求，或者标注有几何公差但没有应用最小实体要求时，基准的最小实体实效尺寸为最小实体尺寸，如图 3.38(a) 所示。

当基准要素的导出要素标注有几何公差，且采用最小实体要求时，基准要素的最小实体实效尺寸由最小实体尺寸减去（外部要素）或加上（内部要素）该几何公差值。此时其相应的边界为最小实体实效边界，基准代号应直接标注在形成最小实体实效边界的几何公差框格的下面，如图 3.38(b) 所示。

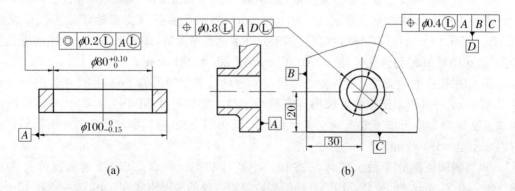

图 3.38 最小实体要求应用于基准要素标注的示例

2. 应用场合

最小实体要求用于导出要素,对材料内非理想要素进行限制。在产品和零件设计中,最小实体要求常用于控制零件的最小壁厚,防止承受内压力而断裂,以及保证机械零件必要强度的场合。

3.4.6 可逆要求

可逆要求是作为最大实体要求或最小实体要求的附加要求,可逆要求仅用于被测要素,通常和最大实体要求或最小实体要求同时采用,不能单独使用。在最大实体要求或最小实体要求附加可逆要求后,改变了尺寸要素的尺寸公差。用可逆要求可以充分利用最大实体实效状态和最小实体实效状态的尺寸,在制造可行性的基础上,可逆要求允许尺寸公差和几何公差之间相互补偿。即被测提取组成要素的导出要素的几何误差小于其几何公差时,几何误差小于几何公差的差值,逆向补偿给尺寸公差。

在图样上用符号Ⓡ标注在公差框格Ⓜ或Ⓛ之后,如图 3.39 所示。

图 3.39 可逆要求的图样标注

例 6 图 3.40(a)是最大实体要求附加可逆要求的图样标注示例,试解释其含义。

解:

① 孔的提取要素不得违反最大实体实效状态(MMVC),即不得超出最大实体实效边界(MMVB),其尺寸 MMVS = ϕ49.92 mm。

② 孔的提取要素各处的局部直径应小于最小实体尺寸 LMS = ϕ50.13 mm,可逆要求允许其局部直径从 MMS = ϕ50 mm 减少至 MMVS = ϕ49.92 mm,因此局部直径尺寸的范围在 ϕ49.92～ϕ50.13 mm 之间。

③ 孔的提取要素的最大实体实效边界(MMVB)的方向和基准平面 A 保持理论正确垂直。

④ 当孔的提取要素处于最大实体状态(MMS = ϕ50 mm)时,其轴线的垂直度误差最大允许值为图样上标注的垂直度公差(ϕ0.08 mm);当该孔的提取要素处于最小实体状态(LMS = ϕ50.13 mm)时,其轴线垂直度误差允许值达到最大值,即等于图样上给出的垂直度公差值(ϕ0.08 mm)与该孔尺寸公差(0.13 mm)之和(ϕ0.21 mm)。

⑤ 如果该孔的轴线垂直度误差小于给定垂直度公差值 ϕ0.08 mm,其尺寸公差允许大于 0.13 mm,即其提取要素各处的局部直径小于最大实体尺寸 MMS = ϕ50 mm;如果该孔的垂直度误差为零,则该孔的尺寸公差允许增加至 0.21 mm,即其提取要素各处的局部直径可以减小至 ϕ49.92 mm。

⑥ 当内圆柱面处于最大实体状态和最小实体状态之间时,其轴线的垂直度公差在 ϕ0.08～ϕ0.21 mm 之间变化。内圆柱面的提取要素各处的局部直径在 ϕ49.92～ϕ50.13 mm 之间变化。

图 3.40(b)给出了表述尺寸公差与几何公差关系的动态公差图。

注: GB/T 16671—2009 的包容要求、最大实体要求和最小实体要求同 GB/T 16671—

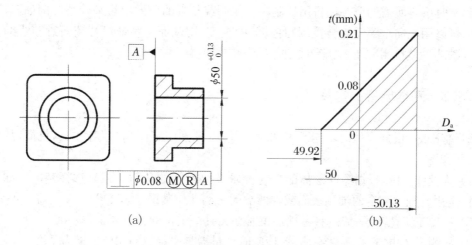

图 3.40 可逆要求用于最大实体要求的实例

1996 有重要区别。2009 版标准用提取组成要素和局部尺寸代替了 1996 版的体外作用尺寸和局部实际尺寸。这种改变对量具提出了新要求。如前所述,提取组成要素是测量得到的实际表面上有限数目的点所组成的,故需要由计算机软件进行计算和判断,才可以确定提取组成要素是否超出最大实体边界。如果光滑极限量规的通规是全形量规,可以判断提取组成要素是否超出最大实体边界。但局部尺寸需要在垂直于拟合轴线的横截面内才能获得,即通常需要借助计算机软件才能从提取组成要素得到拟合圆柱面和拟合圆柱轴线,才可以作出垂直拟合轴线的横截面。因而,用光滑极限量规的止规不能判定局部尺寸是否超出了最小实体尺寸。故光滑极限量规最多只能作为新标准的一种暂时的替代测量方法,仍然需要解决和新标准的协调问题。

3.5 几何公差的选择

3.5.1 公差项目的选择

几何公差特征项目的选择是从零件的几何特征、功能要求和检测的方便性等方面综合考虑的。

(1) 零件的几何特征。

零件的几何特征不同,会产生不同的几何误差。例如,零件加工后,圆柱形表面会产生圆柱度误差,平面表面会产生平面度误差,槽表面会产生对称度误差,阶梯孔、轴会产生同轴度误差等。

(2) 零件的功能要求。

根据零件不同的功能要求,应给定不同的几何公差特征项目。例如,影响车床主轴旋转精度的主要误差是前后轴颈的同轴度误差和圆跳动误差;为了保证机床工作台或刀架的运动轨迹的精度,需要对导轨提出直线度要求。

(3) 检测的方便性。

在同样满足功能要求的前提下,为了检测方便,应该选用测量简便的项目代替测量较难的项目,有时可将所需的公差项目用控制效果相同或相近的公差项目来代替。例如,对于轴类零件,可以用径向全跳动综合控制圆柱度、同轴度;用端面全跳动代替端面对轴线的垂直度,因为跳动误差检测方便,又能更好地控制相应的几何误差。

3.5.2 基准要素的选择

选择基准时,根据零件的功能要求和设计要求,基准统一原则和零件结构特征,从以下几个方面考虑。

(1) 从设计考虑,根据零件形体的功能要求及要素间的几何关系来选择基准。如回转体零件,选用与轴承配合的轴颈表面或轴两端的中心孔作基准。

(2) 从加工工艺考虑,应选择零件加工时在夹具中定位的相应要素作基准。

(3) 从测量考虑,选择零件在测量、检验时计量器具中定位的相应要素为基准。

(4) 从装配关系考虑,应选择零件相互配合、相互接触的表面作基准,以保证零件的正确装配。

3.5.3 公差原则的选择

公差原则主要根据被测要素的功能要求、零件尺寸大小和检测方便程度来选择,并应考虑充分利用给出的尺寸公差带,还应考虑用被测要素的几何公差补偿其尺寸公差的可能性。

按独立原则给出的几何公差值是固定的,不允许几何误差值超出图样上标注的几何公差值。按相关要求给出的几何公差是可变的,在给定边界条件下,允许几何公差值超出图样上的给定值。但在选用时应注意它们的经济性和合理性。各种公差原则的应用场合已经分别在前面章节中叙述。

3.5.4 几何公差值的选择

几何公差所有特征项目中,除了线轮廓度和面轮廓度两个项目没有规定公差值以外,都规定了公差等级和公差值。其中直线度、平面度、平行度、垂直度、倾斜度、同轴度、对称度、圆跳动和全跳动都规定了 12 个公差等级(1~12 级);圆度和圆柱度公差规定了 13 个公差等级(0~12 级),等级依次降低。位置度公差没有规定公差等级,只规定了数系。几何公差的公差等级及公差值如表 3.8 所示。

几何公差值的确定要根据零件功能要求、结构特征、工艺性等因素综合考虑。在满足要素功能要求前提下,尽可能选择大的公差数值。

几何公差的国家标准中,将几何公差分为注有公差和未注公差两类。对于几何精度要求高时,需要在设计图样上标注出几何公差项目和公差值。一般的机械加工方法能够保证加工精度,在常用精度等级范围内时,不需要在图样上标注几何公差,由未注公差来控制。这样简化设计和制图,重点突出标注有公差值的要素,有利于安排生产和质量控制,获得最佳的经济效益。

表 3.8　几何公差等级及公差值

直线度、平面度主参数(mm)①	公差等级											
	1	2	3	4	5	6	7	8	9	10	11	12
	直线度、平面度公差值(μm)											
>25~40	0.4	0.8	1.5	2.5	4	6	10	15	25	40	60	120
>40~63	0.5	1	2	3	5	8	12	20	30	50	80	150
>63~100	0.6	1.2	2.5	4	6	10	15	25	40	60	100	200
>100~160	0.8	1.5	3	5	8	12	20	30	50	80	120	250
>160~250	1	2	4	6	10	15	25	40	60	100	150	300
平行度、垂直度、倾斜度主参数(mm)②	平行度、垂直度、倾斜度公差值(μm)											
>25~40	0.8	1.5	3	6	10	15	25	40	60	100	150	250
>40~63	1	2	4	8	12	20	30	50	80	120	200	300
>63~100	1.2	2.5	5	10	15	25	40	60	100	150	250	400
>100~160	1.5	3	6	12	20	30	50	80	120	200	300	500
>160~250	2	4	8	15	25	40	60	100	150	250	400	600
同轴度、对称度、圆跳动、全跳动主参数(mm)③	同轴度、对称度、圆跳动、全跳动公差值(μm)											
>18~30	1	1.5	2.5	4	6	10	15	25	50	100	150	300
>30~50	1.2	2	3	5	8	12	20	30	60	120	200	400
>50~120	1.5	2.5	4	6	10	15	25	40	80	150	250	500
>120~250	2	3	5	8	12	20	30	50	100	200	300	600

圆度、圆柱度公差值(mm)④	公差等级											
	0	1	2	3	4	5	6	7	8	9	10	11	12
	圆度、圆柱度公差值(μm)											
>18~30	0.2	0.3	0.6	1	1.5	2.5	4	6	9	13	21	33	52
>30~50	0.25	0.4	0.6	1	1.5	2.5	4	7	11	16	25	39	62
>50~80	0.3	0.5	0.8	1.2	2	3	5	8	13	19	30	46	74
>80~120	0.4	0.6	1	1.5	2.5	4	6	10	15	22	35	54	87
>120~180	0.6	1	1.2	2	3.5	5	8	12	18	25	40	63	100

位置公差值优先数系⑤	位置公差值优先数系(μm)									
	1	1.2	1.5	2	2.5	3	4	5	6	8
	1×10^n	1.2×10^n	1.5×10^n	2×10^n	2.5×10^n	3×10^n	4×10^n	5×10^n	6×10^n	8×10^n

① 对于直线度、平面度公差,棱线和回转表面的轴线、素线以及长度的公称尺寸为主参数,矩形平面以其较长边、圆平面以其直径的公称尺寸作为主参数。
② 对于方向公差,被测要素以其长度或直径的公称尺寸作为主参数。
③ 对于同轴度、对称度公差和跳动公差,被测要素以其直径或宽度的公称尺寸作为主参数。
④ 回转表面、球、圆以其直径的公称尺寸作为主参数。
⑤ n 为正整数。
资料来源:摘自 GB/T 1184—1996。

表 3.9 几何公差等级的应用实例

几何公差项目	几何公差等级				
	5	6	7	8	9
直线度 平面度	平面磨床纵导轨、立柱导轨及工作台；液压龙门刨床和六角车床床身导轨；柴油机进气排气阀门导杆	普通机床如普通车床、龙门刨床、滚齿机、自动车床等的床身导轨和立柱导轨；柴油机壳体	机床主轴箱；摇臂钻床底座和工作台；镗床工作台；液压泵盖、减速器壳体结合面	机床传动箱体；连杆分离面；汽车发动机缸盖与气缸体结合面；液压管件和法兰连接面	自动车床床身底面；摩托车曲轴箱体；汽车变速箱壳体；手动机械的支承面
圆度 圆柱度	普通计量仪器主轴、测杆外圆柱面；普通机床主轴轴颈及主轴轴孔；柴油机汽油机活塞和活塞销	仪表端盖外圆柱面；普通机床主轴及前轴孔；水泵和压缩机活塞、气缸；汽油机凸轮轴；减速器转轴轴颈；高速柴油机主轴颈	大功率低速柴油机曲轴轴颈、活塞、活塞销、连杆和气缸；高速柴油机箱体轴承孔；机车传动轴；水泵转轴轴颈	压气机连杆盖、连杆体；拖拉机气缸、活塞；内燃机曲轴轴颈；柴油机凸轮轴颈、轴承孔	空气压缩机缸体；拖拉机活塞环和套筒孔
平行度 垂直度 倾斜度 轴向跳动	4,5		6,7,8		9,10
	普通车床导轨及重要支承面、主轴孔对基准平行度；精密机床重要零件；计量仪器、量具、模具的基准面和工作面；机床主轴箱体重要孔；通用减速器轴承孔；齿轮泵油孔端面		普通机床主轴箱体孔、导轨和刀架等；压力机和锻锤工作面；机床一般轴承孔对基准平行度；变速箱体孔；重型机械滚动轴承端盖；卷扬机传动轴；气缸配合面对基准轴线垂直度		重型机械滚动轴承端盖、柴油机箱体曲轴孔、曲轴轴颈、花键轴和轴肩端面对基准轴线垂直度；卷扬机传动机构中轴承孔端面；减速器壳体端面
同轴度 对称度 径向跳动	5,6,7			8,9	
	几何精度要求较高，尺寸公差≤8级的零件。机床主轴轴颈、计量仪器测杆、涡轮机主轴、柱塞泵转子、高精度滚动轴承外圈等常用5级；内燃机的曲轴和凸轮轴、水泵轴、电机转子等常用7级			一般几何精度要求，尺寸公差IT9～IT11级的零件。拖拉机发动机分配轴轴颈、水泵叶轮、离心泵体等常用8级；内燃机气缸套配合面、自行车转轴等常用9级	

几何公差值的选用应考虑以下情况。

(1) 形状、方向、位置、尺寸公差间的大小应该相互协调，在同一要素上给出的形状公差值应小于方向公差值，方向公差值应小于位置公差值，位置公差值小于尺寸公差值。

(2) 综合公差值大于单项公差值。例如，全跳动公差值应大于圆柱度公差值和同轴度公差值。

(3) 形状公差值与表面粗糙度之间的关系也应该协调。例如，平面的表面粗糙度 Ra 值与平面度形状公差值 T 的关系一般是 $Ra \leqslant (0.2 \sim 0.25)T$。

(4) 考虑加工的难易程度和除主参数外其他参数的影响,在满足零件功能要求下,可以降低 1~2 级选用。

几何公差的常用公差等级为 5~9 级,表 3.9 列出了 11 个几何公差特征项目的常用公差等级的应用场合,根据所选择的公差等级查取几何公差值。

习 题 3

1. 什么是理想要素、实际要素、组成要素、导出要素、被测要素、基准要素、单一要素和关联要素?
2. GB/T 1182—2008《产品几何量技术规范(GPS)几何公差形状、方向、位置和跳动公差标注》规定的几何公差特征项目有哪些? 分别采用什么符号表示?
3. 几何公差框格指引线的箭头如何指向组成要素和导出要素? 图样上标注有什么区别?
4. 由几个同类要素构成的被测公共轴线、被测公共平面的几何公差如何标注?
5. 几何公差带有哪些特性?
6. 什么形状的几何公差带的公差数值前面应该加符号"ϕ"? 哪些几何公差的公差带位置是固定的? 哪些几何公差的公差带位置是浮动的?
7. 从公差含义及公差带特征角度比较下列几何公差项目之间的异同点。
① 平面度和平行度;
② 圆度和圆柱度;
③ 圆度和径向圆跳动;
④ 圆柱度和径向全跳动;
⑤ 轴向全跳动和端面对轴线的垂直度;
⑥ 径向全跳动和同轴度。
8. 什么是最大实体状态、尺寸、边界? 什么是最小实体状态、尺寸、边界?
9. 试述边界和边界尺寸的含义;试述包容要求和最大实体要求公差原则所规定的边界及边界尺寸的名称。
10. 试述独立原则、包容要求和最大实体要求公差原则的含义,在图样上如何标注? 分别应用于哪些场合? 误差值是多少?
11. 试将下列几何公差要求标注在图 3.41 上。

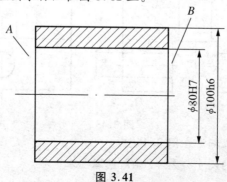

图 3.41

(1) ϕ80H7 孔的轴线直线度公差为 0.006 mm。

(2) ϕ100h6 外圆柱面对 ϕ80H7 孔轴线的径向圆跳动公差为 0.015 mm。

(3) 端面 A 的平面度公差为 0.008 mm。

(4) 端面 B 对端面 A 的平行度公差为 0.012 mm。

(5) 端面 A 对 ϕ80H7 孔的垂直度公差为 0.010 mm。

12. 试将下列几何公差要求标注在图 3.42 上。

(1) ϕ30K7 和 ϕ50M7 采用包容原则。

(2) 底面 F 的平面度公差为 0.02 mm；ϕ30K7 孔和 ϕ50M7 孔的内端面对它们的公共轴线的圆跳动公差为 0.04 mm。

(3) ϕ30K7 孔和 ϕ50M7 孔对它们的公共轴线的同轴度公差为 0.03 mm。

(4) 6-ϕ11H10 对 ϕ50M7 孔的轴线和 F 面的位置度公差为 0.05 mm，被测要素的位置度公差应用最大实体要求。

(5) 用去除材料的方法获得底面，要求 Ra 最大允许值为 1.6 μm。

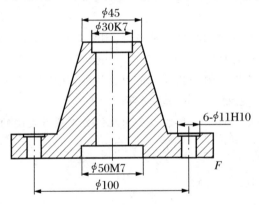

图 3.42

13. 试将下列技术要求标注在图 3.43 上。

(1) 2-ϕd 轴线对其公共轴线的同轴度公差为 0.02 mm。

(2) ϕD 轴线对 2-ϕd 公共轴线的垂直度公差为 0.02 mm。

(3) 槽两侧面对 ϕD 轴线的对称度公差为 0.04 mm。

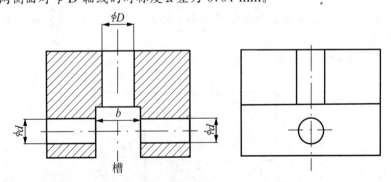

图 3.43

14. 试将下列技术要求标注在图 3.44 上。

(1) 齿轮轴支承轴颈的尺寸公差 ϕ28h7，包容要求。

(2) ϕ48f7 齿顶圆柱面对两支承轴颈 ϕ28h7 的公共轴线的径向圆跳动公差 0.021 mm。

(3) 两支承轴颈 ϕ28h7 的圆度公差 0.005 mm。

(4) 轴肩 A、B 对两支承轴颈 ϕ28h7 的公共轴线的轴向圆跳动公差 0.016 mm。

(5) ϕ20 mm 轴头公差带为 j6，该轴上键槽中心平面对轴头轴线的对称度公差 0.02 mm。

(6) 两支承轴颈 ϕ28h7 的表面粗糙度轮廓 Ra 最大值 1.6 μm。

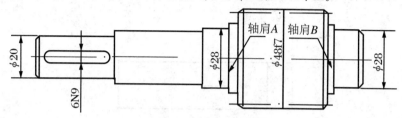

图 3.44

15. 改正图 3.45 中各项几何公差标注上的错误（不得改变几何公差特征项目符号）。

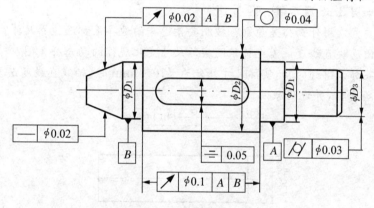

图 3.45

16. 改正图 3.46 中各项几何公差标注上的错误（不得改变几何公差特征项目符号）。

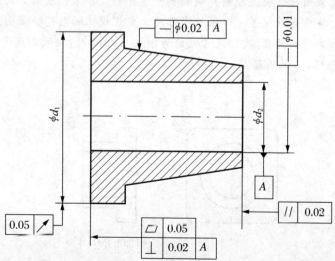

图 3.46

17. 如图 3.47 所示的销轴零件,试问:

(1) 被测要素采用的公差原则。

(2) 计算该轴的最大实体尺寸和最小实体尺寸。

(3) 当该轴实际尺寸处处加工到 $\phi 19.7$ mm 时,求轴线直线度误差最大允许值。

(4) 检测某加工得到的轴,实际尺寸处处为 $\phi 19.8$ mm 时,轴线直线度误差是 0.2 mm,试判断该轴是否合格,并说明原因?

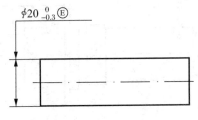

图 3.47

18. 零件如图 3.48 所示,试问:

(1) 被测要素采用什么公差原则?被测要素遵守的边界名称及边界尺寸?

(2) 试作出反映直线度误差允许值随实际尺寸变化规律的动态公差图?

(3) 检测某加工得到的轴,实际尺寸处处为 $\phi 19.9$ mm 时,轴线直线度误差是 0.2 mm,试判断该轴是否合格,并说明原因。

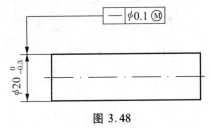

图 3.48

19. 零件如图 3.49 所示,试问:

(1) 被测要素采用什么公差原则?被测要素遵守的边界名称及边界尺寸?

(2) 试作出反映垂直度误差允许值随实际尺寸变化规律的动态公差图。

(3) 检测某加工得到的孔,实际尺寸处处为 $\phi 50.1$ mm 时,轴线垂直度误差是 0.1 mm,试判断该孔是否合格,并说明原因。

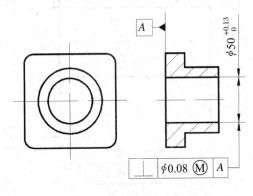

图 3.49

第4章 表面粗糙度轮廓及其评定

任何加工方法获得的零件表面都不是理想表面,存在着由间距很小的微小峰、谷所形成的微观几何误差,这用表面粗糙度轮廓表示。表面粗糙度轮廓对零件的功能要求、使用寿命、美观程度有重大影响。为了正确地测量和评定零件表面粗糙度轮廓以及在零件图上正确标注表面的技术要求,以保证零件的互换性,我国发布了 GB/T 3505—2009《产品几何技术规范(GPS)表面结构 轮廓法 术语、定义及表面结构参数》、GB/T 10610—2009《产品几何技术规范(GPS)表面结构 轮廓法 评定表面结构的规则和方法》、GB/T 1031—2009《产品几何技术规范(GPS)表面结构 轮廓法 粗糙度参数及其数值》和 GB/T 131—2006《产品几何技术规范(GPS)技术产品文件中表面结构的表示法》等国家标准。

4.1 概　　述

4.1.1 表面粗糙度轮廓的基本概念

表面粗糙度轮廓是指加工表面所具有较小间距和微小峰谷组成的微观几何特性。通常用一个垂直于零件实际表面的平面与该零件实际表面相交所得的轮廓作为评定对象,这条轮廓曲线称为表面轮廓,如图 4.1 所示。

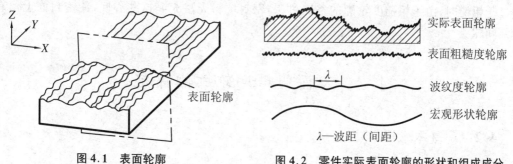

图 4.1　表面轮廓　　　　图 4.2　零件实际表面轮廓的形状和组成成分

零件的实际表面是物体与周围介质分离的表面,由加工形成的实际表面一般并非理想状况,它是由表面粗糙度轮廓、表面波纹度轮廓和表面形状轮廓叠加而成的表面。根据轮廓上相邻峰与谷之间的距离,即波距 λ 的大小来划分:波距小于 1 mm 的轮廓属于粗糙度轮廓;波距在 1~10 mm 的轮廓属于波纹度轮廓;波距大于 10 mm 的属于宏观形状轮廓。它们反映了零件实际表面对理想表面的几何形状误差。

4.1.2 表面粗糙度轮廓对零件使用性能的影响

表面粗糙度的大小对零件使用性能和寿命都有很大影响,尤其是对在高温、高压和高速条件下工作的机械零件影响更大,其影响主要体现在如下几个方面:

(1) 对耐磨性的影响。

表面粗糙的两个零件只能在若干波峰处相接触,当它们产生相对运动时,波峰间的接触作用就会产生摩擦阻力,对零件造成磨损。一般来说,对存在相互运动的两个零件表面来说,表面越粗糙,摩擦阻力则越大,磨损也就越快,零件的耐磨性越差。但是,零件表面过于光滑,由于不利于储存润滑油或因分子间的吸附作用,也会使摩擦阻力增大,加速磨损。

(2) 对配合性质的影响。

对于间隙配合,由于零件表面峰尖在工作过程中很快磨损而使间隙增大,甚至会破坏原有的配合性质;对于过盈配合,由于在装配过程中峰尖被挤平而使有效过盈减小,从而降低连接强度;对于过渡配合,表面粗糙也有使配合变松的趋势,导致定心和导向精度降低。

(3) 对耐疲劳性的影响。

对于承受交变应力作用的零件表面,表面粗糙度的凹谷部位容易引起应力集中,产生疲劳裂纹,破坏零件。表面越粗糙,凹痕就越深,其根部的曲率半径就越小,对应力集中越敏感,耐疲劳性就越差。

(4) 对耐腐蚀性的影响。

零件表面越粗糙,其微观不平度的凹痕越深,存留在凹痕中的腐蚀性物质也越多,腐蚀作用就越严重。对于承受交变载荷的零件,表面因腐蚀而产生的裂纹,会引起应力集中,使零件发生突然破坏的可能性增大。

(5) 对密封性的影响。

相互配合的两表面因存在微小的峰谷和间距,使配合面间产生缝隙,影响密封性。当表面过于粗糙时,由于粗糙度轮廓的谷底过深,密封填料无法充满这些谷底,使密封面上留有渗漏间隙。

4.2 表面粗糙度轮廓的评定

4.2.1 基本术语

1. 轮廓滤波器

实际表面轮廓是由表面粗糙度轮廓、波纹度轮廓及原始轮廓(或称形状轮廓)叠加而成的,如图 4.2 所示。为了评价表面轮廓上各种几何形状误差中的某一几何形状误差,可以利用轮廓滤波器。轮廓滤波器是指将表面轮廓分成长波和短波成分的滤波器。轮廓滤波器所能抑制的波长称为截止波长。从短波截止波长至长波截止波长这两个极限值之间的波长范围称为传输带。

在测量粗糙度轮廓、波纹度轮廓和原始轮廓的仪器中使用 λs、λc、λf 三种滤波器,如图 4.3 所示。它们具有相同的传输特性,但截止波长不同。从图 4.3 看原始轮廓是在应用 λs

滤波之后的总轮廓,是由 λs 滤波器来限定的,滤掉的是短波长的形状成分。表面粗糙度轮廓是对原始轮廓采用 λc 滤波器抑制长波成分后形成的轮廓,其传输频带是由 λs 和 λc 轮廓滤波器来限定的,粗糙度轮廓是评定粗糙度参数轮廓的基础。波纹度轮廓是对原始轮廓连续采用 λc 滤波器抑制短波成分和采用 λf 滤波器抑制长波成分后形成的轮廓。

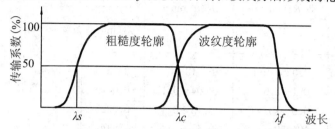

图 4.3　粗糙度和波纹度轮廓的传输特性

三种轮廓(原始轮廓、粗糙度轮廓和波纹度轮廓)因为它们对零件的使用性能的影响不同,所以在评定时分别提出不同的规定。在原始轮廓上计算得到的参数称为 P 参数,在粗糙度轮廓上计算得到的参数为 R 参数,在波纹度轮廓上计算得到的参数为 W 参数。三组参数中同类型参数的定义类似,但代号不同,具体如表 4.1 所示,下文重点介绍表面粗糙度轮廓的相关评定参数。

表 4.1　表面结构参数代号

参　　数	P 参数	R 参数	W 参数
取样长度	lp	lr	lw
评定轮廓的算术平均偏差	Pa	Ra	Wa
轮廓最大高度	Pz	Rz	Wz
轮廓单元的平均宽度	Psm	Rsm	Wsm
轮廓支撑长度率	$Pmr(c)$	$Rmr(c)$	$Wmr(c)$

2. 取样长度 lr

测量表面粗糙度轮廓时,应把测量限制在一段足够短的长度上,以限制或减弱波纹度轮廓、排除形状误差对表面粗糙度轮廓测量的影响。这段长度称为取样长度,使用符号 lr 表示,与粗糙度轮廓传输带的截止波长 λc 相等,如图 4.4 所示。表面越粗糙,取样长度就应越大。标准取样长度 lr 的数值见表 4.2。

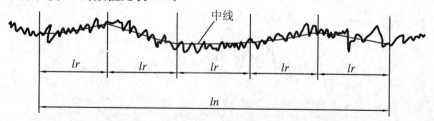

图 4.4　取样长度和评定长度

表 4.2 轮廓算术平均偏差 Ra、轮廓最大高度 Rz 和轮廓单元的平均宽度 Rsm 的标准取样长度和标准评定长度

$Ra(\mu m)$	$Rz(\mu m)$	$Rsm(mm)$	标准取样长度 lr (mm)		标准评定长度 ln（等于5个标准取样长度）(mm)
			$\lambda s(mm)$	$\lambda c = lr(mm)$	
>0.006~0.02	>0.025~0.1	>0.013~0.04	0.0025	0.08	0.4
>0.02~0.1	>0.1~0.5	>0.04~0.13	0.0025	0.25	1.25
>0.1~2	>0.5~10	>0.13~0.4	0.0025	0.8	4
>2~10	>10~50	>0.4~1.3	0.008	2.5	12.5
>10~80	>50~200	>1.3~4	0.025	8	40

资料来源：摘自 GB/T 10610—2009。

3. 评定长度 ln

由于零件表面微小峰谷的不均匀性，在实际表面轮廓不同位置的取样长度上的表面粗糙度测量值不尽相同。因此，为了更可靠地反映表面粗糙度轮廓的特性，应测量连续的几个取样长度上的表面粗糙度轮廓。这些连续的几个取样长度称为评定长度，用符号 ln 表示，如图 4.4 所示。一般情况下，取 $ln = 5lr$；若被测表面比较均匀，可选 $ln < 5lr$；反之，$ln > 5lr$。

在一般情况下，按表 4.2 选用对应的取样长度及评定长度值，在图样上可省略标注取样长度值，当有特殊要求不能选用表 4.2 中的数值时，应在图样上标注出取样长度值。

4. 中线

轮廓中线是评定表面粗糙度参数值大小的一条参考线（也称基准线）。中线有轮廓的最小二乘中线和轮廓的算术平均中线两种形式。

(1) 轮廓最小二乘中线。

轮廓最小二乘中线是指在取样长度内使轮廓上各点至该线的距离 Z_i 的平方和为最小的线，即 $\int_0^{lr} Z_i^2 dr$ 为最小，如图 4.5 所示。

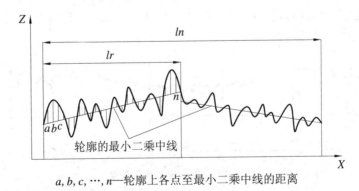

$a, b, c, \cdots, n$ — 轮廓上各点至最小二乘中线的距离

图 4.5 表面粗糙度轮廓的最小二乘中线与算术平均偏差

(2) 轮廓算术平均中线。

轮廓算术平均中线是指在取样长度内，划分轮廓为上下两部分，且使上下两部分面积相

等的线,即 $F_1+F_2+\cdots+F_n=F_1'+F_2'+\cdots+F_n'$,如图 4.6 所示。

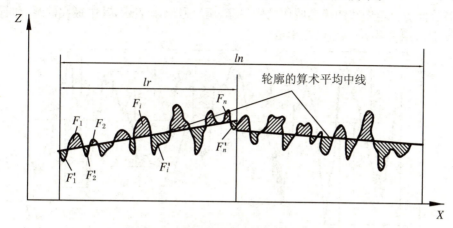

图 4.6　表面粗糙度轮廓的算术平均中线

4.2.2　评定参数

为了满足对零件表面不同的功能要求,国标 GB/T 3505—2009 规定的评定参数有幅度参数、间距参数、混合参数、曲线和相关参数。下面介绍几种常用的表面粗糙度轮廓评定参数。

1. 轮廓的算术平均偏差 Ra（幅度参数）

轮廓的算术平均偏差 Ra 是指在一个取样长度 lr 内,被评定轮廓上各点至中线的纵坐标值 $Z(x)$ 的绝对值的算术平均值,如图 4.7 所示。用公式表示为

$$Ra=\frac{1}{l}\int_0^{lr}|Z(x)|\mathrm{d}x \tag{4.1}$$

或近似表示为

$$Ra=\frac{1}{n}\sum_{i=1}^n|Z(x_i)|=\frac{1}{n}\sum_{i=1}^n|Z_i| \tag{4.2}$$

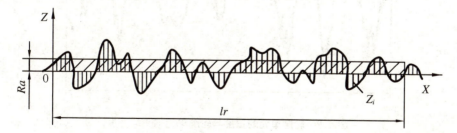

图 4.7　轮廓算术平均偏差 Ra

测得的 Ra 值越大,表面越粗糙。Ra 值能客观地反映表面微观几何形状误差,是通常采用的评定参数,一般用电动轮廓仪进行测量,测量方法比较简单。但因受到计量器具功能限制,不宜用作过于粗糙或太光滑表面的评定参数。

2. 轮廓的最大高度 Rz（幅度参数）

如图 4.8 所示,在一个取样长度范围内,轮廓上各个高极点至中线的距离叫作轮廓峰

高,用符号 Z_{pi} 表示,其中最大的距离叫作最大轮廓峰高,用符号 Rp 表示(图中 $Rp = Z_{p6}$);轮廓上各个低极点至中线的距离叫作轮廓谷深,用符号 Zv_i 表示,其中最大的距离叫作最大轮廓谷深 Rv,用符号 Rv 表示(图中 $Rv = Zv_2$)。

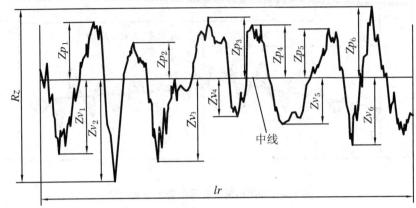

图 4.8　表面粗糙度轮廓的最大高度

轮廓的最大高度 Rz 是指在一个取样长度内,最大轮廓峰高 Rp 与最大轮廓谷深 Rv 之和,即

$$Rz = Rp + Rv \tag{4.3}$$

式中,Rp 和 Rv 均取绝对值。

3. 轮廓单元的平均宽度 Rsm(间距参数)

如图 4.9 所示,一个轮廓峰与相邻的轮廓谷的组合叫作轮廓单元,在一个取样长度范围内,中线与各个轮廓单元相交线段的长度称为轮廓单元的宽度,用符号 Xs_i 表示。

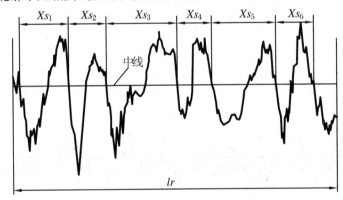

图 4.9　轮廓单元的宽度与轮廓单元的平均宽度

轮廓单元的平均宽度是指在一个取样长度内,所有轮廓单元宽度 Xs 的平均值,用符号 Rsm 表示,即

$$Rsm = \frac{1}{m}\sum_{i=1}^{m} Xs_i \tag{4.4}$$

4. 轮廓支承长度率 $Rmr(c)$(曲线及其相关参数)

如图 4.10 所示,轮廓支承长度率是指在给定水平截面高度 c 上轮廓的实体材料长度 $Ml(c)$ 与评定长度的比率。用公式表示为

$$Ml(c) = b_1 + b_2 + \cdots + b_i + \cdots b_n = \sum_{i=1}^{n} b_i \tag{4.5}$$

$$Rmr(c) = \frac{Ml(c)}{ln} = \frac{1}{ln}\sum_{i}^{n} b_i \tag{4.6}$$

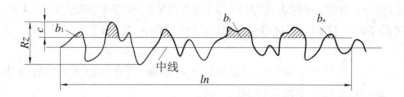

图 4.10 轮廓支承长度

轮廓的实体材料长度 $Ml(c)$ 是指在评定长度内,一平行于中线的直线从峰顶线向下移一截距 c 时,与轮廓相截所得各截线长度 b_i 之和。各截线属于形状特征参数,是对应于不同截距 c 给出的。当选用 $Rmr(c)$ 参数时,必须同时给出轮廓水平截距 c 的数值。水平截距 c 是从峰顶线开始计算的,可用 μm 或 Rz 的百分比表示。当 c 一定时,$Rmr(c)$ 值越大,则支撑能力和耐磨性越好。

轮廓支承长度率能直观地反映零件表面的耐磨性,对提高承载能力也具有重要的意义。在动配合中,轮廓支承长度率值大的表面,使配合面之间的接触面积增大,减少了摩擦损耗,延长零件的寿命。

间距参数 Rsm 与曲线及其相关参数 $Rmr(c)$,相对于基本参数而言,称为附加参数,只有零件表面有特殊使用要求时才选用。

4.3 表面粗糙度轮廓的评定参数及其参数值的选用

规定表面粗糙度轮廓的技术要求时,必须给出表面粗糙度轮廓幅度参数符号及允许值。必要时可规定轮廓其他评定参数、表面加工纹理方向、加工方法或(和)加工余量等附加要求。如果采用标准取样长度,则在图样上可以省略标注取样长度值。表面粗糙度轮廓的评定参数及允许值应根据零件的功能要求和经济性来选择。

4.3.1 评定参数的选用

国家标准规定涉及机械零件时,表面粗糙度轮廓评定参数大多数情况下可以只从高度特征评定参数——轮廓算术平均偏差 Ra 和轮廓最大高度 Rz 中选取,只有当幅度参数不能满足表面功能要求时才按需要选用附加参数——轮廓单元的平均宽度 Rsm 和轮廓支承长度率 $Rmr(c)$,且不能单独使用。如对涂镀性、冲压成形时抗裂纹、抗振、耐腐蚀性、密封性、流体流动摩擦阻力等有要求时,需加选 Rsm 来控制间距的细密度(如汽车外形薄钢板表面、电机电子硅钢片表面等);对表面的接触刚度和耐磨性有较高要求时,应加选 $Rmr(c)$ 来控制表面的微观形状特性。

选用幅度参数 Ra 或 Rz 时需注意：

(1) Ra 能充分反映零件表面微观几何形状特征，且测量方便，在常用数值范围内（Ra 为 0.025～6.3 μm，Rz 为 0.1～25 μm）时，国家标准推荐的首选参数为 Ra。

(2) Rz 是对被测轮廓峰和谷的最大高度的单一评定，不如 Ra 反映的几何特性全面，在测量均匀性较差的表面时尤其如此。但由于 Rz 的测量非常简单，对某些不允许出现较深加工痕迹常标注 Rz 参数；被测表面很小（如刀尖、刀尖的刃部等）时也常采用 Rz 参数；当材料较软时，测量 Ra 的仪器触针不但会划伤表面，测得的结果也不准确，此时也需采用 Rz 参数。

(3) 对易产生应力集中而导致疲劳破坏的敏感表面，可在选取 Ra 参数的基础上再选取 Rz 参数，使轮廓的最大高度也加以控制。

4.3.2 评定参数允许值的选择

表面粗糙度轮廓数值的选用原则是：在满足功能需求的前提下，尽量选用较大的表面粗糙度轮廓数值（$Rmr(c)$ 除外），以降低生产成本。

在具体设计过程中，通常采用类比法来选择参数值的大小，考虑的因素有如下几项：

(1) 同一零件上，工作面的粗糙度轮廓参数值应小于非工作面的粗糙度轮廓参数值。但对于特殊用途的非工作表面，如机械设备上的操作手柄表面，为了美观和手感舒适，其表面粗糙度轮廓参数值应予以特殊考虑。

(2) 摩擦表面比非摩擦表面的粗糙度轮廓参数值小，滚动摩擦表面比滑动摩擦表面的粗糙度轮廓参数值小。

(3) 相对运动速度高、单位面积压力大的表面，受交变应力作用的重要零件圆角、沟槽的表面粗糙度轮廓参数值要小。

(4) 配合精度要求高的配合表面（如间隙小的配合面）以及要求连接可靠、受重载的过盈配合面的粗糙度轮廓参数值要小些；配合性质要求越稳定，其配合表面的粗糙度轮廓值应越小。配合性质相同时，小尺寸结合面的粗糙度轮廓值应比大尺寸结合面小。

(5) 在确定表面粗糙度轮廓评定参数允许值时，应注意它与孔、轴尺寸的标准公差等级的协调。这可参考表 4.3 所列比例关系来确定。一般来说，孔、轴尺寸的标准公差等级越高，则该孔或轴的表面粗糙度轮廓参数值就应越小。对于同一标准公差等级的不同尺寸孔、轴，小尺寸的孔或轴的表面粗糙度轮廓参数值应比大尺寸的小一些，轴比孔的粗糙度轮廓参数值要小。

表 4.3 表面粗糙度轮廓幅度参数值与尺寸公差值、形状公差值的一般关系

形状公差 t 占尺寸公差 T 的百分比 $t/T(\%)$	表面粗糙度轮廓幅度参数占尺寸公差值的百分比	
	$Ra/T(\%)$	$Ra/t(\%)$
约 60	≤5	≤30
约 40	≤2.5	≤15
约 25	≤1.2	≤7

(6) 凡有关标准已经对表面粗糙度轮廓技术要求作出具体规定的特殊表面，如与滚动轴承配合的轴颈和外壳孔，应按该标准的规定来确定其粗糙度轮廓参数值。

(7) 防腐蚀性、密封性要求高,或外形要求美观的表面应选用较小的表面粗糙度轮廓参数值。

表 4.4、表 4.5 分别是 Ra,Rz,Rsm 和 $Rmr(c)$ 的参数值。具体确定粗糙度轮廓参数的允许值,除有特殊要求的表面外,通常采用类比法。表 4.6 列出了各种不同的表面粗糙度轮廓的表面特征、经济加工方法、应用实例,供选用时参考。

表 4.4 轮廓算术平均偏差 Ra、轮廓最大高度 Rz 和轮廓单元的平均宽度 Rsm 基本系列的数值

轮廓算术平均偏差 Ra(μm)			轮廓最大高度 Rz(μm)			轮廓单元平均宽度 Rsm(μm)		
0.012	0.4	12.5	0.025	1.6	100	0.006	0.1	1.6
0.025	0.8	25	0.05	3.2	200	0.0125	0.2	3.2
0.05	1.6	50	0.1	6.3	400	0.025	0.4	6.3
0.1	3.2	100	0.2	12.5	800	0.05	0.8	12.5
0.2	6.3		0.4	25	1600			
			0.8	50				

资料来源:摘自 GB/T 1031—2009。

表 4.5 轮廓的支承长度率 $Rmr(c)$ 的数值

$Rmr(c)$	10	15	20	25	30	40	50	60	70	80	90

注:选用轮廓的支承长度率参数时,应同时给出轮廓截面高度 c 值。它可用 μm 或 Rz 的百分数表示。Rz 的百分数系列如下:5%,10%,15%,20%,25%,30%,40%,50%,60%,70%,80%,90%。

资料来源:摘自 GB/T 1031—2009。

表 4.6 表面粗糙度轮廓的表面特征、经济加工方法及应用举例

表面微观特征		Ra(μm)	Rz(μm)	应用实例
粗糙表面	微见刀痕	>10~20	>63~125	半成品粗加工过的表面,非配合的加工表面,如轴端面、倒角、钻孔、齿轮皮带轮侧面、键槽底面、垫圈接触面、穿螺钉和铆钉的孔表面
半光表面	可见加工痕迹	>5~10	>32~63	轴上不安装轴承、齿轮的非配合表面,紧固件的自由装配表面,轴和孔的退刀槽
半光表面	微见加工痕迹	>2.5~5	>16.0~32	半精加工表面,箱体、支架、盖面、套筒等和其他零件结合而无配合要求的表面,需要发蓝的表面,需要滚花的预先加工面,主轴非接触的全部外表面等
半光表面	看不清加工痕迹	>1.25~2.5	>8.0~16.0	基面及表面质量要求较高的表面,中型机床(普通精度)工作台面,衬套、滑动轴承的压入孔,中等尺寸带轮、齿轮的工作面,低速转动的轴颈

续表

表面微观特征		$Ra(\mu m)$	$Rz(\mu m)$	应 用 实 例
光表面	可辨加工痕迹方向	>0.63~1.25	>4.0~8.0	中型机床(普通精度)滑动导滑面,导轨压板,圆柱销和圆锥销的表面,一般精度的分度盘,需镀铬抛光的外表面,中速转动的轴颈,定位销压入孔等
	微辨加工痕迹方向	>0.32~0.63	>2.0~4.0	中型机床(提高精度)滑动导轨面,滑动轴承轴瓦的工作表面,夹具定位元件和钻套的主要表面,曲轴和凸轮轴的轴颈的工作面,分度盘表面,高速工作下的轴颈及衬套的工作面等
	不可辨加工痕迹方向	>0.16~0.32	>1.0~2.0	精密机床主轴锥孔,顶尖圆锥面,直径小的精密心轴和转轴结合面,活塞的活塞销孔,要求气密的表面和支承面
极光表面	暗光泽面	>0.08~0.16	>0.5~1.0	精密机床主轴箱上与套筒配合的孔,仪器在使用中要求受摩擦的表面(例如导轨、槽面),液压传动用的孔的表面,阀的工作面,气缸内表面,活塞销的表面等
	亮光泽面	>0.04~0.08	>0.25~0.5	特别精密的滚动轴承套圈滚道、钢球及滚子表面,量仪中的中等精度间隙配合零件的工作表面,工作量规的测量表面等
	镜状光泽面	>0.02~0.04		特别精密的滚动轴承套圈滚道、钢球及滚子表面,高压油泵中的柱塞和柱塞套的配合表面,保证高度气密的配合表面
	雾状镜面	>0.01~0.02		仪器的测量表面,量仪中的高精度间隙配合零件的工作表面,尺寸超过 100 mm 的量块工作表面等
	镜面	<0.01		量块工作表面,高精度量仪的测量表面,光学量仪中的金属镜面等

4.4 表面粗糙度轮廓技术要求在零件图上的标注

表面粗糙度轮廓的评定参数及允许值和其他技术要求确定后,应按 GB/T 131—2006《产品几何技术规范(GPS)技术产品文件中表面结构的表示法》的规定,将表面粗糙度轮廓的技术要求正确地标注在零件图上。

4.4.1 表面粗糙度轮廓的图形符号

表面粗糙度轮廓的图形符号见表 4.7。

表 4.7 表面粗糙度图形符号

符 号	含 义
✓	基本图形符号,表示表面可用任何方法获得。仅用于简化代号标注,没有补充说明(例如,表面处理、局部热处理状况等)时不能单独使用
ⱱ	要求去除材料的扩展图形符号,表示表面是用去除材料的方法获得。例如,车、铣、钻、磨、剪切、抛光、腐蚀、电火花加工、气割等
ⱱ○	不去除材料的扩展图形符号,表示表面是用不去除材料的方法获得。例如,铸、锻、冲压变形、热轧、冷轧、粉末冶金等或者保持原供应状况的表面(包括保持上道工序状况的表面)
✓ⱱⱱ○	完整图形符号,用于对表面粗糙度轮廓有补充要求的标注。在报告和合同的文本中用文字表达左侧符号时,依次用 APA、MRR、NMR 表示
✓°ⱱ°ⱱ°○	完整图形符号上加一圆圈,标注在图样中工件的封闭轮廓线上,表示构成此封闭轮廓的各表面具有相同的表面粗糙度轮廓要求。如图 4.11 所示,图中的图形符号表示对图形中封闭轮廓的 6 个面有相同要求(不包括前后面)。如果标注会引起歧义时,各表面需分别标注

资料来源:摘自 GB/T 131—2006。

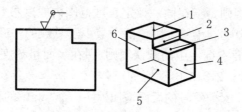

图 4.11 对周边各面有相同要求的注法

4.4.2 表面粗糙度轮廓技术要求的标注

1. 表面粗糙度各项技术要求在完整图形符号上的标注位置

表面粗糙度轮廓各项技术要求应标注在图 4.12 所示的指定位置上,此图为在去除材料的完整图形符号上的标注。

在完整图形符号周围注写技术要求称为表面粗糙度轮廓符号,简称粗糙度轮廓符号。在完整图形符号周围的各个指定位置上分别标注下列技术要求。

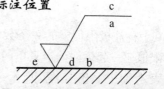

图 4.12 表面粗糙度轮廓完整图形符号上各项技术要求的标准位置

位置 a：标注幅度参数符号（Ra 或 Rz）及极限值（单位为 μm）和有关技术要求。在位置 a 依次标注下列各项技术要求的符号及相关数值：上、下限值符号，传输带数值/幅度参数符号，评定长度值，幅度参数极限值。

位置 b：标注附加评定参数的符号及相关数值（如 Rsm，其单位为 mm）。

位置 c：标注加工方法、表面处理、涂层或其他工艺要求，如车、磨、镀等加工表面。按图 4.13、图 4.14 和图 4.15 所示方法在完整符号中注明。

图 4.13　加工工艺和表面粗糙度要求的注法

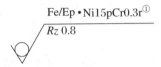

图 4.14　涂覆和表面粗糙度要求的注法

图 4.15　垂直与视图所在投影面的表面纹理方向的注法

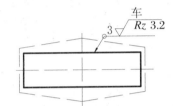

图 4.16　在表示完工零件的图样中给出加工余量的注法

位置 d：标注表面纹理。纹理方向符号如表 4.9 所示。标注实例如表 4.8 中"8"所示。

位置 e：标注加工余量（单位为 mm）。按图 4.16 所示方法在完整符号中注明。

2．极限值判断规则的标注

按 GB/T 10610—2009 的规定，根据表面粗糙度轮廓参数符号上给定的极限值，对实际表面进行检测后判断其合格性时，可以采用下列两种判断规则：

(1) 16%规则。16%规则是指在同一评定长度范围内幅度参数所有的实测值中，大于上限值的个数少于总数的16%，小于下限值的个数少于总数的16%，则认为合格。16%规则是表面粗糙度轮廓技术要求标注中的默认规则，即在表面粗糙度轮廓完整图形上省略标注。标注实例如表4.8中"1,2,3,5,6,8"所示。

(2) 最大规则。在幅度参数符号的后面增加标注一个"max"的标记，则表示检测时合格性的判断采用最大规则。它是指整个被测表面上幅度参数所有的实测值皆不大于上限值，才认为合格。如表4.8中，"4"所示为确认最大规则的上限值和默认16%规则的下限值的标注；"7"所示为确认最大规则的单个幅度参数值且默认为上限值的标注。

3．表面粗糙度轮廓极限值的标注

按 GB/T 131—2006 的规定，在完整图形符号上标注幅度参数值时，分为下列两种情况：

(1) 标注极限值中的一个数值且默认为上限值。在完整图形符号上，幅度参数的符号及极限值应一起标注。当只单向标注一个数值时，则默认其为幅度参数的上限值。标注实例如表4.8中"1,2,3,6,7"所示；当单向标注下极限值时，在传输带的前面加注符号"L"。标

---

① 粗糙度符号的含义是以 Fe 为基层进行电镀，Ni 镀层厚度大于 15 μm，并在表层进行装饰性镀多孔铬，厚度 0.3 μm 以上。

注实例如表 4.8 中"8"所示。

表 4.8 表面粗糙度轮廓完整图形符号示例

序号	符 号	含 义
1	▽ 0.008-0.8/Ra 3.2	表示去除材料,单向上限值,传输带 $\lambda s = 0.008$ mm,$\lambda c = lr = 0.8$ mm,表面粗糙度轮廓算术平均偏差 3.2 μm,评定长度为默认的 5 个取样长度,采用默认的"16%规则"
2	▽ -0.08/Ra 3 3.2	表示去除材料,单向上限值,传输带中的 λs 默认标准化值,$\lambda c = lr = 0.08$ mm,表面粗糙度轮廓算术平均偏差 3.2 μm,评定长度包含 3 个取样长度,采用默认的"16%规则"
3	▽ 0.0025-/Ra 3.2	表示去除材料,单向上限值,传输带 $\lambda s = 0.0025$ mm,λc 默认为标准化值。表面粗糙度轮廓算术平均偏差 3.2 μm,评定长度为默认的 5 个取样长度,采用默认的"16%规则"
4	◯ U Ra max 3.2 L Ra 0.8	表示不去除材料,双向极限值,两极限均使用默认传输带。表面粗糙度轮廓上限值:算术平均偏差 3.2 μm,评定长度为默认的 5 个取样长度,"最大规则";表面粗糙度轮廓下限值:算术平均偏差 0.8 μm,评定长度为默认的 5 个取样长度,采用默认的"16%规则"
5	▽ -0.8/Ra 1.6 U -2.5/Rz 12.5 L -2.5/Rz 3.2	表示去除材料,单向上极限和一个双向极限值。单向上限值:表面粗糙度轮廓算术平均偏差 1.6 μm,传输带 0.0025(默认标准化值)~0.8 mm,评定长度为默认的 5 个取样长度($5 \times 0.8 = 4$ mm),"16%规则";双向极限值:表面粗糙度轮廓最大高度上限值 12.5 μm,下限值 3.2 μm,上、下限极限传输带分别为 0.008(默认标准化值)~2.5 mm,0.0025(默认标准化值)~2.5 mm,上、下限极限评定长度均为 $5 \times 2.5 = 12.5$ mm,"16%规则"
6	◯ Rz 0.4	表示不去除材料,单向上限值,默认传输带,表面粗糙度轮廓最大高度 0.4 μm,评定长度为默认的 5 个取样长度,"16%规则"
7	▽ Rz max 0.2	表示去除材料,单向上限值,默认传输带,表面粗糙度轮廓最大高度的最大值 0.2 μm,评定长度为默认的 5 个取样长度,"最大规则"
8	▽ L 0.0025-/Ra 3.2 ⊥ Rsm 0.05	表示去除材料,单向下限值,传输带 $\lambda s = 0.0025$ mm,λc 默认为标准化值。表面粗糙度轮廓算术平均偏差 3.2 μm,评定长度为默认的 5 个取样长度,采用默认的"16%规则",附加间距参数 $Rsm = 0.05$ mm,加工纹理垂直于视图投影面

表 4.9 表面纹理的标注

符号	解释	示例	符号	解释	示例
=	纹理平行于视图所在的投影面		C	纹理呈近似同心圆与表面中心相关	
⊥	纹理垂直于视图所在的投影面		R	纹理呈近似放射状且与表面圆心相关	
×	纹理呈两斜向交叉且与视图所在投影面相交		P	纹理呈微粒凸起,无方向	
M	纹理呈多方向				

(2) 同时标注上、下限值。需要在完整图形符号上同时标注幅度参数上、下限值时,则应分成两行标注幅度参数符号和上、下限值。上限值标注在上方,并在传输带的前面加注符号"U"。下限值标注在下方,并在传输带的前面加注符号"L"。标注实例如表 4.8 中"5"所示;当传输带采用默认的标准化值而省略标注时,则在上方和下方幅度参数符号的前面加注"U"和"L",标注实例如表 4.8 中"4"所示。对某一表面标注幅度参数的上、下限值时,在不引起歧义的情况下可以不加写"U"和"L"。上、下极限值也可以用不同的参数代号和传输带表达。

(3) 传输带和取样长度、评定长度的标注。需要指定传输带时,传输带标注在幅度参数符号的前面,并用斜线隔开"/"。传输带用短波和长波滤波器的截止波长(mm)进行标注,短波滤波器 λs 在前,长波滤波器 λc 在后($\lambda c = lr$),它们之间用连字符"-"隔开。在某些情况下,对传输带只标注两个滤波器中的一个,另一个滤波器则采用默认的截止波长标准化值。对于只标注一个滤波器,应保留连字号"-"来区分是短波滤波器还是长波滤波器。标注实例如表 4.8 中"1,2,3,5,8"所示。

如果表面粗糙度轮廓完整图形符号上没有标注传输带,标注实例如表 4.8 中"4,6,7"所示,则表示采用默认传输带,即默认短波滤波器和长波滤波器的截止波长(λs 和 λc)皆为标准化值,则斜线"/"也不予注出。

评定长度值是用所包含的取样长度个数(阿拉伯数字)来表示的,如果默认为标准化值5(即 $ln = 5lr$),则省略标注,标注实例如表 4.8 中"1,3,4,5,6,7,8"所示;若需要制定评定长度时(在评定长度范围内的取样长度个数不等于5),应在幅度参数符号的后面注写取样长度的个数,为了避免误解,幅度参数符号、评定长度与幅度参数极限值之间应插入空格。标注实例如表 4.8 中"2"所示。

4.4.3 表面粗糙度轮廓要求在图样和其他技术产品文件中的标注方法

1. 一般规定

零件上任一表面粗糙度轮廓技术要求一般只标注一次,并且用在周围注写了技术要求的表面粗糙度轮廓完整图形符号,尽可能标注在注写了相应的尺寸及其极限偏差的同一视图上,除非另有说明,所标注的表面粗糙度轮廓技术要求是对完工零件表面的要求。表面粗糙度轮廓符号上的各种代号和数字的注写及读取方向应与尺寸的注写及读取方向一致。并且表面粗糙度轮廓符号的尖端必须从材料外指向并接触零件表面。

为了使图例简单,下述各个图例中的表面粗糙度轮廓符号上都只标注了幅度参数符号及上限值,其余的技术要求采用默认的标准化值。

2. 常规标注方法

(1) 表面粗糙度轮廓符号可以标注在轮廓线上或其延长线、尺寸界线上,也可以用带箭头的指引线或用带黑端点的指引线引出标注,如图 4.17 所示。

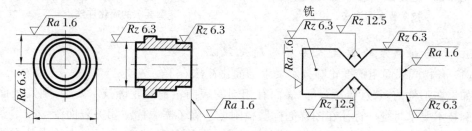

图 4.17 表面粗糙度轮廓符号的注写方向

(2) 在不引起误解的前提下,表面粗糙度轮廓符号可以标注在给定的尺寸线上。如图 4.18 所示,表面粗糙度轮廓符号标注在孔、轴直径定形尺寸线上和键槽的宽度定形尺寸的尺寸线上。

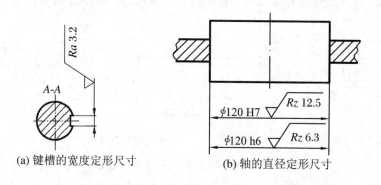

图 4.18 表面粗糙度轮廓要求标注在特征尺寸的尺寸线

(3) 表面粗糙度轮廓要求可标注在形位公差框格的上方,如图 4.19 所示。

(4) 圆柱和棱柱表面的表面结构要求只标注一次。如果每个棱柱表面有不同的表面结构要求,则应分别单独标注,如图 4.20 所示。

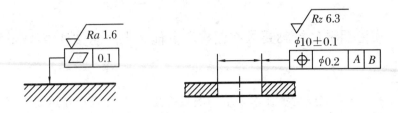

图 4.19 表面粗糙度轮廓要求标注在形位公差框格上方

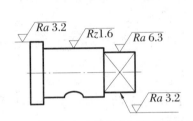

图 4.20 圆柱和棱柱的表面粗糙度轮廓技术要求的注法

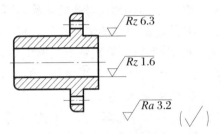

图 4.21 大多数表面有相同表面粗糙度轮廓要求的简化注法

3. 表面粗糙度轮廓技术要求的简化注法

(1) 有相同表面粗糙度轮廓技术要求的简化注法。

如果在工件的多数(包括全部)表面有相同的表面粗糙度轮廓技术要求,则其表面粗糙度轮廓技术要求可统一标注在图样的标题栏附近。除了需要标注相关表面统一技术要求的表面粗糙度轮廓符号以外,还需要在其右侧画出一个圆括号,在这个括号内给出基本图形符号。标注示例见图 4.21 所示;不同的表面粗糙度轮廓技术要求应直接标注在图形中。

(2) 多个表面有共同要求的注法。

当零件的几个表面具有相同的表面粗糙度轮廓技术要求,但表面粗糙度轮廓符号直接标注受到空间的限制时,可以用基本图形或只带字母的完整符号标注在这些表面上,而在图形或标题栏附近以等式标注相应的表面粗糙度轮廓符号,如图 4.22 所示。

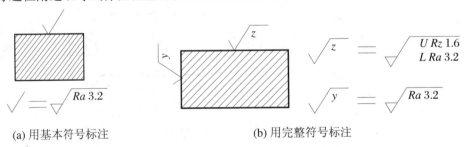

(a) 用基本符号标注　　　　　　(b) 用完整符号标注

图 4.22 用带字母的完整符号的简化注法

习 题 4

1. GB/T 1031—2009 规定的表面粗糙度轮廓评定参数有哪些?哪些是基本参数?哪些是附加参数?

2. 评定表面粗糙度轮廓时，为什么要规定取样长度？有了取样长度，为什么还要规定评定长度？

3. 按下列要求在图 4.23 上标注表面粗糙度要求：

(1) 用任何方法加工圆柱面 ϕd_1，Ra 下限值为 $3.2~\mu m$。

(2) 用去除材料的方法获得孔 ϕd_2，Ra 上限值为 $3.2~\mu m$。

(3) 用去除材料的方法获得表面 A，Rz 最大值为 $3.2~\mu m$。

(4) 其余表面用去除材料的方法获得，Ra 允许值为 $25~\mu m$。

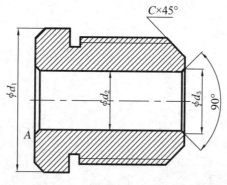

图 4.23

4. 一般情况下，$\phi 60H6$ 孔和 $\phi 30H6$ 孔相比较，$\phi 50H7/k6$ 与 $\phi 50H7/g6$ 中的两孔相比较，圆柱度公差分别为 $0.01~mm$ 和 $0.02~mm$ 的两个 $\phi 40H7$ 孔相比较，哪个孔应选用较小的表面粗糙度轮廓幅度参数值？

第 2 部分

典型零件几何量精度设计

第 5 章　滚动轴承与孔、轴配合的精度设计

滚动轴承是现代机器中得到广泛应用的作为一种传动支撑的标准部件,具有通用性强、标准化、系列化程度高等特性。它是依靠主要元件间的滚动接触来支承转动零件的,与滑动轴承相比,滚动轴承具有摩擦系数小、消耗功率低、润滑较简单、启动容易以及更换方便等特点。

滚动轴承的基本结构如图 5.1 所示,一般由外圈、内圈、一组滚动体(钢球或滚子)和一个保持架组成。公称内径为 d 的轴承内圈与轴颈配合,公称外径为 D 的轴承外圈与外壳孔配合。通常,内圈与轴颈一起旋转,外圈与外壳孔固定不动。但也有些机器的部分结构中要求外圈与外壳孔一起旋转,而内圈与轴颈固定不动。滚动体是承载并使轴承形成滚动摩擦的元件,它们的尺寸、形状和数量由承载能力和负荷方向等因素决定。保持架的作用是将轴承内滚动体均匀地分开,每个滚动体轮流承受相等的载荷,并使滚动体在轴承内、外圈滚道间正常滚动。

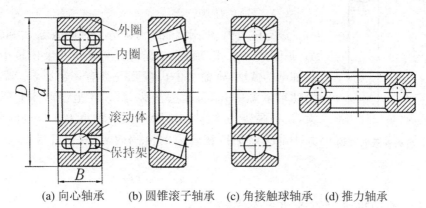

(a) 向心轴承　(b) 圆锥滚子轴承　(c) 角接触球轴承　(d) 推力轴承

图 5.1　滚动轴承

滚动轴承的结构类型很多,在 GB/T 27—2008《滚动轴承 分类》中作了规定。按承受负荷的方向,滚动轴承分为主要承受径向负荷的向心轴承和承受轴向负荷的推力轴承。滚动轴承按滚动体的不同,又分为球轴承和滚子轴承等,如图 5.1 所示。滚动轴承与孔、轴配合的精度设计是指正确确定滚动轴承内圈与轴颈的配合、外圈与外壳孔的配合以及轴颈和外壳孔的尺寸公差带、形位公差和表面粗糙度轮廓幅度参数值,以保证滚动轴承的工作性能和使用寿命。

为了实现滚动轴承及其相配件的互换性,正确进行滚动轴承的公差与配合设计,我国发布了 GB/T 307.1—2005《滚动轴承 向心轴承 公差》、GB/T 307.3—2005《滚动轴承 通用技术规则》和 GB/T 275—1993《滚动轴承与轴和外壳的配合》等国家标准。

5.1 滚动轴承的互换性和公差等级

5.1.1 滚动轴承的互换性

根据滚动轴承的结构及制造特点,其具有两方面的互换性要求,一方面是本身制造时各组成零件的互换性要求,另一方面是滚动轴承作为部件与其他配件结合时的互换性要求。为了便于在机器上安装轴承和更换新轴承,轴承内圈内孔和外圈外圆柱面与其他孔、轴配合采用完全互换性。由于滚动轴承为高精度部件,考虑到降低加工成本,对滚动轴承内部四个组成部分的配合采用不完全互换,分组装配。

5.1.2 滚动轴承的使用要求

滚动轴承工作时应保证其工作性能,必须满足下列两项要求:

(1) 必要的旋转精度。

轴承工作时轴承的内、外圈和端面的跳动应控制在允许的范围内,以保证传动零件的回转精度。

(2) 合适的游隙。

滚动体与内、外圈之间的游隙分为径向游隙 δ_1 和轴向游隙 δ_2(见图 5.2)。滚动轴承的游隙是轴承的重要质量指标之一,对轴承的振动、寿命和主机精度等都有一定影响。游隙过小,滚动轴承温度升高,无法正常工作,甚至滚动体卡死;游隙过大,设备振动大,滚动轴承噪声大。轴承工作时这两种游隙的大小都应该保持在合适的范围内,以保证正常运转,使用寿命长。

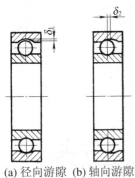

(a) 径向游隙　(b) 轴向游隙

图 5.2　滚动轴承的游隙

5.1.3 滚动轴承的公差等级及其应用

1. 滚动轴承的公差等级

滚动轴承的公差等级由轴承的尺寸公差和旋转精度决定。前者是指轴承内径 d、外径 D、宽度 B 等的尺寸公差。后者是指轴承内、外圈作相对转动时跳动的程度,包括成套轴承内、外圈的径向跳动,成套轴承内、外圈端面对滚道的跳动,内圈基准端面对内孔的跳动等。

根据 GB/T 307.3—2005,按滚动轴承尺寸公差和旋转精度,向心轴承分为 2,4,5,6,0 五个公差等级,它们依次由高到低,2 级最高,0 级最低。圆锥滚子轴承分为 4,5,6X,0 四个公差等级;推力轴承分为 4,5,6,0 四个公差等级。6X 轴承与 6 级轴承的内径公差、外径公差和径向跳动公差均分别相同,仅前者装配宽度要求较为严格。各个公差等级滚动轴承的等级代号见表 5.1 所示。

表 5.1 各个公差等级滚动轴承的等级代号

精度代号	含 义	示 例	备 注
/P0	0级,代号省略不标	6204	深沟球轴承轻系列0级精度
/P6	6级	N2210/P6	单列圆柱滚子轴承6级精度
/P6X	6X级	30210/P6X	圆锥滚子轴承6X级精度
/P5	5级	6204/P5	深沟球轴承轻系列5级精度
/P4	4级	5203	推力球轴承4级精度
/P2	2级	6204/P2	深沟球轴承轻系列2级精度

2. 各个公差等级的滚动轴承的应用

各个公差等级的滚动轴承的应用范围参见表 5.2。

表 5.2 各个公差等级的滚动轴承的应用范围

轴承公差等级	应 用 示 例
0级(普通级)	在机械工程中应用最广。它应用于旋转精度不高、中等负荷、中等转速的一般机构中,如普通电机、水泵、压缩机、减速器的旋转机构,普通机床、汽车、拖拉机的变速机构等
6级、6X级(中级) 5级(较高级)	多用于旋转精度和运转平稳性要求较高或转速较高的旋转机构中,如普通机床主轴轴系(前支承采用5级,后支承采用6级)和比较精密的仪器、仪表、机械的旋转机构
4级(高级)	多用于转速很高或旋转精度要求很高的机床和机器的旋转机构中,如高精度磨床和车床、精密螺纹车床和齿轮磨床等的主轴轴系;航海陀螺仪、高速摄影机等
2级(精密级)	多用于旋转精度高、转速很高和严格控制噪声、振动的旋转机构中,如精密坐标镗床、高精度齿轮磨床和数控机床等的主轴轴系,高精度仪器和高转速机构中使用的轴承等

5.2 滚动轴承及与其相配合轴颈、外壳孔的公差带

5.2.1 滚动轴承内、外径公差带的特点

滚动轴承内圈与轴颈的配合应采用基孔制,外圈与外壳孔的配合应采用基轴制。

GB/T 307.1—2005 规定:内圈基准孔公差带位于以公称内径 d 为零线的下方,且上偏差为零(见图5.3)。这种特殊的基准孔公差带不同于 GB/T 1800.1—2009 中基本偏差代号为 H 的基准孔公差带。

滚动轴承公差带采用这种分布主要是考虑配合的特殊需要。因为滚动轴承作为传动轴的支承件,在多数情

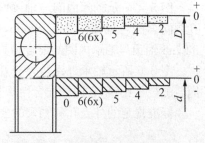

图 5.3 滚动轴承内、外径公差带

况下内圈随着轴一起旋转,工作时承受一定的扭矩或轴向力,加上一般有同轴度要求,另外,还要考虑拆装和装配的方便,所以过盈不宜过大。假如轴承内径的公差带与一般基孔制一样,位于零线的上方,当从 GB/T 1801—2009 国标规定的配合种类中选择过盈配合,往往过盈量偏大,使薄壁的内圈产生较大变形,即内圈弹性膨胀和外圈收缩,使得滚动体和滚道之间的游隙减小甚至为零,从而影响轴承机构的正常工作。假如从过渡配合类中选,又因其不具有保证过盈,必须附加紧固件才能固紧,而轴承使薄壁套圈无法实现这一要求。如果采用非标准配合,又违反了标准化和互换性原则。为此,将滚动轴承内径公差带位于以公称内径 d 为零线的下方,当其与从 GB/T 1800.1—2009 中的轴常用公差带中选取的 k6,m6,n6 等组成配合时,其过盈量比原有过盈配合的过盈量稍小,既可以防止内圈与轴颈的配合面相对滑动,又可以避免它们的配合面产生磨损,保证轴承的工作性能,满足轴承内圈和轴颈的配合要求,同时还可以按标准设计与制造相应的轴。

轴承外圈安装在机器外壳孔中。机器工作时,温度升高会使轴热膨胀。若外圈不旋转,则应使外圈与外壳孔的配合稍微松一点,以便能够补偿轴热膨胀产生的微量伸长,允许轴连同轴承一起轴向移动。否则轴会弯曲,轴承内、外圈之间的滚动体就有可能卡死。GB/T 307.1—2005 规定:轴承外圈外圆柱面公差带位于以公称外径 D 为零线的下方,且上偏差为零(见图 5.3)。该公差带的基本偏差与一般基轴制配合的基准轴的公差带的基本偏差(其代号为 h)相同,但这两种公差带的公差数值不相同。因此,外壳孔公差带从 GB/T 1800.1—2009 中的孔常用公差带中选取,它们与轴承外圈外圆柱面公差带形成的配合,基本上保持 GB/T 1801—2009 中同名配合的配合性质。

薄壁零件型的轴承内、外圈无论在制造过程中或在自由状态下都容易变形。但是,当轴承与刚性零件轴、箱体的具有正确几何形状的轴颈、外壳孔装配后,这种变形容易得到矫正。因此,GB/T 307.1—2005 规定,在轴承内、外圈任一横截面内测得内孔、外圆柱面的最大与最小直径的平均值对公称直径的实际偏差分别在内、外径公差带内,就认为合格。

5.2.2 与滚动轴承配合的轴颈、外壳孔公差带

由于滚动轴承内圈内径和外圈外径的公差带在生产轴承时已经确定,因此在使用轴承时,内圈与轴颈和外圈与外壳孔的配合所要求的配合性质必须分别由轴颈和外壳孔的公差带确定。为了实现各种松紧程度的配合性质要求,GB/T 275—1993 规定了 0 级和 6 级轴承与轴颈和外壳孔配合时轴颈和外壳孔的常用公差带。该国标对轴颈规定了 17 种公差带(见图 5.4),对外壳孔规定了 16 种公差带(见图 5.5)。这些公差带分别选自 GB/T 1800.1—2009 中的轴、孔公差带。

图 5.4 所示轴承内圈与轴颈两者公差带所组成配合的性质比 GB/T 1801—2009 中基孔制同名配合偏紧一些。h5,h6,h7,h8 轴颈与轴承内圈的配合为过渡配合,k5,k6,m5,m6,n6 轴颈与轴承内圈的配合为具有小过盈的配合,其余配合也有所偏紧。

图 5.5 所示轴承外圈与外壳孔两者公差带组成的配合与 GB/T 1801—2009 中基轴制同名配合相比较,它们的配合性质基本一致。

标准规定的外壳孔和轴颈的公差带适用范围如下:

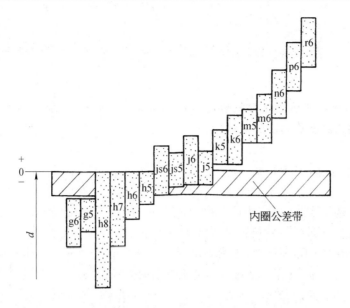

图 5.4 与滚动轴承配合的轴颈的常用公差带

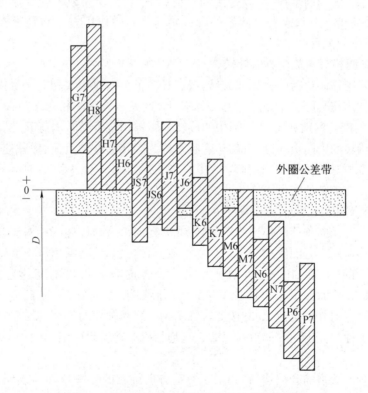

图 5.5 与滚动轴承配合的外壳孔的常用公差带

(1) 应用于实心或厚壁钢制轴。
(2) 外壳孔材料应为铸钢或铸铁。
(3) 对轴承的旋转精度和运转平稳性无特殊要求。
(4) 轴承的工作温度一般不应超过 100℃ 的场合。

5.3 滚动轴承与轴颈、外壳孔配合的精度设计

滚动轴承与轴颈、外壳孔配合的精度设计包括三个方面：确定轴颈及外壳孔的公差带、几何公差和表面粗糙度轮廓幅度参数值。

5.3.1 配合选用的依据

正确合理地选用滚动轴承与轴颈和外壳孔的配合，对保证机器正常运转、提高轴承的寿命有很大的好处。根据在各种机械产品中使用轴承的经验，如配合不当，不仅影响正常运转，还会降低轴承的使用寿命。由于滚动轴承内孔和外圆柱面的公差带在生产轴承时已经确定，因此，轴承与轴颈、外壳孔的配合的选择就是确定轴颈和外壳孔的公差带。选择时应考虑以下几个主要因素。

1. 负荷类型

作用在轴承上的径向负荷，可以是定向负荷（如带轮的拉力或齿轮的作用力）或旋转负荷（如机件的转动离心力），或者是两者的合成负荷。它的作用方向与轴承套圈（内圈或外圈）存在着以下三种关系。

(1) 轴承套圈相对于负荷方向旋转。

当套圈相对于径向负荷的作用线旋转，或者径向负荷的作用线相对于套圈旋转时，该径向负荷就依次作用在套圈整个滚道的各个部位上，这表示该套圈相对于负荷方向旋转。例如图5.6(a)中的旋转内圈和图5.6(b)中的旋转外圈皆相对于径向负荷 F_r 方向旋转，前者的运转状态称为旋转的内圈负荷，后者的运转状态称为旋转的外圈负荷，像减速器转轴两端的滚动轴承的内圈相对于负荷方向旋转，如汽车、拖拉机车轮轮毂中滚动轴承的外圈，都是套圈相对于负荷方向旋转的实例。

(2) 轴承套圈相对于负荷方向固定。

当套圈相对于径向负荷的作用线不旋转，或者径向负荷的作用线相对于套圈不旋转时，该径向负荷始终作用在套圈滚道的某一局部区域上，这表示该套圈相对于负荷方向固定。

例如图5.6的(a)和(b)所示，轴承承受一个方向和大小均不变的径向负荷 F_r，图5.6(a)中的不旋转外圈和图5.6(b)中的不旋转内圈都相对于径向负荷 F_r 方向固定，前者的运转状态称为固定的外圈负荷，如减速器转轴两端的滚动轴承的外圈相对于负荷方向固定；后者的运转状态称为固定的内圈负荷，如汽车、拖拉机车轮轮毂中滚动轴承的内圈相对于负荷方向固定。

为了保证套圈滚道的磨损均匀，相对于负荷方向旋转的套圈与轴颈或外壳孔的配合应保证它们能固定成一体，以避免它们产生相对滑动，从而实现套圈滚道均匀磨损。相对于负荷方向固定的套圈与轴颈或外壳孔的配合应稍松些，以便在摩擦力矩的带动下，它们可以作非常缓慢的相对滑动，从而避免套圈滚道局部磨损。这样选择配合就能提高轴承的使用寿命。

(3) 轴承套圈相对于负荷方向摆动。

当大小和方向按一定规律变化的合成径向负荷依次往复地作用在套圈滚道的一段区域

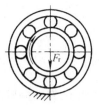 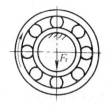  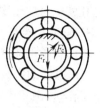

(a) 旋转的内圈负荷和　　(b) 固定的内圈负荷和　　(c) 旋转的内圈负荷和　　(d) 内圈承受摆动负荷
　　固定的外圈负荷　　　　　旋转的外圈负荷　　　　外圈承受摆动负荷　　　　和旋转的外圈负荷

图 5.6　轴承套圈相对于负荷方向的运转状态

上时,这表示该套圈相对于负荷方向摆动。例如,图 5.6 的(c)和(d)所示,套圈承受一个大小和方向均固定的径向负荷 F_r 和一个旋转的径向负荷 F_c,两者合成的径向负荷的大小将由小逐渐增大,再由大逐渐减小,周而复始地周期性变化,这样的径向负荷称为摆动负荷。参看图 5.7,当 $F_r > F_c$ 时,按照向量合成的平行四边形法则,F_r 与 F_c 的合成负荷 F 就在滚道 AB 区域内摆动。因此,不旋转的套圈相对于负荷 F 的方向摆动,而旋转的套圈相对于负荷 F 的方向旋转。前者的运转状态称为摆动的套圈负荷。

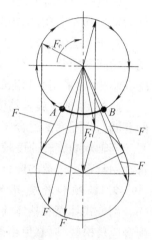

图 5.7　摆动负荷

如果 $F_r < F_c$,则 F_r 与 F_c 的合成负荷 F 沿整个滚道圆周变动,因此,不旋转的套圈就相对于合成负荷的方向旋转,而旋转的套圈则相对于合成负荷的方向摆动。后者的运转状态称为摆动的套圈负荷。

总之,轴承套圈相对于负荷方向的运转状态不同,该套圈与轴颈或外壳孔的配合的松紧程度也应不同。

当套圈相对负荷方向旋转时,该套圈与轴颈或外壳孔的配合应较紧,一般选用具有小过盈的配合或过盈概率大的过渡配合。

当套圈相对于负荷方向固定时,该套圈与轴颈或外壳孔的配合应稍松些,一般选用具有平均间隙较小的过渡配合或具有极小间隙的间隙配合。

当套圈相对于负荷方向摆动时,该套圈与轴颈或外壳孔的配合的松紧程度,一般与套圈相对负荷方向旋转时选用的配合相同或稍松一些。

2. 负荷的大小

轴承与轴颈、外壳孔的配合的松紧程度跟负荷的大小有关。对于向心轴承,GB/T 275—1993 按其径向当量动负荷 P_r 与径向额定动负荷 C_r 的比值将负荷状态分为轻负荷、正常负荷和重负荷三类,见表 5.3。

表 5.3　向心轴承负荷状态分类

负荷状态	轻负荷	正常负荷	重负荷
P_r/C_r	≤0.07	>0.07～0.15	>0.15

P_r 和 C_r 的数值分别由计算公式求出和轴承产品样本查出。

轴承在重负荷作用下,套圈容易产生变形,这会使该套圈与轴颈或外壳孔配合的实际过盈减小而引起松动,影响轴承的工作性能。因此,承受轻负荷、正常负荷、重负荷的轴承与轴颈或外壳孔的配合应依次越来越紧。

3. 轴承的工作条件

主要考虑轴承的工作温度、旋转精度和旋转速度对配合的影响。

(1) 工作温度的影响。

轴承工作时,由于摩擦发热和其他热源的影响,套圈的温度会高于相配件的温度。内圈的热膨胀会引起它与轴颈的配合变松,而外圈的热膨胀则会引起它与外壳孔的配合变紧。因此,轴承工作温度高于100 ℃时,应对所选择的配合作适当的修正。

(2) 旋转精度和旋转速度的影响。

因机械要求有较高的旋转精度时,相应地要选较高精度等级的轴承,因此,与轴承相配合的轴颈和外壳孔,也要选择较高精度的标准公差等级。

对于承受负荷较大且要求较高旋转精度的轴承,为了消除弹性变形和振动的影响,应避免采用间隙配合。而对一些精密机床的轻负荷轴承,为了避免孔和轴的形状误差对轴承精度的影响,常采用有间隙的配合。

此外,当轴承旋转精度要求较高时,为了消除弹性变形和振动的影响,不仅受旋转负荷的套圈与相配件的配合应选得紧些,就是套圈相对于负荷方向固定也应紧些。

当轴承的旋转速度较高,又在冲击振动负荷下工作时,轴承与轴颈、外壳孔的配合最好都选用具有小过盈的配合或较紧的配合。

4. 轴颈和外壳孔的结构与材料

剖分式外壳和整体外壳上的轴承孔与轴承外圈的配合的松紧程度应有所不同,前者的配合应稍松些,以避免箱盖和箱座装配时夹扁轴承外圈。当轴承安装在薄壁外壳、轻合金外壳或薄壁的空心轴上时,为了保证轴承工作有足够的支承刚度和强度,所采用的配合,应比装在厚壁外壳、铸铁外壳或实心轴上紧些。

5. 轴承的安装和拆卸的影响

为了轴承安装与拆卸的方便,宜采用较松的配合,特别是对重型机械所采用的大型轴承,这点尤为重要。当需要采用过盈配合时,可采用分离型轴承或内锥带锥孔的紧定套或退卸套的轴承。综上所述,选择滚动轴承与轴颈和外壳孔配合,需考虑的因素较多,在实际设计中常采用类比法。

5.3.2 轴颈、外壳孔公差带的选用

轴颈与外壳孔的标准公差等级与轴承本身公差等级密切相关,与0级、6级轴承配合的轴颈一般取IT6,外壳孔一般取IT7。对旋转精度和运转平稳有较高的要求的工作条件,轴颈取IT5,外壳孔取IT6。与5级轴承配合的轴颈和外壳孔均取IT6,要求高的场合取IT5;与4级轴承配合的轴颈取IT5,外壳孔取IT6,要求更高的场合,轴取IT4,外壳孔取IT5。GB/T 275—93《滚动轴承与轴和外壳的配合》列出了与滚动轴承配合的轴颈和外壳孔尺寸公差带可供具体设计选用时参考。

轴承游隙为0组游隙,轴为实心或厚壁空心钢制轴,外壳孔为铸钢或铸铁件,轴承的工作温度不超过100 ℃时,确定向心轴承配合的轴颈和外壳孔的尺寸公差带可分别根据表5.4和表5.5进行选择。

表 5.4　与向心轴承配合的轴颈的公差带

圆 柱 孔 轴 承

运转状态		负荷状态	深沟球轴承、调心轴承和角接触轴承	圆柱滚子轴承和圆锥轴承	调心滚子轴承	公差带
说明	举例		轴承公差内径(mm)			
循环负荷及摆动负荷	一般通用机械、电动机、机床主轴、泵、内燃机、正齿轮传动装置、铁路机车车辆槽、破碎机等	轻负荷	≤18 >18~100 >100~200	— ≤40 >40~140 >140~200	— ≤40 >40~100 >100~200	h5 j6① k6① m6①
		正常负荷	≤18 >18~100 >100~140 >140~200 >200~280 — —	— ≤40 >40~100 >100~140 >140~200 >200~400 —	— ≤40 >40~65 >65~100 >100~140 >140~280 >280~500	j5,js6 k5② m5② m6 n6 p6 r6
		重负荷	— — —	>50~140 >140~200 >200 —	>50~100 >100~140 >140~200 >200	n6③ p6 r6 r7
局部负荷	静止轴上的各种轮子,张紧轮、绳轮、振动筛、惯性振动器	所有负荷				f6 g6 h6 j6
仅有轴向负荷			所有尺寸			j6,js6

圆 锥 孔 轴 承

所有负荷	铁路机车车辆轴箱	装在推卸套上的所有尺寸	h8
	一般机械传动	装在紧定套上的所有尺寸	h9

注：① 对精度有较高要求的场合,应该选用 j5,k5,m5,f5 以分别代替 j6,k6,m6,f6。
② 圆锥滚子轴承、角接触轴承配合对游隙的影响不大,可以选用 k6,m6 分别代替 k5,m5。
③ 重负荷下轴承游隙应选用大于 0 组的游隙。

表 5.5 与向心轴承配合的外壳孔的公差带

运转状态		负荷状态	其他状态		尺寸公差带[①]	
说明	举例				球轴承	滚子轴承
固定的外圈负荷	一般机械、铁路机车车辆轴箱、电动机、泵、曲轴主轴承	轻、正常、重负荷	轴向容易移动	轴处于高温下工作	G7	
				采用剖分式外壳	H7	
		冲击负荷	轴向能移动,采用整体式或剖分式外壳		J7,JS7	
摆动负荷		轻、正常负荷				
		正常、重负荷			K7	
		冲击负荷			M7	
旋转的外圈负荷	张紧滑轮、轮毂轴承	轻负荷	轴向不移动,采用整体式外壳		J7	K7
		正常负荷			K7,M7	M7,N7
		重负荷			—	N7,P7

[①] 并列尺寸公差带随尺寸的增大从左至右选择;对旋转精度要求较高时,可相应提高一个标准公差等级。

5.3.3 轴颈和外壳孔的几何公差与表面粗糙度轮廓幅度参数值的确定

轴颈和外壳孔的尺寸公差带确定以后,为了保证轴承的工作性能,还应对它们分别确定几何公差和表面粗糙度轮廓幅度参数值,这可参照表 5.6、表 5.7 选取。

表 5.6 轴颈和外壳孔的几何公差

公称尺寸 (mm)	圆柱度 t				端面圆跳动 t_1			
	轴 颈		外 壳 孔		轴 肩		外壳孔肩	
	轴承公差等级							
	0 级	6(6X)级	0 级	6(6X)级	0 级	6(6X)级	0 级	6(6X)级
	公 差 值(μm)							
>18~30	4.0	2.5	6	4.0	10	6	15	10
>30~50	4.0	2.5	7	4.0	12	8	20	12
>50~80	5.0	3.0	8	5.0	15	10	25	15
>80~120	6.0	4.0	10	6.0	15	10	25	15
>120~180	8.0	5.0	12	8.0	20	12	30	20
>180~250	10.0	7.0	14	10.0	20	12	30	20

资料来源:摘自 GB/T 275—1993。

表 5.7 轴颈和外壳孔的表面粗糙度轮廓 Ra 值

轴颈或外壳孔的直径(mm)	轴颈或外壳孔的公差等级					
	IT7		IT6		IT5	
	Ra 值(μm)					
	磨	车(镗)	磨	车(镗)	磨	车(镗)
≤80	≤1.6	≤3.2	≤0.8	≤1.6	≤0.4	≤0.8
>80～500	≤1.6	≤3.2	≤1.6	≤3.2	≤0.8	≤1.6
端面	≤3.2	≤6.3	≤3.2	≤6.3	≤1.6	≤3.2

资料来源:摘自 GB/T 275—1993。

如果轴颈或外壳孔存在较大的形状误差,则轴承与它们安装后,套圈会产生变形而不圆,因此必须对轴颈和外壳孔规定严格的圆柱度公差。轴的轴颈肩部和外壳上轴承孔的端面是安装滚动轴承的轴向定位面,若它们存在较大的垂直度误差,则滚动轴承与它们安装后,轴承套圈会产生歪斜,因此应规定轴颈肩部和外壳孔端面对基准轴线的端面圆跳动公差。第十章图 10.2 为减速器的输入轴的零件图,其上对轴颈表面标注了尺寸及其公差代号、几何公差和表面粗糙度轮廓技术要求。

5.3.4 滚动轴承与孔、轴配合的精度设计举例

现以第一章图 1.1 所示圆柱齿轮减速器输出轴上的深沟球轴承为例,说明如何确定与该轴承配合的轴颈和外壳孔的各项公差及它们在图样上的标注方法。

例 已知减速器的功率为 6.91 kW,输出轴转速为 44.4 r/min,其两端的轴承为 6212 深沟球轴承($d = 60$ mm, $D = 95$ mm)。从动齿轮的齿数 $z_4 = 104$,法向模数 $m = 2.5$ mm,标准压力角 $\alpha_n = 20°$。试确定轴颈和外壳孔的公差带代号(尺寸上、下极限偏差)、几何公差值和表面粗糙度轮廓幅度参数值,并将它们分别标注在装配图和零件图上。

解:

(1) 本例的减速器属于一般机械,轴的转速不高,所以选用 0 级轴承。

(2) 该轴承承受定向的径向负荷的作用,内圈与轴一起旋转,外圈安装在剖分式外壳的轴承孔中,不旋转。因此,内圈相对于负荷方向旋转,它与轴颈的配合应较紧;外圈相对于负荷方向固定,它与外壳孔的配合应较松。

(3) 按照该轴承的工作条件,由《机械设计》教材和《机械工程手册》一书第 29 篇"轴承"的计算公式,并经计量单位换算,求得该轴承的径向当量动负荷 P_r 为 2825 N,查得 6212 轴承的径向额定动负荷 C_r 为 47800 N,所以 $P_r/C_r = 0.059$,小于 0.07。故该轴承负荷状态属于轻负荷。此外,减速器工作时该轴承有时承受冲击负荷。

(4) 按轴承工作条件,从表 5.4、表 5.5 分别选取轴颈公差带为 ϕ60k6(基孔制配合),外壳孔公差带为 ϕ95J7(基轴制配合)。

(5) 按表 5.6 选取几何公差值:轴颈圆柱度公差 0.005 mm,轴颈肩部的轴向圆跳动公差 0.015 mm;外壳孔圆柱度公差 0.01 mm。

(6) 按表 5.7 选取轴颈和外壳孔的表面粗糙度轮廓幅度参数值:轴颈 Ra 的上限值为 0.8 μm,轴颈肩部 Ra 的上限值为 3.2 μm;外壳孔 Ra 的上限值为 3.2 μm。

(7) 将确定好的上述各项公差标注在图样上,见图 5.10。由于滚动轴承是外购的标准

部件,因此,在装配图上只需注出轴颈和外壳孔的公差带代号。

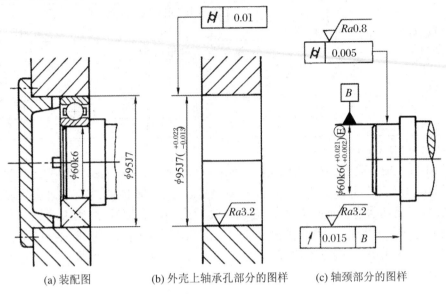

(a) 装配图 (b) 外壳上轴承孔部分的图样 (c) 轴颈部分的图样

图 5.8 轴颈和外壳孔公差在图样上标注示例

习 题 5

1. 滚动轴承有几级精度？各适用于什么场合？
2. 滚动轴承的互换性有何特点？
3. 滚动轴承内圈与轴颈的配合采用哪种配合制？配合有何特点？
4. 滚动轴承外圈与外壳孔的配合采用哪种配合制？配合有何特点？
5. 滚动轴承内圈内孔及外圈外圆柱面公差带与一般基孔制的基准孔及一般基轴制的基准轴公差带有何不同？
6. 与 6 级深沟球轴承(代号为 6309/P6),内径为 $\phi 45_{-0.011}^{0}$ mm,外径为 $\phi 100_{-0.013}^{0}$ mm 配合的轴颈公差带代号为 j5,外壳孔的公差带代号为 H6。试画出轴承内、外圈分别于轴颈、外壳孔配合的公差带示意图,并计算它们的极限过盈和间隙。
7. 某单级直齿圆柱齿轮减速器输出轴上安装两个 0 级 6211 深沟球轴承(公称内径 55 mm,公称外径 100 mm),径向额定动负荷为 33354 N,工作时内圈旋转,外圈固定,承受的径向当量动负荷为 883 N。试确定：

(1) 与内圈和外圈分别配合的轴颈和外壳孔的公差带代号。
(2) 轴颈和外壳孔的极限偏差、形位公差值和表面粗糙度参数值。
(3) 参照图 5.10,把上述公差带代号和各项公差标注在装配图和零件图上。

第6章 平键、矩形花键联结的公差与配合

键联结和花键联结广泛应用于轴和轴上传动件(如齿轮、带轮、联轴器、手轮等)的连接,用以传递转矩。需要时也可用作轴上传动件的导向,特殊场合还能起到定位和保证安全的作用。键联结和花键联结属于可拆联结,常用于需要经常拆卸和便于装配的场合。

为了满足平键、矩形花键联结的使用要求,并保证其互换性,我国发布了 GB/T 1095—2003《平键 键槽的剖面尺寸》、GB/T 1144—2001《矩形花键 尺寸、公差和检验》等国家标准。

6.1 概　　述

键的种类如表 6.1 所示,可分为平键、半圆键、楔形键等几种,其中平键应用最为广泛,它又分为普通平键、薄型平键、导向平键。花键按其齿形的不同,可以分为矩形花键、渐开线花键和三角形花键等几种,其中矩形花键应用最广。

表 6.1　单键、花键的种类

类型		图形	类型	图形
平键	普通平键	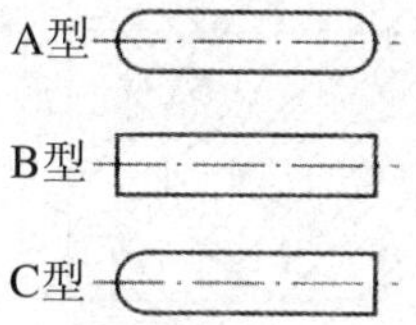 A型、B型、C型	半圆键	
	导向平键	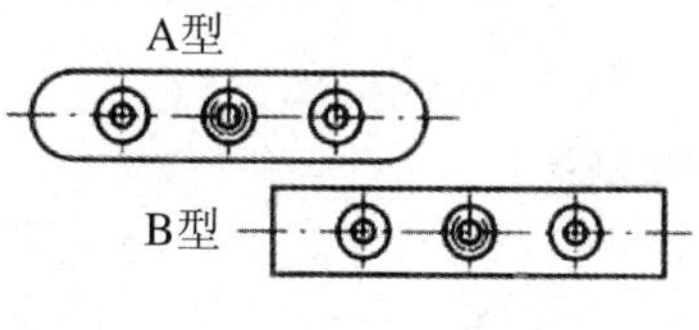 A型、B型	楔键	普通楔键 >1:100
				钩头楔键 >1:100
	薄型平键	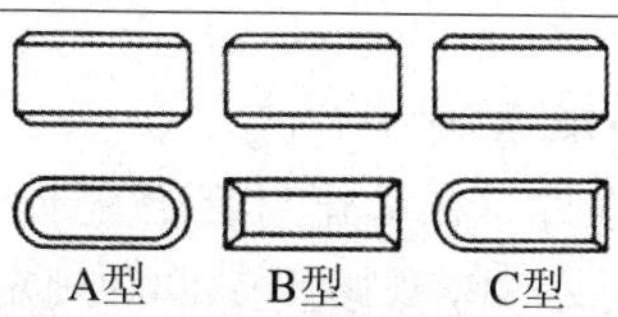 A型、B型、C型		切向键 >1:100

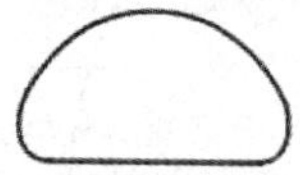

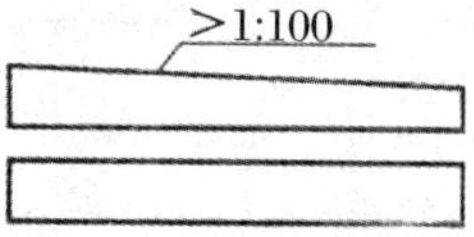

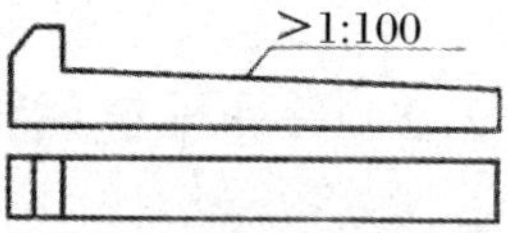

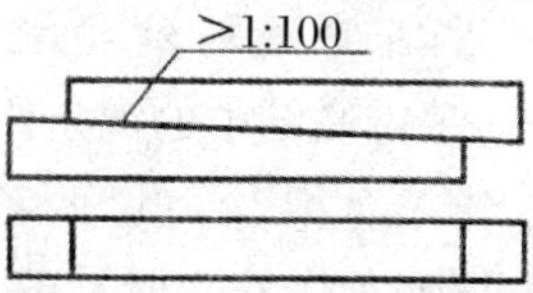

类型		图形	类型	图形
花键	矩形花键		渐开线花键	
			三角花键	

6.2 普通平键联结的公差与配合

6.2.1 普通平键联结的几何参数

键联结是键、轴、轮毂三个零件的结合,其特点是通过键的侧面分别与轴槽、轮毂槽的侧面接触来传递轴与轮毂间的运动和转矩,并承受载荷。如图 6.1 所示,键宽和键槽宽 b 是决定配合性质的主要参数,即配合尺寸,应规定较严格的公差;而键的高度 h 和长度 L 以及轴键槽的深度 t 和长度 L、轮毂键槽的深度 t_1 皆是非配合尺寸,应给予较松的公差。

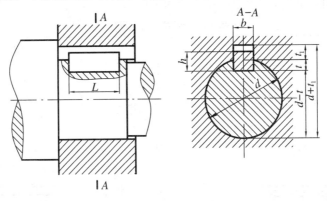

图 6.1 普通平键联结

6.2.2 普通平键联结的精度设计

1. 普通平键和键槽配合尺寸的公差带和配合种类

普通平键联结中的键是用标准型钢制造的标准件。在键宽与键槽宽的配合中,键宽相当于轴,键槽宽相当于孔,两者间的配合采用基轴制。GB/T 1095—2003 规定了键宽和键槽宽的公差带,如图 6.2 所示:对键宽规定了一种公差带 h8,对轴槽宽和轮毂槽宽各规定了三种公差带,构成三类配合,即松联结、正常联结和紧密联结,以满足不同用途的需要。他们的应用可参考表 6.2。

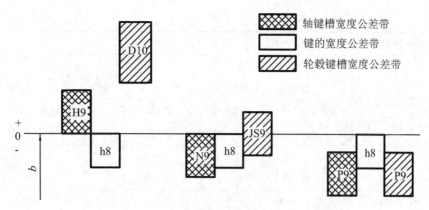

图 6.2 普通平键宽度和键槽宽度 b 的公差带图

表 6.2 普通平键联结的三类配合及应用

配合类型	宽度 b 的公差带			应用场合
	键	轴键槽	轮毂键槽	
松联结	h8	H9	D10	用于导向平键,轮毂在轴上移动
正常联结	h8	N9	JS9	键在轴和轮毂中均固定,用于载荷不大的场合
紧密联结	h8	P9	P9	键在轴和轮毂中均牢固地固定,主要用于载荷较大、有冲击和双向转矩的场合

2. 普通平键和键槽非配合尺寸的公差带

普通平键高度 h 的公差带一般采用 h11,平键长度 L 的公差带采用 h14;轴键槽长度 L 的公差带采用 H14。GB/T 1095—2003 对轴键槽深度 t 和轮毂键槽深度 t_1 的极限偏差作了专门规定,为了便于测量,在图样上对轴键槽深度和轮毂键槽深度分别标注"$d-t$"和"$d+t_1$",其极限偏差见表 6.3。

表 6.3 普通平键、键槽剖面尺寸及键槽公差

轴颈	键	键槽										
			宽度 b				深 度					
公称直径 d	公称尺寸 $b \times h$	键宽 b	键槽宽与轮毂槽宽的极限偏差				轴槽深 t		$d-t$	轮毂槽深 t_1		$d+t_1$
			松联结		正常联结		紧密联结					
			轴 H9	毂 D10	轴 N9	毂 JS9	轴和毂 P9	公称尺寸	极限偏差	极限偏差	公称尺寸	极限偏差	极限偏差
6~8	2×2	2	+0.025 0	+0.060 +0.020	−0.004 −0.029	±0.0125	−0.006 −0.031	1.2	+0.1 0	0 −0.1	1.0	+0.1 0	+0.1 0
>8~10	3×3	3						1.8			1.4		
>10~12	4×4	4	+0.030 0	+0.078 +0.030	0 −0.030	±0.015	−0.012 −0.042	2.5			1.8		
>12~17	5×5	5						3.0			2.3		
>17~22	6×6	6						3.5			2.8		

续表

轴颈	键	键槽										
			宽度 b					深 度				
公称直径 d	公称尺寸 $b\times h$	键宽 b	键槽宽与轮毂槽宽的极限偏差					轴槽深 t		$d-t$	轮毂槽深 t_1	$d+t_1$
			松联结		正常联结		紧密联结	公称尺寸	极限偏差	极限偏差	公称尺寸	极限偏差	极限偏差
			轴 H9	毂 D10	轴 N9	毂 JS9	轴和毂 P9						
>22~30	8×7	8	+0.036 0	+0.098 +0.040	0 −0.036	±0.018	−0.015 −0.051	4.0			3.3	
>30~38	10×8	10						5.0			3.3	
>38~44	12×8	12	+0.043 0	+0.0120 +0.050	0 −0.043	±0.0215	−0.018 −0.061	5.0	+0.2 0	0 −0.2	3.3	+0.2 0	+0.2 0
>44~50	14×9	14						5.5			3.8		
>50~58	16×10	16						6.0			4.3		
>58~65	18×11	18						7.0			4.4		
>65~75	20×12	20	+0.052 0	+0.149 +0.065	0 −0.052	±0.026	−0.022 −0.074	7.5			4.9		
>75~85	22×14	22						9.0			5.4		
>85~95	25×14	25						9.0			5.4		
>95~110	28×16	28						10.0			6.4		

资料来源:摘自 GB/T 1095—2003。

3. 键槽的几何公差

为保证键侧与键槽之间有足够的接触面积且容易装配,需要对轴键槽两侧面的中心平面对轴的基准轴线和轮毂键槽两侧面的中心平面对孔的基准轴线的对称度公差作出规定。根据不同功能要求,该对称度公差与键槽宽度公差的关系以及与孔、轴尺寸公差的关系可采用独立原则,或者采用最大实体要求。对称度公差等级可按 GB/T 1184—1996 取 7~9 级。当普通平键的长度和宽度之比(L/b)大于或等于 8 时,可规定普通平键两侧面在长度方向上的平行度公差。此平行度公差等级可按 GB/T 1184—1996 选取:当 $b\leqslant 6$ mm 时取为 7 级;当 $b\geqslant 8$~36 mm 时取为 6 级;当 $b\geqslant 40$ mm 时取为 5 级。

4. 键槽的表面粗糙度轮廓要求

键槽宽度 b 两侧面的粗糙度轮廓幅度参数 Ra 的上限值一般取为 1.6~3.2 μm,键槽底面的 Ra 的上限值一般取为 6.3 μm。

6.2.3 普通平键键槽尺寸和公差在图样上的标注

轴键槽和轮毂键槽的剖面尺寸及其公差带、键槽的几何公差和表面粗糙度轮廓要求、所采用的公差原则在图样上的标注分别如图 6.3 所示。

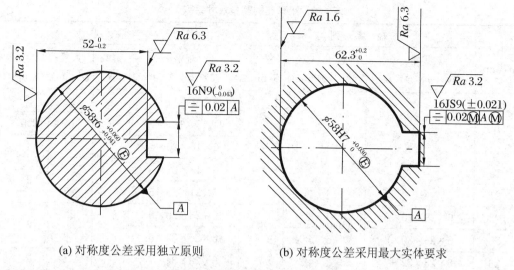

(a) 对称度公差采用独立原则   (b) 对称度公差采用最大实体要求

图 6.3　键槽尺寸和公差标注示例

6.3　矩形花键联结的公差与配合

6.3.1　矩形花键的几何参数和定心方式

1．矩形花键的主要尺寸

GB/T 1144—2001 规定矩形花键的主要尺寸有大径 D、小径 d、键宽或键槽宽 B，如图 6.4。国标规定键数 N 为偶数，有 6,8,10 三种，以便于加工和检验。按承载能力的不同，分为轻、中两个系列。中系列的键高尺寸较大，承载能力较强，轻系列的键高尺寸较小，承载能力相对较低。矩形花键的尺寸系列见表 6.4。

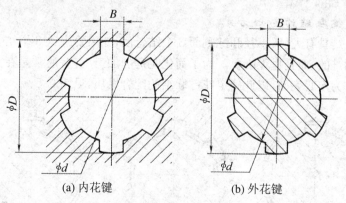

(a) 内花键   (b) 外花键

图 6.4　矩形花键的主要尺寸

表6.4 矩形花键基本尺寸系列

小径 d(mm)	轻系列				中系列			
	规格 $N\times d\times D\times B$	键数 N	大径 D(mm)	键宽 B(mm)	规格 $N\times d\times D\times B$	键数 N	大径 D(mm)	键宽 B(mm)
11	—		—	—	6×11×14×3	6	14	3
13	—		—	—	6×13×16×3.5		16	3.5
16	—		—	—	6×16×20×4		20	4
18	—		—	—	6×18×22×5		22	5
21	—		—	—	6×21×25×5		25	
23	6×23×26×6	6	26	6	6×23×28×6		28	6
26	6×26×30×6		30		6×26×32×6		32	
28	6×28×32×7		32	7	6×28×34×7		34	7
32	6×32×36×6		36	6	8×32×38×6	8	38	6
36	8×36×40×7	8	40	7	8×36×42×7		42	7
42	8×42×46×8		46	8	8×42×48×8		48	8
46	8×46×50×9		50	9	8×46×54×9		54	9
52	8×52×58×10		58	10	8×52×60×10		60	10
56	8×56×62×10		62		8×56×65×10		65	
62	8×62×68×12		68	12	8×62×72×12		72	12
72	10×72×78×12	10	78		10×72×82×12	10	82	
82	10×82×88×12		88		10×82×92×12		92	
92	10×92×98×14		98	14	10×92×102×14		102	14

资料来源:摘自 GB/T 1144—2001。

2. 矩形花键联结的定心方式

由于花键联结具有大径、小径和键侧面3个结合面,如果要求这3个结合面都有很高的加工精度是很困难的,而且也无必要。为了简化花键的加工工艺,通常是在上述3个结合表面中选取一个作为定心表面,以此确定花键联结的配合性质,见图6.5。

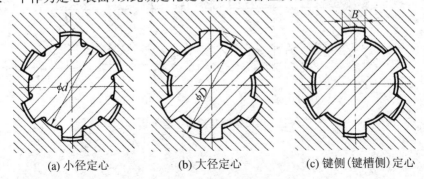

(a) 小径定心　　(b) 大径定心　　(c) 键侧(键槽侧)定心

图6.5 矩形花键联结的定心方式

在实际生产中,大批量生产的花键孔主要采用拉削方式加工,花键孔的加工质量由拉刀来保证。如果采用大径定心,生产中当花键孔要求较高的硬度时,热处理后花键孔的变形就很难用拉刀进行修正;另外当花键联结要求较高的定心精度和表面粗糙度轮廓时,拉削工艺也很难保证加工质量要求。如果采用小径定心,其优点是:① 热处理后的花键孔小径变形可通过内圆磨削进行修复,使其具有较高的尺寸及形状精度和更小的表面粗糙度轮廓值;同时花键轴的小径也可通过成形磨削,达到所要求的精度。② 高精度的小径可作为传动或其他加工的基准,有利于提高零件整机的质量,降低机器的震动和噪声。③ 有利于齿轮精度标准的实施。花键联接常用于齿轮传动装置,齿轮内孔很多时候是加工、安装的基准孔。7~8级齿轮的孔径公差等级为IT7,轴径公差等级为IT6;6级齿轮的孔径公差等级为IT6,轴径公差等级为IT5;5级齿轮的孔径公差等级为IT5,轴径公差等级为IT4;这样高精度的基准,只有采用小径定心才有相应的工艺保证。因此,国标规定采用小径定心,非定心直径表面之间应具有相当大的间隙,以保证它们不接触。键和键槽两侧面的宽度应具有足够的精度,以传递转矩和起导向作用。

6.3.2 矩形花键联结的精度设计

1. 矩形花键联结的公差与配合

矩形花键联结按精度高低可分为一般用途和精密传动使用两种。为减少花键拉刀和花键塞规的品种、规格,国标规定矩形花键采用基孔制,其公差配合的选择可参照表6.5。

表6.5 矩形花键的尺寸公差带

内花键				外花键			装配形式
d(小径)	D(大径)	B(键槽宽)		d(小径)	D(大径)	B(键槽宽)	
		拉削后不热处理	拉削后热处理				
一般用途							
H7	H10	H9	H11	f7	a11	d10	滑动
				g7		f9	紧滑动
				h7		h10	固定
精密传动使用							
H5	H10	H7,H9		f5	a11	d8	滑动
				g5		f7	紧滑动
				h5		h8	固定
H6				f6		d8	滑动
				g6		f7	紧滑动
				h6		h8	固定

注:① 精密传动使用的内花键,当需要控制键侧配合间隙时,键宽可选H7,一般情况下选用H9。
② 小径d为H6Ⓔ和H7Ⓔ的内花键,允许与提高一级的外花键配合。

资料来源:摘自GB/T 1144—2001。

2. 矩形花键联结的公差与配合的选用

通过改变外花键的小径和外花键的键宽的尺寸公差带可形成不同的配合性质。按装配形式可分为滑动、紧滑动和固定三种。滑动联结常用于移动距离较长、移动频率较高的条件下工作的花键,而当内、外花键定心精度要求高、传递扭矩大并常伴有反向转动的情况下,可选用配合间隙较小的紧滑动联结,这两种配合在工作过程中,内花键既可传递扭矩,又可沿花键轴作轴向移动。对于内花键在轴上固定不动,只用来传递扭矩的情况,应选用固定联结。

一般用途内花键分为拉削后热处理和不热处理两种,拉削后需热处理的内花键,由于键槽产生变形,国标规定了较低的精度等级(由 H9 降为 H11)。精密传动用的内花键,当需要控制键侧配合间隙时,键宽可选 H7,一般情况下选用 H9。

花键配合的定心精度要求越高、传递的扭矩越大时,花键应选用较高的公差等级。常见汽车、拖拉机变速箱中多采用一般级花键;精密机床变速箱中多采用精密级花键。

3. 矩形花键联结的几何公差和表面粗糙度轮廓幅度参数

由于矩形花键的几何误差会影响装配性、定心精度、承载的均匀性,故必须加以控制。

(1) 以小径定心时,其小径既是定心部位又是配合尺寸,其尺寸公差应按包容要求设计。

(2) 花键键宽、键槽宽的几何误差直接影响装配互换和承载的接触好坏,包括键(键槽)两侧面的中心平面对小径定心表面轴线的对称度误差、键(键槽)的等分度误差及键(键槽)侧面对小径定心表面轴线的平行度误差和大径表面轴线对小径定心表面轴线的同轴度误差。其中,以花键的对称度误差和分度误差的影响最大。在大批量生产中,花键的对称度误差和分度误差通常用位置度公差予以综合控制,位置度公差值见表 6.6。该位置度公差与键(键槽)宽度公差及小径定心表面尺寸公差的关系皆采用最大实体要求,如图 6.6 所示,用花键量规检验。

表 6.6 矩形花键位置度公差值 t_1

键槽宽或键宽 B		3	3.5~6	7~10	12~18
		位置度公差值 t_1			
键 槽 宽		0.010	0.015	0.020	0.025
键 宽	滑动、固定	0.010	0.015	0.020	0.025
	紧滑动	0.006	0.010	0.013	0.016

资料来源:摘自 GB/T 1144—2001。

单件小批量生产时,一般规定键或键槽两侧面的中心平面对定心表面轴线的对称度公差和花键等分度公差,并遵守独立原则,图样标注如图 6.7,对称度公差值见表 6.7。花键各键(键槽)沿圆周均匀分布为它们的理想位置,允许它们偏离理想位置的最大值为花键均匀分度公差值,其值等于对称度公差值。

表 6.7 矩形花键对称度公差值 t_2

键槽宽或键宽 B	3	3.5~6	7~10	12~18
	对称度公差值 t_2			
一般用	0.010	0.012	0.015	0.018
精密传动用	0.006	0.008	0.009	0.011

资料来源:摘自 GB/T 1144—2001。

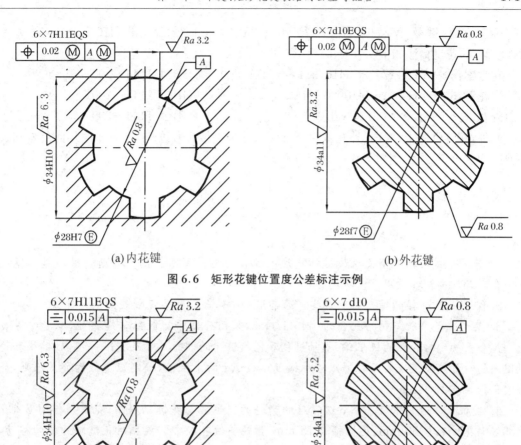

图 6.6 矩形花键位置度公差标注示例

(a) 内花键　　　(b) 外花键

图 6.7 矩形花键对称度公差标注示例

对于较长的花键,应根据产品的性能要求,规定内花键各键槽侧面和外花键各键槽侧面对定心表面轴线的平行度公差。

矩形花键各配合表面的粗糙度轮廓参数推荐值见表 6.8。

表 6.8 矩形花键表面粗糙度轮廓参数推荐值

加 工 表 面	内 花 键	外 花 键
	Ra(上限值)	
小　径	0.8	0.8
大　径	6.3	3.2
键　侧	3.2	0.8

6.3.3 矩形花键联结的图样标注

矩形花键联结在图样上的标注应按下列顺序表示:键数 N×小径 d×大径 D×键宽(键侧宽)B。在装配图上标注花键的配合代号,在零件图上标注花键的尺寸公差带代号。

标注示例：键数 $N=6$，定心小径 $d=23\text{H}7/\text{f}7$，大径 $D=26\text{H}10/\text{a}11$，键宽 $B=6\text{H}11/\text{d}10$ 的花键标注如下。

花键副：$6\times23\text{ H}7/\text{f}7\times26\text{ H}10/\text{a}11\times6\text{ H}11/\text{d}10$　　　GB/T 1144—2001

内花键：$6\times23\text{ H}7\times26\text{ H}10\times6\text{ H}11$　　　GB/T 1144—2001

外花键：$6\times23\text{f}7\times26\text{ a}11\times6\text{d}10$　　　GB/T 1144—2001

此外，在零件图上，对内、外花键除了标注尺寸公差带代号以外，还应标注几何公差和公差原则的要求，标注示例如图 6.6、图 6.7 所示。

习 题 6

1. 普通平键与轴键槽及轮毂键槽宽度的配合为何采用基轴制？普通平键与键槽宽度的配合有哪三类？各适用于何种场合？

2. 矩形花键连接的结合面有哪些？通常用哪个结合面作为定心表面？为什么？

3. 某齿轮基准孔与轴的配合为 $\phi45\text{H}7/\text{m}6$，采用普通平键联结传递扭矩，承受中等负荷。试查表确定轴和孔的极限偏差，轴键槽和轮毂键槽的剖面尺寸及极限偏差，轴键槽和轮毂键槽的对称度公差及表面粗糙度轮廓幅度参数 Ra 的上限值，确定应遵循的公差原则，并将它们标注在图样上。

4. 某机床变速箱中有一个 6 级精度的齿轮的花键孔与花键轴联结，花键规格为 $6\times26\times30\times6$，花键孔长 30 mm，花键轴长 75 mm，齿轮花键孔经常需要相对花键轴作轴向移动，要求定心精度较高。试确定：

(1) 齿轮花键孔和花键轴的公差带代号，计算小径、大径、键（槽）宽的极限尺寸。

(2) 分别写出在装配图上和零件图上的标注代号。

(3) 绘制公差带图，并将各参数的公称尺寸和极限偏差标注在图上。

第 7 章　圆柱螺纹的公差与配合

圆柱螺纹(在圆柱表面上形成的螺纹)连接在工业生产中应用很普遍,其中普通螺纹连接的应用最为广泛。为了满足普通螺纹的使用要求,保证互换性,我国发布了一系列普通螺纹国家标准：GB/T 14791—1993《螺纹术语》、GB/T 192—2003《普通螺纹 基本牙型》、GB/T 193—2003《普通螺纹 直径与螺距系列》、GB/T 196—2003《普通螺纹 基本尺寸》、GB/T 197—2003《普通螺纹 公差》、GB/T 2516—2003《普通螺纹 极限偏差》。本章结合上述标准,主要介绍普通螺纹的公差与配合。

7.1　概　　述

7.1.1　螺纹的种类和使用要求

螺纹按用途可分为以下三类：
(1) 紧固螺纹。
紧固螺纹主要用于连接和紧固各种机械零件,包括普通螺纹、过渡配合螺纹和过盈配合螺纹等。紧固螺纹的使用要求是保证旋合性和连接强度。其中,普通螺纹应用最为普遍,分为粗牙和细牙两种。粗牙螺纹用于一般连接；细牙螺纹连接强度高、自锁性好,一般用于薄壁零件或受冲击及振动件或旋合长度短、结构紧凑件。
(2) 传动螺纹。
传动螺纹主要用于传递动力和精确位移,传递动力的螺纹有千斤顶中的起重螺杆,传递位移的螺纹有机床进给机构中的传动丝杠、量仪微调装置中的测微螺杆上的螺纹。传动螺纹的使用要求是传递动力的可靠性和传递位移的准确性。
(3) 紧密螺纹。
紧密螺纹用于密封的螺纹连接,其互换性要求主要是结合紧密,不漏水、漏气和漏油,当然也必须有足够的连接强度,如气、液管道连接,容器接口或封口螺纹等。

7.1.2　普通螺纹主要几何要素及参数术语

1. 牙型及其有关术语
(1) 基本牙型。
削去原始三角形的顶部和底部后形成内、外螺纹共有的理论牙型。它是确定螺纹设计牙型的基础(见图 7.1 中的粗实线所示)。
(2) 牙型角 α 和牙型半角 $\alpha/2$。

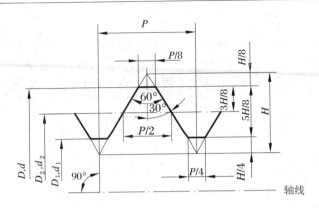

$D(d)$—内(外)螺纹基本大径(公称直径); $D_2(d_2)$—内(外)螺纹基本中径;
$D_1(d_1)$—内(外)螺纹基本小径; H—原始三角形高度; $5H/8$—牙型高度; P—螺距

图7.1 普通螺纹基本牙型

牙型角是指在螺纹牙型上,两相邻牙侧间的夹角。牙型角的一半称为牙型半角。米制普通螺纹的牙型角为60°,牙型半角为30°,如图7.2所示。

(3) 牙侧角 α_1, α_2。

牙侧角是指在螺纹牙型上,牙侧与螺纹轴线的垂线间的夹角。普通螺纹的牙侧角基本值为30°。牙侧角决定了螺纹牙侧对螺纹轴线的方向。实际螺纹的牙型角正确不一定说明牙侧角正确,如图7.3所示。

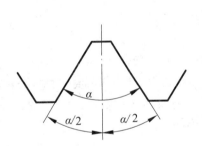

图7.2 普通螺纹牙型角和牙型半角

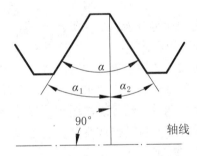

图7.3 普通螺纹牙型角和牙侧角

2. 直径及其有关术语

(1) 公称直径。

公称直径代表螺纹尺寸的直径。

(2) 基本大径 D, d(简称大径)。

大径是指与外螺纹牙顶或内螺纹牙底相切的假想圆柱的直径。D 表示内螺纹的大径,d 表示外螺纹的大径。大径的公称尺寸是内、外螺纹的公称直径。相互结合的普通螺纹,内、外螺纹大径的公称尺寸是相等的。

(3) 基本小径 D_1, d_1(简称小径)。

小径是指与外螺纹牙底或内螺纹牙顶相切的假想圆柱的直径。D_1 表示内螺纹的小径,d_1 表示外螺纹的小径。相互结合的普通螺纹,内、外螺纹小径的公称尺寸也是相等的。

外螺纹的大径 d 和内螺纹的小径 D_1 统称为顶径,外螺纹的小径 d_1 和内螺纹的大径 D 统称为底径。

(4) 基本中径 D_2, d_2(简称中径)。

中径是一个假想圆柱的直径,该圆柱的母线通过牙型上沟槽和凸起宽度相等的地方。该假想圆柱称为中径圆柱。螺纹中径的大小,直接影响螺纹牙型相对于螺纹轴线的径向位置,直接影响螺纹的旋合性能,它是螺纹公差与配合中一个重要的几何参数。

(5) 螺纹轴线和中径线。

螺纹轴线是中径圆柱或中径圆锥的轴线;中径线是中径圆柱或中径圆锥的母线,如图7.4所示。

(6) 单一中径 D_{2s},d_{2s}。

单一中径是一个假想圆柱的直径,该圆柱的母线通过牙型上的沟槽宽度等于1/2基本螺距的地方。当螺距无误差时,螺纹的中径就是螺纹的单一中径,如图7.5所示。

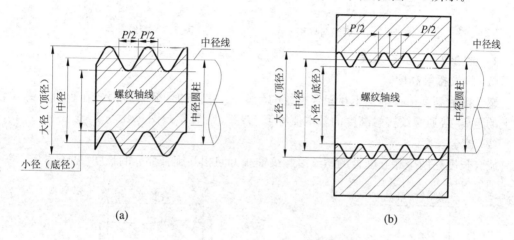

图 7.4 内、外螺纹大径、小径和中径

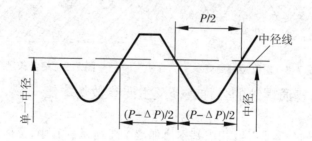

P—基本螺距; ΔP—螺距偏差

图 7.5 普通螺纹的中径与单一中径

3. 螺距及其有关术语

(1) 螺距 P 和导程 P_h。

螺距是相邻两牙在中径线上对应两点间的轴线距离,见图7.6。普通螺纹的螺距分为粗牙和细牙两种。相同的公称直径,细牙螺纹的螺距要比粗牙螺纹的螺距小。相互结合的普通螺纹,内、外螺纹螺距的公称尺寸也是相等的。

导程是同一螺旋线上的相邻两牙在中径线上对应两点间的轴向距离,见图7.6。对于单线(头)螺纹,导程与螺距相同;而多线(头)螺纹,导程等于螺距与线数 n 的乘积:$P_h = nP$。

(2) 螺纹升角 ϕ（导程角）。

在中径圆柱或中径圆锥上，螺旋线的切线与垂直于螺纹轴线的平面的夹角，见图 7.7。

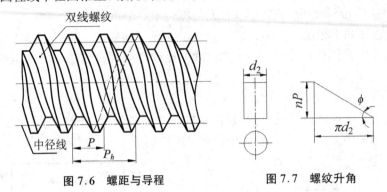

图 7.6　螺距与导程　　　　　图 7.7　螺纹升角

4．配合及其有关术语

(1) 螺纹接触高度。

螺纹接触高度指在两个相互配合螺纹的牙型上，它们的牙侧重合部分在垂直于螺纹轴线上的距离，普通螺纹接触高度的基本值等于 $5H/8$，见图 7.1、图 7.8。

(2) 旋合长度。

旋合长度是两个相互配合的螺纹沿螺纹轴线方向相互旋合部分的长度，见图 7.9。

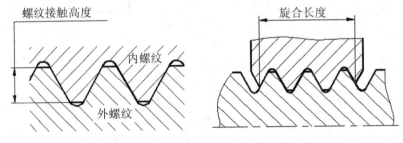

图 7.8　螺纹接触高度　　　　　图 7.9　旋合长度

7.1.3　常用普通螺纹的公称直径及主要参数基本值

常用普通螺纹的公称直径及相应基本值如表 7.1 所示。其中，黑体字列出的为粗牙螺距，括号内的螺距尽可能不用。

表 7.1　常用普通螺纹的公称直径及相应基本值

（单位：mm）

公称直径(大径) D,d	螺距 P	中径 D_2,d_2	小径 D_1,d_1	公差直径(大径) D,d	螺距 P	中径 D_2,d_2	小径 D_1,d_1
10	**1.5**	9.026	8.376	20	**2.5**	18.376	17.294
	1.25	9.188	8.647		2	18.701	17.835
	1	9.350	8.917		1.5	19.026	18.376
					1	19.350	18.917

续表

公称直径(大径) D,d	螺距 P	中径 D_2,d_2	小径 D_1,d_1	公差直径(大径) D,d	螺距 P	中径 D_2,d_2	小径 D_1,d_1
12	**1.75**	10.863	10.106	24	**3**	22.051	20.752
	1.5	11.026	10.367		2	22.701	21.835
	1.25	11.188	10.647		1.5	23.026	22.376
	1	11.350	10.917		1	23.350	22.917
16	**2**	14.701	13.835	30	**3.5**	27.727	26.211
	1.5	15.026	14.376		(3)	28.051	26.752
	1	15.350	14.917		2	28.701	27.835
					1.5	29.026	28.376

资料来源:摘自 GB/T 196—2003。

7.2 普通螺纹几何参数误差对互换性的影响

要实现普通螺纹的互换性,必须保证其旋合性和连接强度。前者是指相互结合的内、外螺纹能自由旋入,并获得指定的配合性质。后者是指相互结合的内、外螺纹的牙侧能够均匀接触,具有足够的承载能力。

从螺纹加工误差方面考虑,影响螺纹互换性的主要几何参数有:大径、中径、小径、螺距和牙侧角5个参数。其中决定螺纹的旋合性和配合性质的主要参数是中径、螺距和牙侧角。

7.2.1 螺纹直径偏差的影响

螺纹直径(包括大径、小径和中经)偏差是指螺纹加工后直径的实际尺寸与螺纹直径的公称尺寸之差。为了保证螺纹的旋合性,制造时应使外螺纹的大径和小径分别小于内螺纹的大径和小径。但过小会使牙顶和牙底间的间隙增大,实际接触高度减小,降低连接强度。

由于螺纹的配合面是牙侧面,中径决定牙侧的径向位置,其数值大小影响螺纹配合的松紧程度。就外螺纹而言,中径过大会使配合过紧,甚至不能旋合;而中径过小,将导致配合过松,难以保证牙侧面接触良好,且密封性差。

7.2.2 螺距误差的影响

对紧固螺纹来说,螺距误差影响螺纹的旋合性和连接的可靠性;对传动螺纹来说,螺距误差还直接影响传动精度,回程误差和螺牙负荷分布的均匀性。因此,对螺距误差必须加以限制。

螺距误差包括单个螺距偏差 ΔP 和螺距的累积误差 ΔP_Σ 两种。前者指在螺纹全长上,任意单个螺距的实际值与其基本值的最大差值,它与螺纹旋合长度无关;后者是指在规定的螺纹长度内,包含若干个螺牙的螺距误差,任意两同名牙侧与中径线交点间的实际轴向距离与其基本值的最大差值。由于螺距偏差有正有负,故不一定包含的螺牙数越多,累积的误差值就越大,见图7.10。

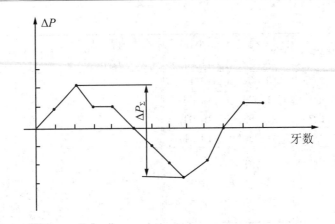

图 7.10 螺距累积误差

为便于分析，假设内螺纹为理想螺纹，其所有几何参数皆无误差，外螺纹仅存在螺距误差，其 n 个螺距的实际轴向距离 $L_{外}$ 大于或小于其基本值 nP（内螺纹的实际轴向距离为 $L_{内} = nP$）。因此外螺纹的螺距累积误差为 $\Delta P_{\Sigma} = |L_{外} - nP|$。内、外螺纹将会在牙侧处产生干涉而不能旋合，如图 7.11 中阴影部分是 $L_{外} > L_{内}$ 的情形，当 $L_{外} < L_{内}$ 时，将在外螺纹牙型左侧发生干涉。

为了消除该干涉区，可将外螺纹的中径减小一个数值 f_p，使外螺纹牙侧上的 B 点移至内螺纹牙侧上的 C 点接触。同理，当内螺纹具有螺距累积误差时，为了保证旋合性避免产生干涉，可将内螺纹的中径增大一个数值 F_p。可见，f_p（或 F_p）是为了补充螺距累积误差而折算到中径上的数值，称为螺距误差的中径当量。由图中的 $\triangle ABC$ 可求出：

$$f_p（或 F_P） = 1.732 \cdot \Delta P_{\Sigma} \tag{7.1}$$

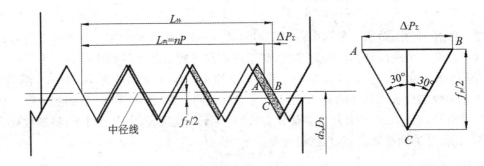

图 7.11 螺距累积误差对旋合性的影响

应当指出，虽然增大内螺纹中径或减小外螺纹中径可消除 ΔP_{Σ} 对旋合性的不利影响，但 ΔP_{Σ} 会使内、外螺纹实际接触的螺牙减少，载荷集中在接触部位，造成接触压力增大，降低螺纹的连接强度。

7.2.3 牙侧角偏差的影响

牙侧角偏差 $\Delta \alpha$ 是指牙侧角的实际值与其基本值之差，它包括螺纹牙侧的形状误差和牙侧相对于螺纹轴线的垂线的位置误差。即使螺纹的牙型角正确，牙侧角也可能存在一定的误差。如图 7.3 所示，外螺纹牙型角 α 是准确的 $60°$，牙侧角 $\alpha_1 = 31°$，$\alpha_2 = 29°$，影响螺纹互换性(主要是旋合性)。

图 7.12 中相互结合的内、外螺纹的牙侧角的基本值为 30°,假设内螺纹 1(粗实线)为理想螺纹,而外螺纹 2(细实线)仅存在牙侧角偏差(左牙侧角偏差 $\Delta\alpha_1 < 0$,右牙侧角偏差 $\Delta\alpha_2 > 0$),使内、外螺纹牙侧产生干涉(图中剖面线部分)而不能旋合。为了消除干涉,保证旋合性,必须使外螺纹的牙型沿垂直于螺纹轴线的方向下移至图中虚线处,使外螺纹的中径减小一个数值 f_α。同理,当内螺纹存在牙侧角偏差时,为了保证旋合性,应将内螺纹中径增大一个数值 F_α。f_α(或 F_α)称为牙侧角偏差的中径当量。

由图可知,由于牙侧角偏差 $\Delta\alpha_1$ 和 $\Delta\alpha_2$ 的大小和符号均不相同,因此左、右牙侧干涉区的最大径向干涉量不相同($AA' > DD'$),通常取它们的平均值作为 $f_\alpha/2$,即

$$\frac{f_\alpha}{2} = \frac{AA' + DD'}{2} \tag{7.2}$$

此时,可算得

$$f_\alpha = 0.073P(K_1|\Delta\alpha_1| + K_2|\Delta\alpha_2|) \tag{7.3}$$

式中,P 为螺纹基本螺距,单位为 mm;$\Delta\alpha_1 = \alpha_1 - 30°$,$\Delta\alpha_2 = \alpha_2 - 30°$,分别为左、右牙侧角误差,单位为 "'";$K_1$,$K_2$ 分别为左、右牙侧角误差系数,取值取决于 $\Delta\alpha_1$ 或 $\Delta\alpha_2$ 的符号。对外螺纹:当 $\Delta\alpha_1$(或 $\Delta\alpha_2$) > 0 时,K_1(或 K_2) = 2,当 $\Delta\alpha_1$(或 $\Delta\alpha_2$) < 0 时,K_1(或 K_2) = 3;对内螺纹:当 $\Delta\alpha_1$(或 $\Delta\alpha_2$) > 0 时,K_1(或 K_2) = 3,当 $\Delta\alpha_1$(或 $\Delta\alpha_2$) < 0 时,K_1(或 K_2) = 2。

应当指出,虽然增大内螺纹中径或减小外螺纹中径可消除 $\Delta\alpha$ 对旋合性的不利影响,但 $\Delta\alpha$ 会使内、外螺纹实际接触的螺牙减少,载荷集中在接触部位,造成接触压力增大,降低螺纹的连接强度。

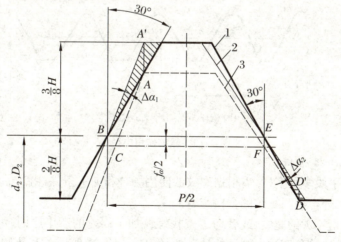

图 7.12 牙侧角偏差对旋合性的影响

7.2.4 保证螺纹互换性的合格条件

1. 螺纹的作用中径(D_{2m} 和 d_{2m})

在规定的旋合长度上,恰好包容实际螺纹的一个假想螺纹的中径,称为作用中径。这个假想螺纹具有理想的螺距、半角以及牙型高度,并在牙顶处和牙底处留有间隙,以保证包容时不与实际螺纹的大、小径发生干涉,见图 7.13。

作用中径尺寸,除受实际中径的尺寸影响之外,它还包含有牙型角和螺距的误差的影

响,所以作用中径尺寸是综合的。与光滑圆柱体类似,作用中径的尺寸是实际尺寸与形位误差的综合,可表示为

$$d_{2m} = d_{2s} + (f_p + f_\alpha) \tag{7.4}$$
$$D_{2m} = D_{2s} - (F_p + F_\alpha) \tag{7.5}$$

式中,d_{2m}——外螺纹的作用中径;

D_{2m}——内螺纹的作用中径;

f_p(或 F_p)——外(或内)螺纹螺距误差的中径当量;

f_α(或 F_α)——外(或内)螺纹牙侧角偏差的中径当量;

d_{2s}(或 D_{2s})——外(或内)螺纹单一中径。

显然,内、外螺纹能够自由旋合的条件是:$d_{2m} \leqslant D_{2m}$,或者外螺纹 d_{2m} 不大于其中径上极限尺寸,内螺纹 D_{2m} 不小于其中径下极限尺寸。

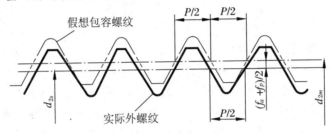

(a) 外螺纹作用中径 d_{2m}

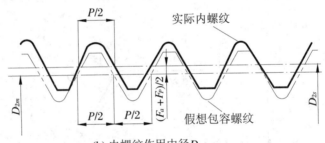

(b) 内螺纹作用中径 D_{2m}

图 7.13 螺纹作用中径

2. 螺纹的合格条件

螺纹的检测手段多种多样,需根据螺纹的使用场合和加工条件,由产品设计者决定采用何种检验手段,来评定被测螺纹的合格与否。

对于生产批量不大的螺纹,或者为了查找螺纹加工误差的产生原因,可用工具显微镜、螺纹千分尺、三针法等分别测出螺纹的单一中径(D_{2s},d_{2s})螺距误差和牙侧角偏差。对于生产批量较大的螺纹,可按泰勒原则使用螺纹量规检验,来判断被测螺纹的旋合性和连接强度的合格与否。

参见图 7.14,泰勒原则是指为了保证旋合性,实际螺纹的作用中径应不超出最大实体牙型的中径;为了保证连接强度,该实际螺纹任何部位的单一中径应不超出最小实体牙型的中径。

所谓最大和最小实体牙型是指在螺纹中径公差范围内,分别具有材料量最多和最少且具有与基本牙型一致的螺纹牙型。外螺纹的最大和最小实体牙型中径分别等于其中径上、下极限尺寸 $d_{2\max}$,$d_{2\min}$,内螺纹的最大和最小实体牙型中径分别等于其中径下、上极限尺寸

$D_{2\min}$，$D_{2\max}$。

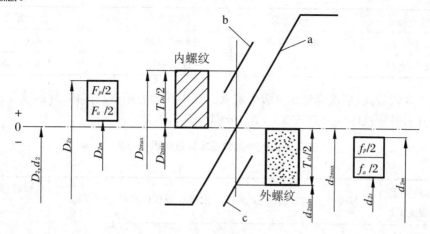

a—内、外螺纹最大实体牙型； b—内螺纹最小实体牙型； c—外螺纹最小实体牙型；
$D_{2\max}$，$D_{2\min}$—内螺纹中径的上、下极限尺寸； $d_{2\max}$，$d_{2\min}$—外螺纹中径的上、下极限尺寸；
T_{D2}，T_{d2}—内、外螺纹中径公差

图 7.14 泰勒原则

按泰勒原则，螺纹中径的合格条件如下：

对于外螺纹　　　　$d_{2m} \leqslant d_{2\max}$ 且 $d_{2s} \geqslant d_{2\min}$

对于内螺纹　　　　$D_{2m} \geqslant D_{2\min}$ 且 $D_{2s} \leqslant D_{2\max}$

至于螺距误差和牙侧角偏差，可以折算为中径当量综合到作用中径中去，因此可以不单独进行控制，折算方法以上均已论述。

普通螺纹合格判断是：除要求中径合格外，还要求实际外径不超出极限偏差。即

对于外螺纹　　　　$d_{\min} \leqslant d_a \leqslant d_{\max}$

对于内螺纹　　　　$D_{1\min} \leqslant D_{1a} \leqslant D_{1\max}$

中径、外径两方检验都合格，则该螺纹合格。正是这些原因，普通螺纹标准只规定中径和顶径的公差。

7.3　普通螺纹的公差与配合

7.3.1　普通螺纹的有关规定

1. 普通螺纹的公差等级

标准 GB/T 197—2003《普通螺纹 公差》按内、外螺纹的中径、大径和小径公差的大小分为不同的公差等级，如表 7.2 所示。

表 7.2 螺纹的公差等级

螺纹直径	公差等级	螺纹直径	公差等级
内螺纹小径 D_1	4,5,6,7,8	外螺纹大径 d	4,6,8
内螺纹中径 D_2	4,5,6,7,8	外螺纹中径 d_2	3,4,5,6,7,8,9

等级中 3 级最高,依次降低至 9 级为最低。其中 6 级为基本级。内、外螺纹顶径公差值 T_{D_1},T_d 与内、外螺纹中径公差值 T_{D_2},T_{d_2} 分别见表 7.3、表 7.4。

表 7.3 内、外螺纹基本偏差和顶径公差

(单位:μm)

螺距	内螺纹的基本偏差 EI		外螺纹的基本偏差 es				内螺纹顶径(小径)公差 T_{D_1}					外螺纹顶径(大径)公差 T_d		
	G	H	e	f	g	h	4	5	6	7	8	4	6	8
0.75	+22	0	-56	-38	-22	0	118	150	190	236	—	90	140	—
0.8	+24		-60	-38	-24		125	160	200	250	315	95	150	236
1	+26		-60	-40	-26		150	190	236	300	375	112	180	280
1.25	+28		-63	-42	-28		170	212	265	335	425	132	212	335
1.5	+32		-67	-45	-32		190	236	300	375	475	150	236	375
1.75	+34		-71	-48	-34		212	265	335	425	530	170	265	425
2	+38		-71	-52	-38		236	300	375	475	600	180	280	450
2.5	+42		-80	-58	-42		280	355	450	560	710	212	335	530
3	+48		-85	-63	-48		315	400	500	630	800	236	375	600

资料来源:摘自 GB/T 197—2003。

表 7.4 内、外螺纹中径公差值和中等旋合长度

公称直径 D(mm)		螺距 P(mm)	内螺纹中径公差 T_{D_2}(μm)					外螺纹中径公差 T_{d_2}(μm)							N 组旋合长度(mm)	
			公 差 等 级					公 差 等 级								
>	≤		4	5	6	7	8	3	4	5	6	7	8	9	>	≤
5.6	11.2	0.75	85	106	132	170	—	50	63	80	100	125	—	—	2.4	7.1
		1	95	118	150	190	236	56	71	90	112	140	180	224	3	9
		1.25	100	125	160	200	250	60	75	95	118	150	190	236	4	12
		1.5	112	140	180	224	280	67	85	106	132	170	212	265	5	15
11.2	22.4	1	100	125	160	200	250	60	75	95	118	150	190	236	3.8	11
		1.25	112	140	180	224	280	67	85	106	132	170	212	265	4.5	13
		1.5	118	150	190	236	300	71	90	112	140	180	224	280	5.6	16
		1.75	125	160	200	250	315	75	95	118	150	190	236	300	6	18
		2	132	170	212	265	335	80	100	125	160	200	250	315	8	24
		2.5	140	180	224	280	355	85	106	132	170	212	265	335	10	30

续表

公称直径 D(mm)		螺距 P(mm)	内螺纹中径公差 T_{D_2}（μm）					外螺纹中径公差 T_{d_2}（μm）						N 组旋合长度(mm)	
			公差等级					公差等级							
>	≤		4	5	6	7	8	3	4	5	6	7	8	9	>	≤
22.4	45	1	106	132	170	212	—	63	80	100	125	160	200	250	4	12
		1.5	125	160	200	250	315	75	95	118	150	190	236	300	6.3	19
		2	140	180	224	280	355	85	106	132	170	212	265	335	8.5	25
		3	170	212	265	335	425	100	125	160	200	250	315	400	12	36
		3.5	180	224	280	355	450	106	132	170	212	265	335	425	15	45
		4	190	236	300	375	475	112	140	180	224	280	355	450	18	53
		4.5	200	250	315	400	500	118	150	190	236	300	375	475	21	63

资料来源：摘自 GB/T 197—2003。

2. 普通螺纹的基本偏差

螺纹公差带是沿基本牙型的牙侧、牙顶和牙底分布的公差带，由基本偏差和公差两个要素构成，在垂直于螺纹轴线的方向计算其大、中、小径的极限偏差和公差值。

螺纹的基本偏差用来确定公差带相对于基本牙型的位置。GB/T 197—2003 对螺纹的中径和顶径规定了基本偏差，且数值相同。对内螺纹规定了代号为 G，H 两种基本偏差（皆为下偏差 EI），如图 7.15 所示；对外螺纹规定了代号为 e，f，g，h 的四种基本偏差（皆为上偏差 es），如图 7.16 所示。

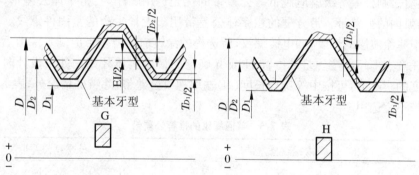

T_{D_1}—内螺纹小径公差； T_{D_2}—内螺纹中径公差； EI—内螺纹中径基本偏差

图 7.15 内螺纹公差带的位置

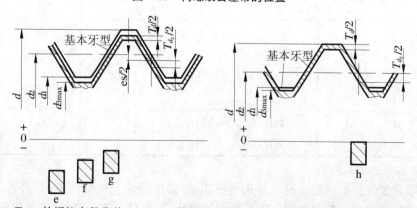

T_d—外螺纹大径公差； T_{d_2}—外螺纹中径公差； es—外螺纹中径基本偏差

图 7.16 外螺纹公差带的位置

3. 螺纹的公差

螺纹公差用来确定公差带的大小,它表示螺纹直径的尺寸允许变动范围。其数值查表 7.2 和表 7.3。

7.3.2 螺纹的公差精度和旋合长度

螺纹的精度虽然与公差等级密切相关,但公差等级相同的螺纹,旋合长度越长,产生的螺距累积误差越大。因此,内、外螺纹的旋合长度是螺纹精度设计时应考虑的一个因素。GB/T 197—2003 规定了三组旋合长度,即短旋合长度、中等旋合长度和长旋合长度,分别用代号 S,N,L 表示。其中,N 组数值见表 7.4。

根据螺纹公差等级和旋合长度,螺纹的公差精度可分为精密级、中等级和粗糙级。

7.3.3 螺纹公差与配合的选用

因螺纹基本偏差和公差等级的不同,可以组成各种不同的螺纹公差带。不同的内、外螺纹公差带又可组成各种不同的配合。在生产中为了减少刀、量具的规格和数量,提高经济效益,设计时应按标准的推荐选用。

表 7.5 为国标 GB/T 197—2003 规定的内外螺纹的选用公差带。同一公差精度的螺纹旋合长度越长,则公差等级就应越低。公差带的优先选用顺序为:粗字体公差带、一般字体公差带、括弧内的公差带。带方框的粗字体公差带用于大量生产的紧固件螺纹。推荐公差带也适用于薄涂镀层的螺纹,如电镀螺纹,所选择的涂镀前的公差带应满足涂镀后螺纹实际轮廓上的任意点不超出按公差带位置 H 或 h 确定的最大实体牙型。如果设计时不知道螺纹旋合长度的实际值,可按中等旋合长度(N)选取螺纹公差带,除特殊情况外,表 7.5 以外的其他公差带不宜选用。

表 7.5　普通螺纹的推荐公差带

公差精度	内螺纹公差带			外螺纹公差带		
	S	N	L	S	N	L
精　密	4H	5H	6H	(3h4h)	**4h** (4g)	(5h4h) (5g4g)
中　等	**5H** (5G)	〔6H〕 6G	**7H** (7G)	(5g6g) (5h6h)	**6e** **6f** 〔6g〕 6h	(7e6e) (7g6g) (7h6h)
粗　糙	—	7H (7G)	8H (8G)		(8e) 8g	(9e8e) (9g8g)

资料来源:摘自 GB/T 197—2003。

表 7.5 是螺纹公差与配合设计首选要使用的,要选择确定螺纹公差带,公差等级,先要确定螺纹的公差精度。精密级螺纹用于重要的连接,要求配合稳定可靠;中等级螺纹广泛用于一般的螺纹连接;粗糙级螺纹用于不重要的连接以及制造困难的场合,如较深的盲孔中的

螺纹。螺纹的公差精度确定之后,根据所需的旋合长度值(一般情况下采用中等旋合长度),按公差精度和旋合长度查表 7.5 选定公差带。内、外螺纹的公差带可以任意选择组合成各种螺纹配合。为了保证螺纹副有足够的螺纹接触高度和连接强度,内、外螺纹最好组成 H/g,H/h 或 G/h 的配合。H/h 配合的最小间隙为零,较多情形采用此种配合。H/g 或 G/h 配合适用于快速拆卸的螺纹;大量生产的紧固件螺纹推荐采用 6H/6g 配合。当内、外螺纹需要涂镀时,可选择 G/e 或 G/f 配合。对于公称直径不大于 1.4 mm 的螺纹,应采用 5H/6h、4H/6h 或更精密的配合。

7.3.4 螺纹的表面粗糙度轮廓要求

螺纹牙侧表面粗糙度轮廓要求主要根据中径公差等级确定,表 7.6 列出了牙侧表面粗糙度轮廓幅度参数 Ra 的推荐上限值,供设计时参考。

表 7.6 普通螺纹螺牙侧面的表面粗糙度轮廓幅度参数 Ra 值

工 件	螺纹中径公差等级		
	4,5	6,7	8,9
	Ra 值(μm)		
螺栓、螺钉、螺母	≤1.6	≤3.2	3.2~6.3
轴及套筒上的螺纹	0.8~1.6	≤1.6	≤3.2

7.3.5 螺纹的标记

普通螺纹的完整标记依次由普通螺纹特征代号、尺寸代号(公称直径×螺距基本值,单位为 mm)、公差带代号及其他信息(旋合长度组代号、旋向代号)组成,并且尺寸代号、公差带代号、旋合长度代号和旋向代号之间用短横线"—"分开。例如:

$$M20 \times 2 - 6H/5g6g - L$$

其中,M20×2 表示普通螺纹,公称直径 20 mm,螺距 2 mm(粗牙螺纹不标注螺距);6H 表示内螺纹中径和小径的公差带(两者相同只写一个),公差等级 6 级,基本偏差 H;5g6g 分别表示外螺纹中径和大径的公差带;L 表示长旋合长度组(中等旋合长度组代号 N 不标注,特殊要求可写数值);未注旋向代号为右旋螺纹。

最简化的代号是:M20—6H。中径公差带和顶径公差带为 6H 的粗牙内螺纹。

标注时应注意:对于中等公差精度螺纹,公称直径 D(或 d)≥1.6 mm 的 6H,6g 公差带的代号和公称直径 D(或 d)≤1.4 mm 的 5H,6g 公差带的代号不标注。

例如,M20。

其含义为:中径公差带和顶径公差带为 6H、中等公差精度的粗牙内螺纹或中径公差带和顶径公差带为 6g、中等公差精度的粗牙外螺纹(螺距、公差带代号、旋合长度代号和旋向代号被省略)或公差带为 6H 的内螺纹与公差带为 6g 的外螺纹组成的配合(中等公差精度、粗牙)。

螺纹标记示例如图 7.17 所示。

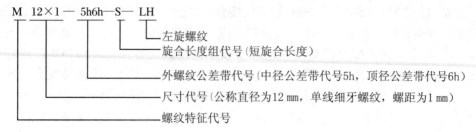

图 7.17　螺纹标注示例

7.3.6　例题

例　有一普通外螺纹 M16×1（中径、顶径公差带代号 6g 和中等旋合长度代号均省略标注，右旋旋向也省略标注），加工后测量得单一中径 $d_{2s}=15.275$ mm，螺距累积误差 $\Delta P_\Sigma = |-30|$ μm，左、右牙侧角偏差 $\Delta\alpha_1 = +30'$，$\Delta\alpha_2 = -35'$。试计算该螺纹的作用中径 d_{2m}，并按泰勒原则判断该螺纹的中径合格与否。

解：

（1）确定中径的极限尺寸。

由表 7.1 查得基本中径 $d_2 = 15.350$ mm；由表 7.3 和表 7.4 分别查得中径公差 $T_{d_2} = 118$ μm 和基本偏差 es $= -26$ μm。由此可得中径的上、下极限尺寸为

$$d_{2\max} = d_2 + \text{es} = 15.350 - 0.026 = 15.324 \text{ (mm)}$$
$$d_{2\min} = d_{2\max} - T_{d_2} = 15.324 - 0.118 = 15.206 \text{ (mm)}$$

（2）计算作用中径。

由式（7.1）计算螺距误差中径当量：

$$f_p = 1.732\Delta P_\Sigma = 1.732 \times 0.03 = 0.052 \text{ (mm)}$$

由式（7.3）计算牙侧角偏差中径当量：

$$\begin{aligned} f_\alpha &= 0.073P(K_1|\Delta\alpha_1| + K_2|\Delta\alpha_2|) \\ &= 0.073 \times 1(2 \times |+30'| + 3 \times |-35'|) \\ &= 12.775 \text{ (μm)} \approx 0.013 \text{ (mm)} \end{aligned}$$

由式（7.4）计算作用中径：

$$d_{2m} = d_{2s} + (f_p + f_\alpha) = 15.275 + (0.052 + 0.012) = 15.339 \text{ (mm)}$$

（3）判断被测螺纹的中径合格与否。

若不考虑大径、小径偏差的影响，$d_{2s} = 15.275$ mm $> d_{2\min} = 15.206$ mm，该螺纹的连接强度合格；但 $d_{2m} = 15.339$ mm $> d_{2\max} = 15.324$ mm，该螺纹的旋合性不合格。

习　题　7

1. 以外螺纹为例，试说明螺纹中径、单一中径和作用中径的联系与区别，三者在什么情况下相等？

2. 按泰勒原则的规定，螺纹中径的上、下极限尺寸分别用来限制什么？如果有一螺栓的单一中径 $d_{2s} > d_{2\min}$，而作用中径 $d_{2m} < d_{2\max}$，问此螺栓是否合格？为什么？

3. 有一螺母 M24×2—L(公差代号 6H 省略标注),加工后测得中径为 D_{2s} = 22.785 mm,ΔP_Σ = 0.030 mm, $\Delta \alpha_1$ = +35′, $\Delta \alpha_2$ = +25′,试计算螺母的作用中径,绘出中径公差带图,判断中径是否合格,并说明理由。

4. 试说明下列螺纹标注中各代号的含义:

① M24—7H;

② M36×2—5g6g—S;

③ M30×2—6H/5g6g—L。

第 8 章　圆锥公差与配合

圆锥结合是机械结构中常用的典型结合。圆锥配合与圆柱配合相比较,前者具有同轴度精度高、紧密性好、间隙或过盈可以调整、可利用摩擦力传递转矩并且若内外圆锥的表面经过配对研磨后,配合起来具有良好的自锁性和密封性等优点。但是,圆锥配合在结构上较复杂,影响其互换性的参数较多,加工和检测也较困难。为了满足圆锥配合的使用要求,保证圆锥配合的互换性,我国颁布了一系列有关圆锥公差与配合及圆锥公差标注方法的标准,它们分别是 GB/T 157—2001《产品几何量技术规范(GPS) 圆锥的锥度和角度系列》、GB/T 11334—2005《产品几何量技术规范(GPS) 圆锥公差》、GB/T 12360—2005《几何量技术规范(GPS) 圆锥配合》和 GB/T 15754—1995《技术制图 圆锥的尺寸和公差注法》等国家标准。

8.1　圆锥配合的基本参数和基本概念

8.1.1　圆锥的基本参数和标注

1. 基本参数

圆锥分为内圆锥(圆锥孔)和外圆锥(圆锥轴)两种,基本参数见图 8.1 所示,其中主要几何参数为圆锥角、圆锥直径和圆锥长度。

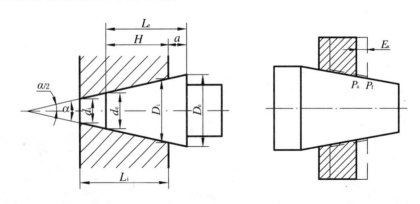

图 8.1　圆锥配合的基本参数图　　　　图 8.2　轴向位移

(1) 圆锥角。圆锥角是指在通过圆锥轴线的截面内,两条素线间的夹角,用 α 表示。

(2) 圆锥直径。圆锥直径是指圆锥在垂直于其轴线的截面上的直径,有内、外圆锥的最大直径 D_i、D_e;内、外圆锥的最小直径 d_i、d_e;任意给定截面的圆锥直径 d_x(距端面有一定距离)。设计时一般选用内圆锥的最大直径或外圆锥的最小直径作为基本直径。

(3) 圆锥长度。圆锥长度是指最大圆锥直径截面与最小圆锥直径截面之间的轴向距离。内、外圆锥长度分别用 L_i、L_e 表示。

(4) 圆锥配合长度。圆锥配合长度是指内、外圆锥配合面间的轴向距离,用符号 H 表示。

(5) 锥度。锥度是指圆锥的最大直径与最小直径之差与圆锥长度之比,用符号 C 表示,即

$$C = \frac{D-d}{L} = 2\tan\alpha \tag{8.1}$$

锥度一般用比例或分数表示,如 $C=1:5$ 或 $C=1/5$。光滑圆锥的锥度已标准化 (GB/T 157—2001 规定了一般用途和特殊用途的锥度与圆锥角系列,具体参见表 8.1、表 8.2)。

(6) 基面距。基面距是指相互结合的内、外圆锥面基准面之间的距离,用符号 a 表示。

(7) 轴向位移。轴向位移是指相互结合的内、外圆锥,从实际初始位置(P_a)到终止位置(P_f)移动的距离,用 E_a 表示。用轴向位移可以实现圆锥各种不同配合(见图 8.2)。

表 8.1 一般用途圆锥的锥度与锥角系列

基 本 值		推 算 值			
		圆锥角 α			锥度 C
系列 1	系列 2	(°)(′)(″)	(°)	rad	
120°		—	—	2.094 395 10	1 : 0.288 675 1
90°		—	—	1.570 796 33	1 : 0.500 000 0
	75°	—	—	1.308 996 94	1 : 0.651 612 7
60°		—	—	1.047 197 55	1 : 0.866 025 4
45°		—	—	0.785 398 16	1 : 1.207 106 8
30°		—	—	0.523 598 78	1 : 1.866 025 4
1 : 3		18°55′28.7199″	18.924 644 42°	0.330 297 35	—
	1 : 4	14°15′0.1177″	14.250 032 70°	0.248 709 99	—
1 : 5		11°25′16.2706″	11.421 186 27°	0.199 337 30	—
	1 : 6	9°31′38.2202″	9.527 283 38°	0.166 282 46	—
	1 : 7	8°10′16.4408″	8.171 233 56°	0.142 614 93	—
	1 : 8	7°9′9.6075″	7.152 668 75°	0.124 837 62	—
1 : 10		5°43′29.3176″	5.724 810 45°	0.099 916 79	—
	1 : 12	4°46′18.7970″	4.771 888 06°	0.083 285 16	—
	1 : 15	3°49′5.8975″	3.818 304 87°	0.066 641 99	—
1 : 20		2°51′51.0925″	2.864 192 37°	0.049 989 59	—
1 : 30		1°54′34.8570″	1.909 682 51°	0.033 330 25	—
1 : 50		1°8′45.1586″	1.145 877 40°	0.019 999 33	—
1 : 100		34′22.6309″	0.572 953 02°	0.009 999 92	—
1 : 200		17′11.3219″	0.286 478 30°	0.004 999 99	—
1 : 500		6′52.5295″	0.114 591 52°	0.002 000 00	—

注:系列 1 中 120°~1 : 3 的数值近似按 R10/2 优先数系列,1 : 5~1 : 500 按 R10/3 优先数系列。
资料来源:摘自 GB/T 157—2001。

表 8.2 特殊用途圆锥的锥度与锥角系列

基本值	推 算 值			锥度 C	标准号 GB/T(ISO)	用 途
	圆锥角 α					
	(°)(′)(″)	(°)	rad			
11°54′	—	—	0.20769418	1 : 4.7974511	(5237) (8489—5)	纺织机械和附件
8°40′	—	—	0.15126187	1 : 6.5984415	(8489—3) (8489—4) (324.575)	
7°	—	—	0.12217305	1 : 8.1749277	(8489—2)	
1 : 38	1°30′27.7080″	1.50769667°	0.02631427	—	(368)	
1 : 64	0°53′42.8220″	0.89522834°	0.01562468	—	(368)	
7 : 24	16°35′39.4443″	16.59429008°	0.28962500	1 : 3.4285714	3837.3 (297)	机床主轴工具配合
1 : 12.262	4°40′12.1514″	4.67004205°	0.08150761	—	(239)	贾各锥度 No.2
1 : 12.972	4°24′52.9039″	4.41469552°	0.07705097	—	(239)	贾各锥度 No.1
1 : 15.748	3°38′13.4429″	3.63706747°	0.06347880	—	(239)	贾各锥度 No.33
6 : 100	3°26′12.1776″	3.43671600°	0.05998201	1 : 16.6666667	1962 (594—1) (595—1) (595—2)	医疗设备
1 : 18.779	3°3′1.2070″	3.05033527°	0.05323839	—	(239)	贾各锥度 No.3
1 : 19.002	3°0′52.3956″	3.01455434°	0.05261390	—	1443(296)	莫氏锥度 No.5
1 : 19.180	2°59′11.7258″	2.98659050°	0.05212584	—	1443(296)	莫氏锥度 No.6
1 : 19.212	2°58′53.8255″	2.98161820°	0.05203905	—	1443(296)	莫氏锥度 No.0
1 : 19.254	2°58′30.4217″	2.97511713°	0.05192559	—	1443(296)	莫氏锥度 No.4
1 : 19.264	2°58′24.8644″	2.97357343°	0.05189865	—	(239)	贾各锥度 No.6

续表

基本值	推算值			锥度 C	标准号 GB/T(ISO)	用 途
	圆锥角 α					
	(°)(′)(″)	(°)	rad			
1:19.922	2°52′31.4463″	2.87540176°	0.05018523	—	1443(296)	莫氏锥度 No.3
1:20.020	2°51′40.7960″	2.86133223°	0.04993967	—	1443(296)	莫氏锥度 No.2
1:20.047	2°51′26.9283″	2.85748008°	0.04987244	—	1443(296)	莫氏锥度 No.1
1:20.288	2°49′24.7802″	2.82355006°	0.04928025	—	(239)	贾各锥度 No.0
1:23.904	2°23′47.6244″	2.39656232°	0.04182790	—	1443(296)	布朗夏普 锥度 No.1 至 No.3
1:28	2°2′45.8174″	2.04606038°	0.03571049	—	(8382)	复苏器 (医用)
1:36	1°35′29.2096″	1.59144711°	0.02777599	—	(5356—1)	麻醉器具
1:40	1°25′56.3516″	1.43231989°	0.02499870	—		

资料来源:摘自 GB/T 157—2001。

2. 标注

在零件图上,锥度用特定的图形符号和比例(或分数)来标注(见图8.3)。图形符号配置在平行于圆锥轴线的基准线上,并且其方向与圆锥方向一致,在基准线上面标注锥度的数值。用指引线将基准线与圆锥素线相连。

需要注意的是,在图样上标注了锥度,就不必标注圆锥角,两者不应重复标注。圆锥只要标注了最大圆锥直径 D 和最小圆锥直径 d 中的一个直径及圆锥长度 L、圆锥角 α(或锥度 C),则该圆锥就完全确定,不需要再标注锥度参数(或圆锥角参数)。

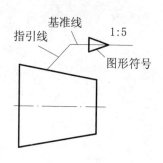

图 8.3 锥度的标注方法

8.1.2 圆锥公差的术语及定义

1. 公称圆锥

公称圆锥是指设计时给定的理想形状的圆锥。它所有的尺寸分别为公称圆锥直径、公称圆锥角(或公称锥角)和公称圆锥长度。

2. 极限圆锥、圆锥直径公差和圆锥直径公差区

极限圆锥是指与公称圆锥共轴线且圆锥角相等、直径分别为最大极限尺寸和最小极限尺寸的两个圆锥,如图8.4所示。在垂直于圆锥轴线的所有截面上,这两个圆锥的直径差都相等。直径为最大极限尺寸(D_{max},d_{max})的圆锥称为最大极限圆锥,直径为最小极限尺寸

(D_{min},d_{min})的圆锥称为最小极限圆锥。

圆锥直径公差 T_D 是指圆锥直径允许的变动量,圆锥直径公差在整个圆锥长度内都适用。圆锥直径公差区是指两个极限圆锥 B 所限定的区域,称为圆锥直径公差区 Z,也可称为圆锥直径公差带。

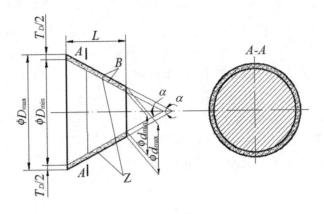

图 8.4 极限圆锥 B 和圆锥直径公差带 Z

3. 极限圆锥角、圆锥角公差和圆锥角公差区

极限圆锥角是指允许的最大圆锥角和最小圆锥角,它们分别用符号 α_{max} 和 α_{min} 表示,见图 8.5 所示。圆锥角公差是指圆锥角的允许变动量。当圆锥角公差以弧度或角度为单位时,用代号 AT_α 表示;以长度为单位时,用代号 AT_D 表示。极限圆锥角 α_{max} 和 α_{min} 所限定的区域称为圆锥角公差区 Z_α,也可称为圆锥角公差带。

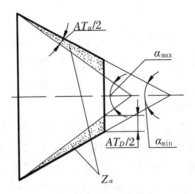

图 8.5 极限圆锥角和圆锥角公差带

8.1.3 圆锥配合的种类和圆锥配合的形成

1. 圆锥配合的种类

圆锥配合是指公称尺寸相同的内、外圆锥之间,由于结合松紧不同所形成的相互关系。圆锥配合分为以下三种配合。

(1)间隙配合。

间隙配合是指具有间隙的配合。间隙的大小可以在装配时和在使用中通过内外圆锥的轴向相对位移来调整。间隙配合主要用于有相对转动的机构中,如圆锥滑动轴承。

(2) 过盈配合。

过盈配合是指具有过盈的配合。过盈的大小也可以通过内外圆锥的轴向相对位移来调整。在承载情况下,可以利用内、外圆锥间的摩擦力自锁,传递很大的转矩。

(3) 过渡配合。

过渡配合是指可能具有间隙,也可能具有过盈的配合。其中,要求内、外圆锥紧密接触,间隙为零或稍有过盈的配合为紧密配合,它用于对中定心或密封。为了保证良好的密封性,对内、外圆锥的形状精度要求很高,通常将它们配对研磨。

2. 圆锥配合的形成

圆锥配合的间隙或过盈的大小可通过改变内、外圆锥间的轴向相对位置来调整。因此,内、外圆锥的最终轴向相对位置是圆锥配合的重要特征。按照确定内、外圆锥间最终的轴向相对位置采用的方式,圆锥配合的形成可分为以下两种方式:

(1) 结构型圆锥配合。

结构型圆锥配合是指由内、外圆锥本身的结构或基面距确定它们之间最终的轴向相对位置,来获得指定配合性质的圆锥配合。这种形成方式可获得间隙配合、过渡配合和过盈配合。图8.6(a)所示,由内圆锥端面1与外圆锥台阶2接触来确定装配时最终的轴向相对位置,从而形成指定的圆锥间隙配合。图8.6(b)所示,用内圆锥大端基准平面3与外圆锥基准圆平面4之间的距离 a(基面距)确定装配时最终的轴向相对位置,以获得指定的圆锥过盈配合。

(a) 由结构形成的圆锥间隙配合　　(b) 由基面距形成的圆锥过盈配合

1—内圆锥端面；　2—外圆锥台阶；　3—内圆锥大端基准平面；　4—外圆锥大端基准平面

图 8.6　结构型圆锥配合

(2) 位移型圆锥配合。

位移型圆锥配合是指由规定内、外圆锥的轴向相对位移或规定施加一定的装配力(轴向力)产生轴向位移,确定它们之间最终的轴向相对位置,来获得指定配合性质的圆锥配合。前者可获得间隙配合和过盈配合,而后者只能得到过盈配合。图8.7(a)所示,在不受力的情况下,内、外圆锥相接触,由实际初始位置 P_a 开始,内圆锥向右作轴向位移 E_a,到达终止位

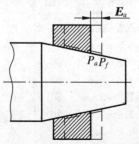

(a) 由轴向位移形成的圆锥间隙配合　　(b) 由施加装配力形成的圆锥过盈配合

图 8.7　位移型圆锥配合

置 P_f，以获得指定的圆锥间隙配合。图 8.7(b)所示，在不受力的情况下，内、外圆锥相接触，由实际初始位置 P_a 开始，对内圆锥施加一定的装配力 F_s，使内圆锥向左作轴向位移 E_a，到达终止位置 P_f，以获得指定的圆锥过盈配合。

轴向位移 E_a 与间隙 X（或过盈 Y）的关系如下：

$$E_a = X(或\ Y)/C$$

式中，C——内、外圆锥的锥度。

8.2 圆锥公差的给定和圆锥直径公差带的选择

8.2.1 圆锥公差项目

1. 圆锥直径公差

圆锥直径公差 T_D 以公称圆锥直径（一般取最大圆锥直径 D）为公称尺寸，按 GB/T 1800.1—2009 规定的标准公差（见表 2.5）选取。其数值适用于圆锥长度范围内的所有圆锥直径。

2. 圆锥角公差

圆锥角公差 AT 共分 12 个公差等级，分别用 $AT1,AT2,\cdots,AT12$ 表示，其中 $AT1$ 精度最高，等级依次降低，$AT12$ 精度最低。GB/T 11334—2005 规定的圆锥角公差的数值见表 8.3 所示。

为了加工和检测方便，圆锥角公差可以用角度值 AT_α 或线性值 AT_D 给定，AT_α 与 AT_D 的换算关系：

$$AT_D = AT_\alpha \times L \times 10^{-3} \tag{8.2}$$

式中，AT_D，AT_α 和圆锥长度 L 的单位分别为 $\mu m,\mu rad$ 和 mm。

圆锥角的极限偏差可以按单向取值（$\alpha^{+AT_\alpha}_0$ 或 $\alpha^{0}_{-AT_\alpha}$）或者双向对称取值（$\alpha \pm AT_\alpha/2$）。为了保证内、外圆锥接触的均匀性，圆锥角公差带通常采用对称于公称圆锥角分布。

表 8.3 圆锥角公差

公称圆锥长度 L(mm)		圆锥角公差等级								
		AT1			AT2			AT3		
		AT_α		AT_D	AT_α		AT_D	AT_α		AT_D
大于	至	μrad	(″)	μm	μrad	(″)	μm	μrad	(″)	μm
自 6	10	50	10	>0.3~0.5	80	16	>0.5~0.8	125	26	>0.8~1.3
10	16	40	8	>0.3~0.6	63	13	>0.6~1.0	100	21	>1.0~1.6
16	25	31.5	6	>0.5~0.8	50	10	>0.8~1.3	80	16	>1.3~2.0
25	40	25	5	>0.6~1.0	40	8	>1.0~1.6	63	13	>1.6~2.5
40	63	20	4	>0.8~1.3	31.5	6	>1.3~2.0	50	10	>2.0~3.2
63	100	16	3	>1.0~1.6	25	5	>1.6~2.5	40	8	>2.5~4.0
100	160	12.5	2.5	>1.3~2.0	20	4	>2.0~3.2	31.5	6	>3.2~5.0

续表

公称圆锥长度 L(mm)		圆锥角公差等级							
		AT1			AT2			AT3	
		AT_α		AT_D	AT_α		AT_D	AT_α		AT_D
大于	至	μrad	(″)	μm	μrad	(″)	μm	μrad	(″)	μm
160	250	10	2	>1.6～2.5	16	3	>2.5～4.0	25	5	>4.0～6.3
250	400	8	1.5	>2.0～3.2	12.5	2.5	>3.2～5.0	20	4	>5.0～8.0
400	630	6.3	1	>2.5～4.0	10	2	>4.0～6.3	16	3	>6.3～10.0

公称圆锥长度 L(mm)		圆锥角公差等级							
		AT4			AT5			AT6	
		AT_α		AT_D	AT_α		AT_D	AT_α		AT_D
大于	至	μrad	(″)	μm	μrad	(′)(″)	μm	μrad	(′)(″)	μm
自6	10	200	41	>1.3～2.0	315	1′05″	>2.0～3.2	500	1′43″	>3.2～5.0
10	16	160	33	>1.6～2.5	250	52″	>2.5～4.0	400	1′22″	>4.0～6.3
16	25	125	26	>2.0～3.2	200	41″	>3.2～5.0	315	1′05″	>5.0～8.0
25	40	100	31	>2.5～4.0	160	33″	>4.0～6.3	250	52″	>6.3～10.0
40	63	80	16	>3.2～5.0	125	26″	>5.0～8.0	200	41″	>8.0～12.5
63	100	63	13	>4.0～6.3	100	21″	>6.3～10.0	160	33″	>10.0～16.0
100	160	50	10	>5.0～8.0	80	16″	>8.0～12.5	125	26″	>12.5～20.0
160	250	40	8	>6.3～10.0	63	13″	>10.0～16.0	100	21″	>16.0～25.0
250	400	31.5	6	>8.0～12.5	50	10″	>12.5～20.0	80	16″	>20.0～32.0
400	630	25	5	>10.0～16.0	40	8″	>16.0～25.0	63	13″	>25.0～40.0

公称圆锥长度 L(mm)		圆锥角公差等级							
		AT7			AT8			AT9	
		AT_α		AT_D	AT_α		AT_D	AT_α		AT_D
大于	至	μrad	(′)(″)	μm	μrad	(′)(″)	μm	μrad	(′)(″)	μm
自6	10	800	2′45″	>5.0～8.0	1250	4′18″	>8.0～12.5	2000	6′52″	>12.5～20
10	16	630	2′10″	>6.3～10.0	1000	3′26″	>10.0～16.0	1600	5′30″	>16～25
16	25	500	1′43″	>8.0～12.5	800	2′45″	>12.5～20.0	1250	4′18″	>20～32
25	40	400	1′22″	>10.0～16.0	630	2′10″	>16.0～20.5	1000	3′26″	>25～40
40	63	315	1′05″	>12.5～20.0	500	1′43″	>20.0～32.0	800	2′45″	>32～50
63	100	250	52″	>16.0～25.0	400	1′22″	>25.0～40.0	630	2′10″	>40～63
100	160	200	41″	>20.0～32.0	315	1′05″	>32.0～50.0	500	1′43″	>50～80
160	250	160	33″	>25.0～40.0	250	52″	>40.0～63.0	400	1′22″	>63～100
250	400	125	26″	>32.0～50.0	200	41″	>50.0～80.0	315	1′05″	>80～125
400	630	100	21″	>40.0～63.0	160	33″	>63.0～100.0	250	52″	>100～160

公称圆锥长度 L(mm)		圆锥角公差等级							
		AT10			AT11			AT12	
		AT_α		AT_D	AT_α		AT_D	AT_α		AT_D
大于	至	μrad	(')(")	μm	μrad	(')(")	μm	μrad	(')(")	μm
自6	10	3150	10'49"	>20~32	5000	17'10"	>32~50	8000	27'28"	>50~80
10	16	2500	8'35"	>25~40	4000	13'44"	>40~63	6300	21'38"	>63~100
16	25	2000	6'52"	>32~50	3150	10'49"	>50~80	5000	17'10"	>80~125
25	40	1600	5'30"	>40~63	2500	8'35"	>63~100	4000	13'44"	>100~160
40	63	1250	4'18"	>50~80	2000	6'52"	>80~125	3150	10'49"	>125~200
63	100	1000	3'26"	>63~100	1600	5'30"	>100~160	2500	8'35"	>160~250
100	160	800	2'45"	>80~125	1250	4'18"	>125~200	2000	6'52"	>200~320
160	250	630	2'10"	>100~160	1000	3'26"	>160~250	1600	5'30"	>250~400
250	400	500	1'43"	>125~200	800	2'45"	>200~320	1250	4'18"	>320~500
400	630	400	1'22"	>160~250	630	2'10"	>250~400	1000	3'26"	>400~630

注：1 μrad 等于半径为 1 m，弧长为 1 μm 所对应的圆心角。5 μrad≈1″，300 μrad≈1′。

资料来源：摘自 GB/T 11334—2005。

3. 圆锥的形状公差

圆锥的形状公差包括素线直线度公差和横截面圆度公差。在图样上可以标注这两项形状公差或其中某一项公差，或者标注圆锥的面轮廓度公差。

8.2.2 圆锥公差的给定和标注

在图样上标注有配合要求的内、外圆锥的尺寸和公差时，内、外圆锥必须具有相同的公称锥角（或公称锥度），同时在内、外圆锥上标注直径公差的圆锥直径必须具有相同的公称尺寸。圆锥公差的标注方法有下列三种：

1. 面轮廓度法

面轮廓度法是给出圆锥的理论正确圆锥角 α（或锥度 C）、理论正确圆锥直径（D 或 d）和圆锥长度 L，标注面轮廓度公差，如图 8.8 所示。它是常用的圆锥公差给定方法，由面轮廓度公差带确定最大与最小极限圆锥，把圆锥的直径偏差、圆锥角偏差、素线直线度误差和横截面圆度误差等都控制在面轮廓度公差带内，相当于包容要求。

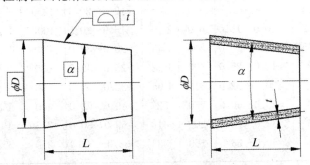

图 8.8 面轮廓度法标注圆锥公差

面轮廓度法适用于有配合要求的结构型内、外圆锥。

2. 基本锥度法

基本锥度法是指给出圆锥的理论正确圆锥角 α 和圆锥长度 L，标注公称圆锥直径（D 或 d）及其极限偏差（按相对于该直径对称分布取值），如图 8.9 所示。其特征是按圆锥直径为最大和最小实体尺寸构成的同轴线圆锥面，来形成两个具有理想形状的包容面公差带。实际圆锥处处不得超越这两个包容面。

基本锥度法适用于有配合要求的结构型和位移型内、外圆锥。

3. 公差锥度法

公差锥度法是指同时给出圆锥直径（最大或最小圆锥直径）极限偏差和圆锥角极限偏差，并标注圆锥长度，如图 8.10 所示。它们各自独立，分别满足各自的要求，按独立原则解释。

公差锥度法适用于非配合圆锥，也适用于对某给定截面直径有较高精度要求的圆锥。

需要注意的是，无论采用哪种标注方法，若有需要，可以附加给出更高的素线直线度、圆度精度要求；对于轮廓度法和基本锥度法，还可以附加给出严格的圆锥角公差。

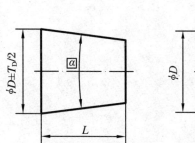
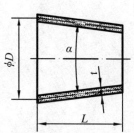

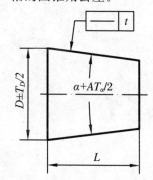

图 8.9　基本锥度法标注圆锥公差　　　　图 8.10　公差锥度法标注圆锥公差

8.2.3　圆锥直径公差带的选择

1. 结构型圆锥配合的内、外圆锥直径公差带的选择

结构型圆锥配合的配合性质由相互结合的内、外圆锥直径公差带之间的关系决定。

结构型圆锥配合的内、外圆锥直径公差带及配合可以从 GB/T 1801—2009 中选取。若 GB/T 1801—2009 给出的常用配合不能满足设计要求，则从 GB/T 1800.1—2009 规定的标准公差和基本偏差选取所需要的公差带组成配合。

结构型圆锥配合也分基孔制配合和基轴制配合。为了减少定值刀具和量具的品种及规格，获得最佳的技术经济效益，应优先选用基孔制配合。

2. 位移型圆锥配合的内、外圆锥直径公差带的选择

位移型圆锥配合的配合性质由内、外圆锥接触时的初始位置开始的轴向位移或者由在该初始位置上施加的装配力决定。因此，内、外圆锥直径公差带仅影响装配时的初始位置，不影响配合性质。

位移型圆锥配合的内、外圆锥直径公差带的基本偏差，采用 H/h 或 JS/js。其轴向位移的极限值按 GB/T 1801—2009 规定的极限间隙或极限过盈来计算。

习 题 8

1. 与光滑圆柱配合比较,圆锥配合有何特点?
2. 简述圆锥配合的种类和特点。
3. 圆锥公差的给定方法有几种?
4. 试述圆锥角和锥度的定义。它们之间有什么关系?
5. 位移型圆锥配合的内、外圆锥的锥度为 $1:50$,内、外圆锥的公称直径为 $100\ \text{mm}$,要求装配后得到 H8/u7 的配合性质。试计算所需的极限轴向位移。

第 9 章　渐开线圆柱齿轮公差与配合

齿轮是机器和仪器中使用较多的传动件，尤其是渐开线圆柱齿轮的应用甚广。齿轮的精度在一定程度上影响着整台机器或仪器的质量和工作性能。

我国发布了两项渐开线圆柱齿轮精度标准和相应的四个有关圆柱齿轮精度检验实施规范的指导性技术文件。它们分别是 GB/T 10095.1—2008《圆柱齿轮 精度制 第 1 部分：轮齿同侧齿面偏差的定义和允许值》、GB/T 10095.2—2008《圆柱齿轮 精度制 第 2 部分：径向综合偏差与径向跳动的定义和允许值》、GB/Z 18620.1—2008《圆柱齿轮 检验实施规范 第 1 部分：轮齿同侧齿面的检验》、GB/Z 18620.2—2008《圆柱齿轮 检验实施规范 第 2 部分：径向综合偏差、径向跳动、齿厚和侧隙的检验》、GB/Z 18620.3—2008《圆柱齿轮检验实施规范 第 3 部分：齿轮坯、轴中心距和轴线平行度的检验》和 GB/Z 18620.4—2008《圆柱齿轮检验实施规范 第 4 部分：表面结构和轮齿接触斑点的检验》。

本章依据这些国家标准和指导性技术文件，从使用要求出发，通过分析齿轮的加工误差、安装误差和评定指标，阐述渐开线齿轮精度设计的内容和方法。

9.1　齿轮传动的使用要求

齿轮用来传递运动和动力。传递运动，应保证传递准确、平稳；传递动力，则应保证传递可靠。对齿轮传动的要求因其在不同机械中的用途不同而异，一般可以归纳为四个方面。

9.1.1　齿轮传动的准确性

齿轮传递运动的准确性：要求齿轮在转动一周范围内，转角误差的最大值(绝对值)限制在一定范围内，用来控制主、从动齿轮在转动一周范围内传动比的变化。即要求齿轮工作时实际的传动比的变化尽量小，保证主、从动齿轮的运动协调。

如图 9.1 所示，假设主动齿轮为理想齿轮(无误差)，从动齿轮为实际齿轮(有误差)。从动齿轮由于存在制造误差，因此各个轮齿相对于回转轴线 O_2 的分布是不均匀的。当两齿轮单面啮合，主动齿轮匀速回转时，从动齿轮就不等速地回转—渐快渐慢地回转，从动齿轮转角偏差的变化情况如图 9.2 所示。从动齿轮从第 3 齿旋转到第 7 齿位置的理论角度为 180°，实际转角为 179°59′18″。因此实际转角对理论转角的转角误差的最大值为 $(+24″)-(-18″)=42″$，将其化为弧度并乘以半径则得到线性值。它表示从动齿轮传递运动准确性的精度。

转角误差会导致传递运动不准确。要使齿轮副的传动误差尽可能小，必须要求齿轮在旋转一转范围内，齿轮副的传动比尽可能不变。

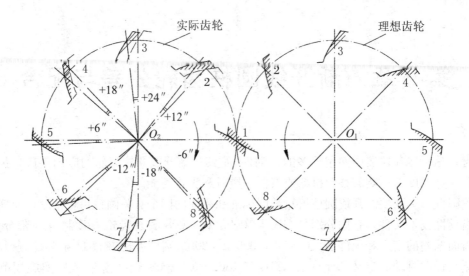

1~8—齿轮的轮齿序号； 实线齿廓—轮齿的实际位置； 虚线齿廓—轮齿的理想位置

图 9.1 齿轮啮合的转角误差

齿轮传递运动的准确性对机器使用性能影响很大。例如，汽车发动机内曲轴和凸轮轴上的一对正时齿轮，如果传递运动准确性较低，传递运动不协调，转角误差较大，对进气阀的开启和关闭的正确时间影响很大，从而影响发动机的正常工作。又如，车床主轴与丝杠之间的交换齿轮，如果传递运动的准确性较低，将会使所加工的螺纹产生较大的螺距偏差。

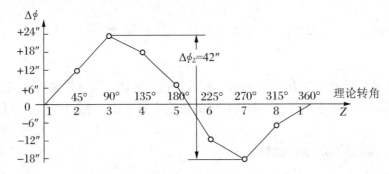

Z—齿轮的齿序； $\Delta\phi$—轮齿实际位置对理想位置的偏差； $\Delta\phi_\Sigma$—转角误差最大值

图 9.2 从动齿轮的 $\Delta\phi$ 转角误差曲线

9.1.2 齿轮传动的平稳性

齿轮传递运动的平稳性：要求齿轮旋转过程中瞬时传动比变化尽量小，即齿轮在一个较小角度范围内（如一个齿距角范围内）转角误差的变化不得超过一定的限度。

如图 9.1 所示，从动齿轮每转过一齿的实际转角对理论转角的转角误差中最大值（绝对值）为第 5 齿转至第 6 齿的转角误差，为 $|(-12'') - (+6'')| = 18''$。转化为弧度并乘以半径则得到线性值，它在很大程度上影响从动齿轮传动平稳性的精度。

齿轮在传动过程中，由于受到齿廓误差和齿距误差等影响，从一对轮齿过渡到另一对轮齿的齿距角范围内，存在着这种较小的转角误差，在齿轮转动一周过程中多次重复出现，导致一个齿距角内瞬时传动比也在变化。如果一个齿距角内的瞬时传递比变化过大,将引起冲击、撞击、振动和噪声,严重时会损坏齿轮。因此要求齿轮在旋转一齿范围内,齿轮副的瞬间传递比变化尽可能小。

9.1.3 轮齿载荷分布的均匀性

齿轮载荷分布的均匀性:要求齿轮啮合时,工作齿面接触良好,载荷分布均匀,避免载荷集中在局部齿面而造成齿面磨损或折断,以保证齿轮传动有较大的承载能力和较长的使用寿命。

9.1.4 合理侧隙

侧隙即齿侧间隙,是指齿轮副的工作齿面接触时,相邻的两个非工作齿面之间形成的间隙,如图 9.3 所示。侧隙是在齿轮、轴、箱体和其他零部件装配成减速器、变速箱或其他传动装置后自然形成的。适当的侧隙用来储存润滑油,补偿热变形和弹性变形,防止齿轮在工作中发生齿面烧蚀或卡死,保证齿轮副能够正常工作。

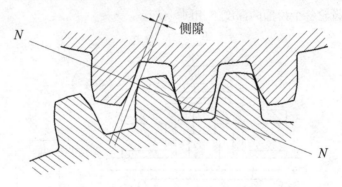

图 9.3 齿轮齿侧间隙

上述四项要求中,前三项是对齿轮传动的精度要求。不同用途的齿轮及齿轮副,对每项精度要求的侧重点不同。因此,根据齿轮的不同用途,应规定不同的精度等级,以适应不同的要求,获得最佳的技术经济效益。

(1) 齿轮加工机床的分度齿轮和仪器仪表的读数齿轮,传递功率小,转速低,要求传递运动的准确性。

(2) 机床和汽车变速箱内的变速齿轮传动,为了减小振动、降低噪音,要求齿轮传递运动的平稳性;此外还要保证承载能力,要求承受载荷的均匀性。

(3) 低速重载齿轮,如轧钢机、矿山机械和起重机用的齿轮,功率大、转速低,工作环境恶劣,要求承受载荷的均匀性。

(4) 侧隙与前三项要求有所不同,是独立于精度要求的另一类要求。齿轮副所要求侧隙大小,主要取决于齿轮副的工作条件。对重载、高速齿轮传动,由于受力变形和受热变形较大,侧隙应大些,以补偿较大的变形,使润滑油畅通。经常正转、逆转的齿轮,为减小回程误差,应适当减小侧隙。

9.2 影响齿轮使用要求的主要误差

9.2.1 影响齿轮传动准确性的主要误差

影响齿轮传动准确性的主要误差来源于齿轮的几何偏心和运动偏心。下面以滚齿加工为例说明齿轮误差的主要来源。

1. 几何偏心

几何偏心是齿轮基准孔的几何轴线与其回转轴线不重合而产生的偏心。

滚齿机上滚齿加工齿轮如图9.4所示。齿轮毛坯2安装在工作台3的心轴1上。滚刀6转动一周,工作台转动一个齿距角。滚刀和工作台连续旋转,滚刀架沿刀架导轨垂直方向上下运动,加工出齿轮整个齿宽方向的齿廓。

齿轮毛坯孔几何轴线$O'O'$和工作台的心轴回转轴线存在同轴度误差,安装后两轴线不重合而产生了几何偏心e_1。在切齿过程中,回转轴线OO与滚刀的径向距离虽然始终保持不变,但齿轮毛坯几何轴线$O'O'$与滚刀的径向距离发生周期性的变化,其最大变动量为$2e_1$,因此加工的齿轮各个齿槽的深度不相同。

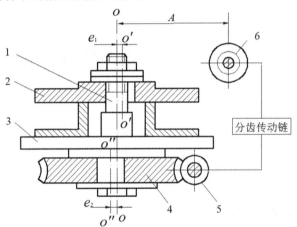

1—心轴; 2—齿轮毛坯; 3—工作台; 4—分度蜗轮; 5—分度蜗杆; 6—滚刀

图9.4 滚齿加工示意图

由图9.5所示,理想齿轮只有以回转轴线OO为中心的圆周(包括分度圆)上,各个轮齿是均匀分布的,即相邻轮齿之间的齿距都相等。由于几何偏心,实际齿轮以齿轮毛坯孔几何轴线$O'O'$为中心的圆周上,各个轮齿是不均匀分布的,即相邻轮齿之间的齿距是不相等的。实际齿轮在使用时以基准孔的几何轴线$O'O'$为回转轴线,因此齿距不均匀,转过每个齿时的转角也不均匀,产生转角误差,必然影响齿轮传递运动的准确性。

2. 运动偏心

如图9.4所示,运动偏心是齿轮在滚齿机上滚齿加工时,分度蜗轮4的几何轴线$O''O''$与工作台(或齿轮毛坯)回转轴线OO不重合时产生的偏心。如图9.6所示,当分度蜗轮旋转时,蜗轮齿距在其几何轴线$O''O''$为中心的圆周上分布均匀,但是蜗轮几何轴线$O''O''$绕工作台回转轴线OO旋转,而齿轮毛坯与分度蜗轮同步回转,因此齿轮毛坯的角速度在(ω

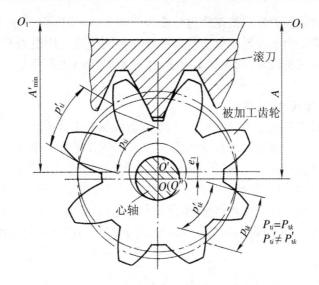

图 9.5　几何偏心的影响

$+\Delta\omega$）至（$\omega-\Delta\omega$）的范围内变化。分度蜗轮的齿距分布不均匀误差按一定比例复映到被切齿轮上，称为齿轮运动偏心 e_2。

运动偏心使被切齿轮在沿分度圆的切线方向产生切向位移，因此实际齿轮各个轮齿的齿距在分度圆上分布不均匀，各个齿距大小呈正弦规律变化。

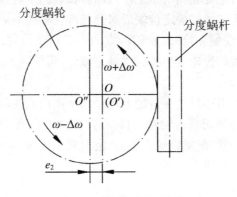

图 9.6　运动偏心的影响

齿轮的几何偏心和运动偏心是同时存在的，以齿轮转动一周为周期，都将导致以齿轮基准孔中心为圆心的圆周上各个齿距分布不均匀。它们相互叠加或者相互抵消，因此齿轮传动运动准确性精度，应以几何偏心和运动偏心综合造成的各个齿距不均匀而产生的转角误差最大值来评定，如图 9.1 所示。

9.2.2　影响齿轮传动平稳性的主要误差

影响齿轮传动平稳性误差，是齿轮同侧相邻齿廓间的齿距偏差和各个齿廓的形状误差，来源于被切齿轮齿距分布不均匀的加工误差，齿轮刀具和机床分度蜗轮的制造误差和安装误差。

（1）齿轮同侧相邻齿廓间的齿距偏差。

齿轮同侧相邻齿廓间的齿距偏差称为单个齿距偏差,是指同侧相邻齿廓间的实际齿距和理论齿距的代数差。由于齿轮各个实际齿距存在不同程度的齿距偏差,因此齿轮每转动一个齿距角都会出现转角误差,如图9.1所示,因此瞬时传动比不断变化,影响齿轮传动的平稳性。

(2) 齿轮各齿廓的形状误差。

齿轮齿廓的形状误差也称为齿廓偏差,指实际齿廓偏离设计齿廓(渐开线齿廓)的量,该量在齿轮端平面内垂直于对渐开线齿廓的方向计值。只有理论渐开线、摆线或共轭齿廓才能使啮合传动的主从动齿轮的齿廓接触点的公法线始终通过同一节点,传动比保持不变。但是渐开线齿轮切齿加工过程中,总是存在齿廓偏差,因此所切的齿廓形状不可能是理论渐开线。因此齿轮啮合传动过程中,瞬时传动比不断变化,影响齿轮传动的平稳性。

齿轮每转过一齿时,单个齿距偏差和齿廓偏差同时存在,因此齿轮传动的平稳性精度应以两者综合评定。

9.2.3 影响齿轮轮齿载荷分布均匀性的主要误差

齿轮啮合传动时,齿面接触不良会影响轮齿载荷分布均匀性。影响齿轮齿宽方向载荷分布均匀性的主要误差是螺旋线偏差;影响齿高方向载荷分布均匀性的主要误差是齿廓偏差。

滚切加工直齿轮时,刀架导轨相对于工作台回转轴线的平行度误差、心轴轴线相对于工作台回转轴线倾斜、齿轮毛坯的切齿定位端面对其基准孔轴线的垂直度误差等,都会使被切齿轮在齿宽方向产生螺旋线偏差,即齿轮轮齿方向不平行于齿轮基准轴线。而滚切加工斜齿轮时,除了以上因素使被切齿轮产生螺旋线偏差以外,齿轮的机床差动传动链的误差也会使被切齿轮产生螺旋线偏差。

如图9.7所示,滚齿机刀架导轨在齿轮毛坯径向平面内的倾斜,造成滚刀进给方向与工作台回转轴线不平行,会使被切直齿轮左、右齿面产生大小相等而方向相反的螺旋线偏差。这样的齿轮和无螺旋线偏差的配对齿轮安装后,齿面载荷分布不均匀,工作时单边接触应力大而造成磨损,出现单边接触斑点。

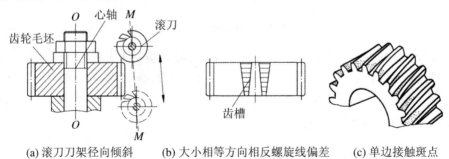

(a) 滚刀刀架径向倾斜　　(b) 大小相等方向相反螺旋线偏差　　(c) 单边接触斑点

图9.7　刀架导轨径向倾斜的影响

如图9.8所示,滚齿机刀架导轨在齿轮毛坯切向平面内的倾斜而造成被切齿轮左、右齿面产生大小相等且方向相同的螺旋线偏差。这样的齿轮与无螺旋线偏差的配对齿轮安装后,齿面载荷分布不均匀,工作时对角接触应力大而造成磨损,出现对角接触斑点。

如图9.9所示,齿轮毛坯定位端面对基准孔轴线有垂直度误差,即端面的轴向圆跳动误

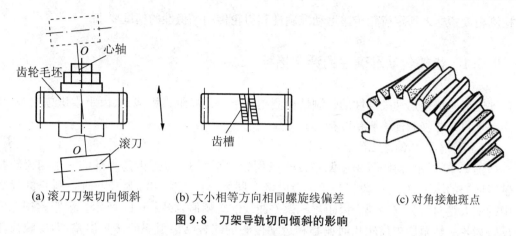

(a) 滚刀刀架切向倾斜　　(b) 大小相等方向相同螺旋线偏差　　(c) 对角接触斑点

图 9.8　刀架导轨切向倾斜的影响

差,会使被切齿轮齿面产生螺旋线偏差,这样的齿轮与无螺旋线偏差的配对齿轮安装后,齿面载荷分布不均匀,出现位置随机变化的接触斑点。

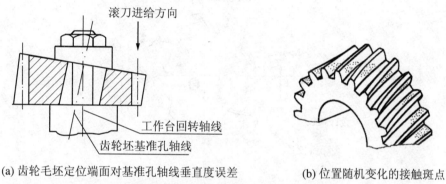

(a) 齿轮毛坯定位端面对基准孔轴线垂直度误差　　(b) 位置随机变化的接触斑点

图 9.9　齿轮端面对基准孔轴线的垂直度误差的影响

齿轮轮齿齿宽方向的螺旋线偏差和齿高方向的齿廓偏差是同时存在的,因此,齿轮载荷分布均匀性的精度应采用螺旋线偏差和齿廓偏差综合评定。

9.2.4　影响侧隙的主要误差

齿轮上影响侧隙大小和侧隙不均匀的主要误差是齿厚偏差、齿轮副中心距偏差。齿厚增大,侧隙减小;中心距增大,侧隙增大。造成齿轮副中心距偏差的主要原因是箱体孔的中心距偏差。造成齿厚变化的主要原因是切齿时刀具的进给位置的影响,刀具离工作台回转轴线越近,齿厚减小,反之齿厚增大。因此齿厚偏差与切齿时齿轮刀具的切削深度相关,同一齿轮的齿厚偏差主要来源于齿轮的几何偏心。

9.3　渐开线圆柱齿轮精度的评定参数与标准

为了评定齿轮的三项精度,GB/T 10095.1—2008 规定的强制性检测精度指标是齿距偏差(单个齿距偏差,齿距累积偏差,齿距累积总偏差)、齿廓总偏差和螺旋线总偏差。为了评定齿轮的齿厚减薄量,常用的指标是齿厚偏差或公法线长度偏差。除此之外,还有非强制性的检测精度指标来评定齿轮传递运动准确性和齿轮传动平稳性的精度要求。

9.3.1 齿轮传动准确性的评定指标

评定齿轮传递运动准确性的强制性检测精度指标是齿距累积偏差、齿距累积总偏差,其他误差项目是非强制性检测精度指标。

(1) 齿距累积总偏差 ΔF_p。

如图 9.10 所示,齿距累积总偏差 ΔF_p 指齿轮端平面上,接近齿高中部的一个与齿轮基准轴线同心的圆上,任意弧段($k=1\sim z$)内两个同侧齿面之间实际弧长与理论弧长的代数差中的最大绝对值。它表现为齿距累积误差曲线的总幅值,如图 9.11 所示。齿距累积总偏差反映齿轮一转范围内齿轮几何偏心和运动偏心的综合结果引起的转角误差,即反映齿轮转动一周过程中的传动比的变化,影响齿轮传递运动的准确性。

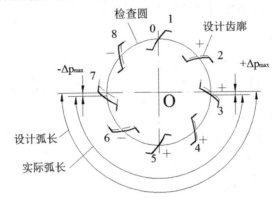

图 9.10 齿轮齿距累积总偏差 ΔF_p

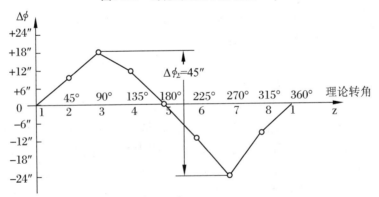

图 9.11 从动齿轮的 $\Delta \phi$ 转角误差曲线

合格条件是齿距累积总偏差 ΔF_p 不大于齿距累积总公差 F_p,即 $\Delta F_p \leqslant F_p$。

(2) 齿距累积偏差 ΔF_{pk}。

对于齿数较多的高精度齿轮,非圆整齿轮或高速齿轮,要求评定在一段范围内的(k 个齿距范围内)的齿距累积偏差。齿距累积偏差 ΔF_{pk} 是齿轮端平面上,接近齿高中部的一个与齿轮基准轴线同心的圆上,任意 k 个齿距的两个同侧齿面之间实际弧长与理论弧长的代数差,如图 9.12 所示。理论上它等于这 k 个齿距的各单个齿距偏差的代数和。除另有规定,ΔF_{pk} 值被限定在不大于 1/8 的圆周上评定。因此,F_{pk} 的允许值适宜于齿距数 k 为 2 到

小于 $z/8$ 的弧段内(通常 ΔF_{pk} 取 $k=z/8$)。齿距累积偏差 ΔF_{pk} 过大,齿轮工作时将产生振动和噪声。

合格条件是齿距累积偏差 ΔF_{pk} 不大于齿距累积公差 F_{pk},即 $\Delta F_{pk} \leqslant F_{pk}$。

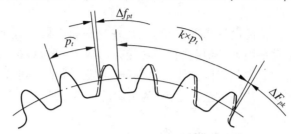

$\widehat{p_t}$—单个理论齿距; 粗实线表示实际齿廓; 虚线表示理想齿廓

说明:ΔF_p 和 ΔF_{pk} 虽然都定义在分度圆上,实际测量时允许在齿高中部进行;
规定 ΔF_{pk} 主要是为了限制齿距累积偏差集中在局部圆周上。

图 9.12 齿轮单个齿距偏差 Δf_{pt} 与齿距累积偏差 ΔF_{pk}

(3) 齿轮径向跳动 ΔF_r。

齿轮径向跳动 ΔF_r 是指当被测齿轮绕其基准轴线 O' 间断地转动,量仪测头依次放入被测齿轮的每个齿槽内,在接近齿高中部位置与左、右齿面接触时,距离齿轮基准轴线最大距离与最小距离的代数差,如图 9.12(a)所示。指示表的示值变化如图 9.13(b)所示,最大示值与最小示值的代数差即为齿轮径向跳动的 ΔF_r 的数值,大约是几何偏心 e 的两倍$(2e)$。

齿轮径向跳动是评定齿轮传递运动准确性的非强制性精度指标。合格条件是被测齿轮的齿轮径向跳动 ΔF_r 不大于齿轮的跳动公差 F_r,即 $\Delta F_r \leqslant F_r$。

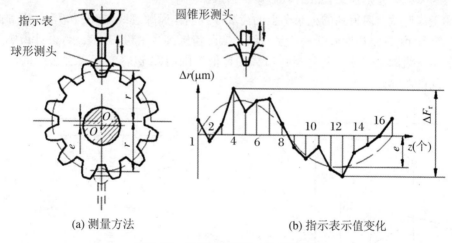

(a) 测量方法　　　　　　　　(b) 指示表示值变化

图 9.13 齿轮径向跳动 ΔF_r 及其检测

9.3.2 齿轮传动平稳性的评定指标

为了评定齿轮传动的平稳性的精度,强制性检测精度指标是单个齿距偏差 Δf_{pt} 和齿廓总偏差 ΔF_α,其他误差项目是非强制性检测项目。

(1) 单个齿距偏差 Δf_{pt}。

Δf_{pt} 为单个齿距偏差,是指在端平面上,在接近齿高中部的一个与齿轮轴线同心的圆上,实际齿距与理论齿距的代数差,如图 9.12 所示。取其中绝对值最大的数值 $f_{pt\,max}$ 作为评定值。

合格条件是被测齿轮所有的单个齿距偏差 Δf_{pt} 都在极限偏差 $\pm f_{pt}$ 的范围内,即 $-f_{pt} \leqslant f_{pt\,max} \leqslant +f_{pt}$。

(2) 齿廓总偏差 ΔF_α。

齿廓偏差是实际齿廓偏离设计齿廓的量,该量在端平面内且垂直于渐开线齿廓的方向计值。齿廓总偏差是在端平面上计值范围 L_α 内,包容实际齿廓迹线的两条设计齿廓迹线间的距离。图 9.14 所示,包容实际齿廓迹线工作部分(轮齿两端的倒角或修缘部分除外)且距离为最小的两条设计齿廓迹线间的法向距离,为齿廓总偏差 ΔF_α。

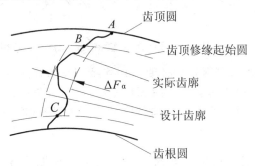

AB—倒棱部分; AC—齿廓有效长度; BC—工作部分(齿廓计值范围)

图 9.14 齿廓总偏差

凡是符合设计规定的齿廓,当无其他限定时是指端面齿廓。设计齿廓通常为渐开线。考虑到制造误差和轮齿受载后的弹性变形,为了降低噪声和减小动载荷的影响,也可以采用以渐开线为基础的修形齿廓,如凸齿廓、修缘齿廓。

在测量齿廓偏差时得到的记录图上的齿廓曲线叫作齿廓迹线,如图 9.15 在齿廓曲线图中,未经修形的渐开线齿廓迹线一般是直线。实际齿廓迹线用粗实线表示,设计齿廓迹线用点划线表示。齿廓总偏差 ΔF_α 是指在齿廓的计值范围内 L_α 包容实际齿廓迹线的两条设计齿廓迹线间的距离。

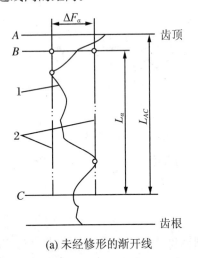

(a) 未经修形的渐开线

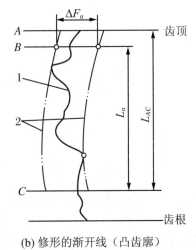

(b) 修形的渐开线(凸齿廓)

L_α—齿廓计值范围; L_{AC}—齿廓有效长度; 1—实际齿廓迹线; 2—设计齿廓迹线

图 9.15 齿廓偏差测量记录图

合格条件是在被测齿轮各个轮齿圆周上测量均匀分布的三个轮齿或更多的轮齿左、右齿面的齿廓总偏差 ΔF_α 中的最大值 $\Delta F_{\alpha\max}$，不大于齿廓总公差 F_α，即 $\Delta F_{\alpha\max} \leqslant F_\alpha$ 则表示合格。

9.3.3 齿轮载荷分布均匀性的评定指标

评定齿轮载荷分布均匀性的强制性检测精度指标，在齿宽方向是螺旋线总偏差 ΔF_β，在齿高方向是齿轮传动平稳性的强制性检测精度指标（单个齿距偏差 Δf_{pt} 和齿廓总偏差 ΔF_α）。

在端面基圆切线方向上测得的实际螺旋线对设计螺旋线的偏离量称为螺旋线偏差。螺旋线总偏差 ΔF_β 是指在计值范围 L_β 内包容实际螺旋线迹线两条设计螺旋线迹线间的距离。直齿轮的轮齿螺旋角为 $0°$，因此直齿轮的设计螺旋线为一条直线，它平行于齿轮基准轴线。

在基圆柱的切平面内，在齿宽工作部分（轮齿两端的倒角或修缘部分除外）范围内包容实际螺旋线且距离为最小的两条设计螺旋线之间的法向距离，为螺旋线总偏差 ΔF_β，如图 9.16 所示。

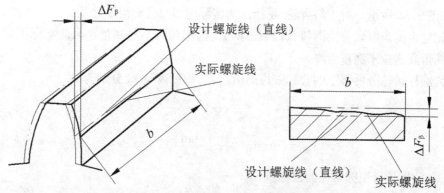

图 9.16 直齿轮的螺旋线总偏差

凡符合设计规定的螺旋线都是设计螺旋线。为了减小齿轮的制造误差和安装误差对轮齿载荷分布均匀性不利影响，以及补偿轮齿在受载下的变形，提高齿轮的承载能力，也可以像修形渐开线那样，将螺旋线进行修形，如将轮齿加工成鼓形齿。

在测量螺旋线偏差时得到的记录图上的螺旋线曲线叫作螺旋线迹线，在螺旋线曲线图中，未经修形的螺旋线的迹线一般为直线。例如，图 9.17 所示，实际螺旋线迹线用粗实线表

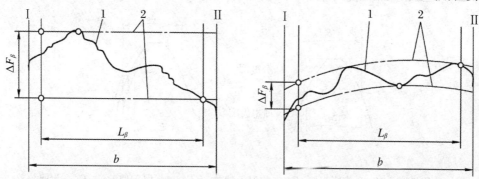

L_β—螺旋线计值范围； Ⅰ、Ⅱ—齿轮的两端； 1—实际螺旋线迹线； 2—设计螺旋线迹线

图 9.17 螺旋线偏差测量记录图

示,设计螺旋线迹线用点划线表示。螺旋线总偏差 ΔF_β 是指在计值范围内(在齿宽上从轮齿两端处各扣除倒角或修缘部分),包容实际螺旋线迹线的两条设计螺旋线迹线间的距离。

合格条件是应在被测齿轮圆周上测量均匀分布的三个齿轮或更多的轮齿左、右齿面的螺旋线总偏差 ΔF_β 取其中的最大值 $\Delta F_{\beta\max}$ 不大于齿廓总公差 F_β,即 $\Delta F_{\beta\max} \leqslant F_\beta$ 则表示合格。

9.3.4 评定齿轮副传动侧隙指标

齿轮副侧隙的大小与齿轮齿厚减薄量密切相关,齿轮齿厚减薄量可以用齿厚偏差或公法线长度偏差来评定。

(1) 齿厚偏差 ΔE_{sn}。

对于直齿轮,齿厚偏差 ΔE_{sn} 是指在分度圆柱面上,实际齿厚与公称齿厚(齿厚理论值)之差,如图 9.18 所示。对于斜齿轮,是指法向实际齿厚与公称齿厚之差。

齿轮轮齿的齿厚以分度圆弧长(弧齿厚)计算,但弧长不易测量。因此实际上是按分度圆上的弦齿高定位来测量齿厚。

直齿圆柱齿轮分度圆上的公称弦齿高 h_{nc} 与公称弦齿厚 s_{nc} 分别为

$$h_{nc} = r_a - \frac{mz}{2}\cos(\frac{\pi + 4x\tan\alpha}{2z}) \tag{9.1}$$

$$s_{nc} = mz\sin(\frac{\pi + 4x\tan\alpha}{2z}) \tag{9.2}$$

式中,r_a——齿轮齿顶圆半径的公称值;

m——模数;

z——齿数;

α——标准压力角;

x——变位系数,对于标准直齿圆柱齿轮,变位系数 $x = 0$。

合格条件是被测齿轮各齿的齿厚偏差 ΔE_{sn} 都在齿厚上偏差 E_{sns} 和齿厚下偏差 E_{sni} 范围内,即 $E_{sns} \geqslant \Delta E_{sn} \geqslant E_{sni}$ 则表示合格。

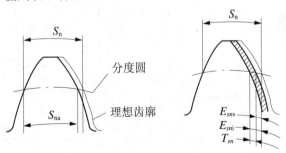

S_n—公称齿厚; S_{na}—实际齿厚;E_{sns}—齿厚上偏差; E_{sni}—齿厚下偏差; T_{sn}—齿厚公差

图 9.18 齿厚偏差与公差

(2) 公法线长度偏差 ΔE_w。

齿厚偏差还可以通过测量公法线长度偏差来实现。公法线的长度可以用公法线千分尺测量。公法线长度偏差 ΔE_w 是指实际公法线长度 W_k 与公称公法线长度 W 之差。它是评定齿轮齿厚减薄量的指标。测量公法线长度时跨 k 齿且公法线千分尺两个测量面与齿面在分度圆附近相切,即在齿高中部附近。见图9.19,在一个接触到齿的右齿面和另一个接触到齿的左齿面的两个平行测量平面之间测得的距离。由机械原理可知渐开线的公法线与基圆相切。公称公法线长度在两个齿廓间沿所有法线方向都是常数。

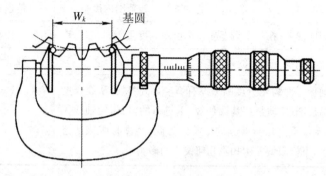

图 9.19 公法线长度的测量

斜齿轮的公称公法线长度 W_k 按下式计算:

$$W_k = m_n \cos\alpha_n [(k-0.5)\pi + z \cdot \mathrm{inv}\alpha_t + 2\tan\alpha_n \cdot x] \tag{9.3}$$

其中,m_n 为法向模数;z 为齿数;α_n 为法向压力角;α_t 为端面压力角;x 为变位系数;k 为跨齿数;$\mathrm{inv}\alpha_t$ 为端面压力角 α_t 的渐开线函数。

斜齿轮端面压力角 α_t 和法向压力角 α_n 的关系是:$\tan\alpha_n = \tan\alpha_t \cdot \cos\beta$,$\beta$ 为螺旋角。

对于标准直齿圆柱齿轮($x=0$)时的跨齿数 k 按下式计算:

$$k = \frac{z\alpha}{180°} + 0.5$$

当标准压力角 $\alpha = 20°$ 时,跨齿数 $k = z/9 + 0.5$。

对于变位直齿圆柱齿轮时的跨齿数 k 按下式计算:

$$k = \frac{z\alpha_m}{180°} + 0.5$$

式中,$\alpha_m = \arccos[d_b/(d+2xm)]$,$d_b$ 为基圆直径,d 为分度圆直径。

计算出的 k 值通常不是整数,必须将它圆整为最接近计算值的整数。

合格条件是被测各条公法线长度的偏差都在公法线长度上偏差 E_{ws} 和下偏差 E_{wi} 范围内,即 $E_{ws} \geqslant \Delta E_w \geqslant E_{wi}$ 则表示合格。

9.4 渐开线圆柱齿轮精度设计

GB/T 10095.1/2—2008 单个渐开线圆柱齿轮精度制,适用于平行轴线传动的渐开线圆柱齿轮及其齿轮副。

齿轮精度的设计,就是根据齿轮传动的使用要求,确定齿轮的精度等级;确定齿轮的强制性检测精度指标的偏差允许值；确定齿轮的侧隙指标及其极限偏差；确定齿轮坯的尺寸公差、几何公差和表面粗糙度轮廓；根据需要确定齿轮副中心距的极限偏差和轴线的平行度公差。齿轮精度指标对齿轮传动使用要求的影响如表 9.1 所示。

表 9.1 齿轮精度指标对齿轮传动使用要求的影响

偏差项目	主 要 特 征	对齿轮传动使用要求的影响
$\Delta F_p, \Delta F_{pk}$	长周期误差 ΔF_{pk}，除外，都是在齿轮一转范围内度量	传递运动的准确性
$\Delta f_{pt}, \Delta F_\alpha$	小周期误差，在一个齿上或一个齿距内度量	传动的平稳性
ΔF_β	在齿轮轴线方向上的误差	载荷分布的均匀性
$\Delta E_{sn} \Delta E_w$	几何偏心对齿轮分度圆齿厚有影响，而测量公法线长度是沿齿圈（实质是在基圆切线）上进行的，与齿轮轴线无关，反应不出几何偏心的影响。为此，换算时应该从齿厚上、下极限偏差中扣除几何偏心的影响	侧隙

9.4.1 齿轮的精度等级及选择

国家标准对齿轮及齿轮副规定了 13 个精度等级，用阿拉伯数字 0,1,2,…,12 表示。其中，0 级是最高的精度等级，各级精度依次递减，12 级是最低的精度等级。5 级精度是各级精度中的基础级，两相邻精度等级的分级公比等于 $\sqrt{2}$，本级公差数值乘以（或除以）$\sqrt{2}$ 即可得到相邻较低（或较高）等级的公差数值。

必检精度指标 5 级精度的公差应按表 9.2 的公式计算确定。

表 9.2 齿轮应验精度指标 5 级精度的公差计算公式

公差项目的名称和符号	计 算 公 式(μm)
齿距累积总偏差 F_p	$F_p = 0.3 m_n + 1.25 \sqrt{d} + 7$
齿距累积偏差 F_{pk}	$F_{pk} = f_{pt} + 1.6 \sqrt{(k-1)m_n}$
单个齿距偏差 f_{pt}	$f_{pt} = 0.3(m_n + 0.4\sqrt{d}) + 4$
齿廓总偏差 F_α	$F_\alpha = 3.2 \sqrt{m_n} + 0.22\sqrt{d} + 0.7$
螺旋线总偏差 F_β	$F_\beta = 0.1\sqrt{d} + 0.63\sqrt{b} + 4.2$

注：m_n——齿轮的法向模数；d——分度圆直径；b——齿宽（单位均为 mm）；k——测量齿距累积偏差 F_{pk} 时的齿距数。

为了使用方便，GB/T 10095.1/2—2008 还给出了齿轮公差数值表。表 9.3 列出了圆柱齿轮各强制性检测精度指标的公差和极限偏差。

表 9.3 圆柱齿轮各强制性检测精度指标的公差和极限偏差

分度圆直径 d(mm)	法向模数 m_n 或齿宽 b(mm)	精度等级												
		0	1	2	3	4	5	6	7	8	9	10	11	12
齿轮传递运动准确性		齿轮齿距累积总偏差允许值 F_p(μm)												
$50<d\leqslant125$	$2.0<m_n\leqslant3.5$	3.3	4.7	6.5	9.5	13	19	27	38	53	76	107	151	214
	$3.5<m_n\leqslant6.0$	3.4	4.9	7.0	9.5	14	19	28	39	55	78	110	156	220
$125<d\leqslant280$	$2.0<m_n\leqslant3.5$	4.4	6.0	9.0	12	18	25	35	50	70	100	141	199	282
	$3.5<m_n\leqslant6.0$	4.5	6.5	9.0	13	18	25	36	51	72	102	144	204	288
齿轮传动平稳性		齿轮单个齿距偏差允许值 $\pm f_{pt}$(μm)												
$50<d\leqslant125$	$2.0<m_n\leqslant3.5$	1.0	1.5	2.1	2.9	4.1	6.0	8.5	12	17	23	33	47	66
	$3.5<m_n\leqslant6.0$	1.1	1.6	2.3	3.2	4.6	6.5	9.0	13	18	26	36	52	73
$125<d\leqslant280$	$2.0<m_n\leqslant3.5$	1.1	1.6	2.3	3.2	4.6	6.5	9.0	13	18	26	36	51	73
	$3.5<m_n\leqslant6.0$	1.2	1.8	2.5	3.5	5.0	7.0	10.0	14	20	28	40	56	79
齿轮传动平稳性		齿轮齿廓偏差允许值 F_α(μm)												
$50<d\leqslant125$	$2.0<m_n\leqslant3.5$	1.4	2.0	2.8	3.9	5.5	8.0	11.0	16	22	31	44	63	89
	$3.5<m_n\leqslant6.0$	1.7	2.4	3.4	4.8	6.5	9.5	13.0	19	27	38	54	76	108
$125<d\leqslant280$	$2.0<m_n\leqslant3.5$	1.6	2.2	3.2	4.5	6.5	9.0	13.0	18	25	36	50	71	101
	$3.5<m_n\leqslant6.0$	1.9	2.6	3.7	5.5	7.5	11.0	15.0	21	30	42	60	84	119
轮齿载荷分布均匀性		齿轮螺旋线总偏差允许值 F_β(μm)												
$50<d\leqslant125$	$20<b\leqslant40$	1.5	2.1	3.0	4.2	6.0	8.5	12	17	24	34	48	68	95
	$40<b\leqslant80$	1.7	2.5	3.5	4.9	7.0	10.0	14	20	28	39	56	79	111
$125<d\leqslant280$	$20<b\leqslant40$	1.6	2.2	3.2	4.5	6.5	9.0	13	18	25	36	50	71	101
	$40<b\leqslant80$	1.8	2.6	3.6	5.0	7.5	10.0	15	21	29	41	58	82	117

资料来源:摘自 GB/T 10095.1—2008。

齿轮的 13 个精度等级中,0~2 级精度齿轮的精度要求非常高,目前我国只有极少数单位能够制造和测量 2 级精度齿轮,因此 0~2 级属于有待发展的精度等级;而 3~5 级为高精度等级,6~9 级为中精度等级,10~12 级为低精度等级。

对于同一齿轮的传递运动准确性、平稳性和载荷分布均匀性三项精度要求,根据齿轮传动在工作中的具体使用条件可以选用相同的精度等级,或者选用不同的精度等级的组合。

选择精度等级的主要依据是齿轮的用途和工作条件,应考虑齿轮的圆周速度、传递的功率、工作持续时间、传递运动准确性的要求、振动和噪声、承载能力、寿命等。选择精度等级的方法有类比法和计算法。

类比法按齿轮的用途和工作条件等进行对比选择。表 9.4 列出了机械设备中齿轮所采用的精度等级,表 9.5 列出了齿轮某些精度等级应用范围,供参考。

计算法主要用于精密齿轮传动系统。当精度要求很高时,可按使用要求计算出所允许的回转角误差,以确定齿轮传递运动准确性的精度等级,例如,对于读数齿轮传动链就应该进行这方面的分析和计算。对于高速动力齿轮,可按其工作时最高转速计算出的圆周速度,或按允许的噪声大小,来确定齿轮平稳性的精度。对于重载齿轮,可在强度计算或寿命计算的基础上确定轮齿载荷分布均匀性的精度等级。

表 9.4 各类机械传动中所应用的齿轮精度等级

适 用 范 围	精 度 等 级	适 用 范 围	精 度 等 级
单啮仪、双啮仪（测量齿轮）	2～5	载重汽车	6～9
涡轮机减速器	3～5	通用减速器	6～8
金属切削机床	3～8	轧钢机	5～10
航空发动机	4～7	矿用绞车	6～10
内燃机车、电气机车	5～8	起重机	6～9
轿车	5～8	拖拉机	6～10

表 9.5 齿轮某些精度等级的应用范围

精 度 等 级		4级	5级	6级	7级	8级	9级
应 用 范 围		高精密分度机构的齿轮，高速并要求平稳、无噪声的齿轮，高速涡轮机齿轮	精密分度机构的齿轮，高速并要求平稳、无噪声的齿轮，高速涡轮机齿轮	高速、平稳、无噪声、高效率的齿轮，航空、汽车、机床中的重要齿轮，分度机构齿轮，读数机构齿轮	高速、动力小而需逆转的齿轮，机床中的进给齿轮，航空齿轮，读数机构齿轮，具有一定速度的减速器齿轮	一般机器中的普通齿轮，汽车、拖拉机、减速器中的一般齿轮，航空器中的不重要齿轮，农机中的重要齿轮	精度要求低的齿轮
齿轮圆周速度（m/s）	直齿	<35	<20	<15	<10	<6	<2
	斜齿	<70	<40	<30	<15	<10	<4

9.4.2 齿轮侧隙指标的极限偏差

1. 齿厚极限偏差的确定

相互啮合齿轮的相邻非工作齿面间的侧隙是齿轮副装配后自然形成的。适当的侧隙可以通过改变齿轮副的中心距或齿轮轮齿的齿厚来实现。

齿厚上偏差根据齿轮副所需要的最小侧隙通过计算或类比确定。齿厚下偏差根据齿轮精度等级和加工齿轮时的径向进刀公差和几何偏心确定。齿轮精度等级和齿厚极限偏差确定后，齿轮副的最大侧隙自然形成。

(1) 齿轮副的最小侧隙。

侧隙通常在相互啮合齿轮齿面的法向平面或沿着啮合线测量，称为法向侧隙，可以用塞尺测量，如图 9.20 所示。

为了保证齿轮传动的灵活性，根据润滑和补偿热变形的需要，齿轮副必须具有一定的最小侧隙。在标准温度 20 ℃ 的条件下，齿轮副没有负载时，所需要的最小限度的法向侧隙称为最小法向侧隙 $j_{bn\,min}$，与齿轮精度等级无关。

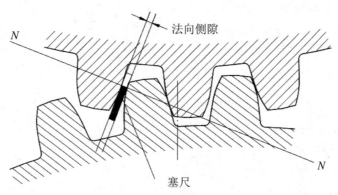

图 9.20　用塞尺测量法向侧隙

最小法向侧隙 $j_{bn\,min}$ 根据齿轮副工作时，齿轮和箱体的工作温度、润滑方式及齿轮的圆周速度等工作条件确定，由以下两部分组成。

① 齿轮传动时补偿齿轮和箱体热变形所需的法向侧隙 j_{bn1}。

法向侧隙 j_{bn1} 按下式确定：

$$j_{bn1} = a(\alpha_1\Delta t_1 - \alpha_2\Delta t_2) \times 2\sin\alpha \tag{9.4}$$

式中，a——齿轮副的公称中心距；

α_1 和 α_2——齿轮和箱体材料的热膨胀系数（℃$^{-1}$）；

Δt_1 和 Δt_2——齿轮温度 t_1 和箱体温度 t_2 分别相对于 20 ℃ 的变化量，即 $\Delta t_1 = t_1 - 20$ ℃，$\Delta t_2 = t_2 - 20$ ℃；

α——齿轮的标准压力角。

② 齿轮传动时正常润滑条件所需法向侧隙 j_{bn2}。

法向侧隙 j_{bn2} 取决于润滑方法和齿轮的圆周速度，从表 9.6 中选取。

表 9.6　保证正常润滑条件所需的法向侧隙 j_{bn2}（推荐值）

润滑方式	齿轮的圆周速度 v(m/s)			
	≤10	>10～25	>25～60	>60
喷嘴润滑	$0.01m_n$	$0.02m_n$	$0.03m_n$	$(0.03\sim0.05)m_n$
油池润滑	$(0.005\sim0.01)m_n$			

注：m_n——齿轮法向模数(mm)。

齿轮副的最小法向侧隙为

$$j_{bn\,min} = j_{bn1} + j_{bn2} \tag{9.5}$$

（2）齿厚上偏差的确定。

齿厚上偏差 E_{sns} 即齿厚的最小减薄量，要保证齿轮副所需的最小法向侧隙 $j_{bn\,min}$，还要补偿齿轮和箱体制造和安装过程形成的误差所导致的侧隙减小量 J_{bn}。制造误差与相互啮合的两齿轮的基圆齿距偏差 Δf_{pb} 和螺旋线总偏差 Δf_β 相关；安装误差与箱体成对的轴承孔的公共轴线的平行度误差有关。

取齿轮标准压力角 $\alpha_n = 20°$，侧隙减小量 J_{bn} 为

$$J_{bn} = \sqrt{1.76f_{pt}^2 + [2 + 0.34(L/b)^2]F_\beta^2} \tag{9.6}$$

式中，f_{pt}——单个齿距极限偏差；

L——箱体轴承跨距;

b——齿宽;

F_β——螺旋线总偏差允许值。

为了方便设计和计算,令齿轮副两个齿轮的齿厚上偏差相同,因此齿厚上偏差为

$$|E_{sns1}| = |E_{sns2}| = |E_{sns}| = \frac{j_{bnmin} + J_{bn}}{2\cos\alpha} + f_a \tan\alpha_n \tag{9.7}$$

式中,$j_{bn\,min}$——最小法向侧隙;

J_{bn}——侧隙减小量;

α_n——标准压力角;

f_a——中心距极限偏差。

(3) 齿厚下偏差的确定。

齿厚下偏差 E_{sni} 由齿厚上偏差 E_{sns} 和齿厚公差 T_{sn} 计算得到:

$$E_{sni} = E_{sns} - T_{sn} \tag{9.8}$$

齿厚公差 T_{sn} 大小与齿轮切齿加工时的径向进刀公差 b_r 和齿轮径向跳动允许值 F_r 有关,齿厚公差 T_{sn} 为

$$T_{sn} = 2\tan\alpha \sqrt{b_r^2 + F_r^2} \tag{9.9}$$

式(9.9)中,径向进刀公差 b_r 的数值按表 9.7 选取,齿轮径向跳动允许值 F_r 的数值从表 9.8 中选取。

表 9.7 齿轮切齿加工时的径向进刀公差 b_r

齿轮传递运动准确性的精度等级	4级	5级	6级	7级	8级	9级
b_r	1.26IT7	IT8	1.26IT8	IT9	1.26IT9	IT10

注:标准公差值 IT 根据齿轮分度圆直径从表 2.5 查取。

表 9.8 圆柱齿轮径向跳动允许值 F_r

分度圆直径 d(mm)	法向模数 m_n (mm)	精度等级											
		0	1	2	3	4	5	6	7	8	9	10	11	12
50<d≤125	2.0<m_n≤3.5	2.5	4.0	5.5	7.5	11	15	21	30	43	61	86	121	171
	3.5<m_n≤6.0	3.0	4.0	5.5	8.0	11	16	22	31	44	62	88	125	176
125<d≤280	2.0<m_n≤3.5	3.5	5.0	7.0	10	14	20	28	40	56	80	113	159	225
	3.5<m_n≤6.0	3.5	5.0	7.0	10	14	20	29	41	58	82	115	163	231

资料来源:摘自 GB/T 10095.2—2008。

2. 公法线长度极限偏差的确定

公法线长度的上偏差 E_{ws} 和下偏差 E_{wi} 分别由齿厚的上偏差 E_{sns} 和下偏差 E_{sni} 换算得到。外齿轮公法线长度偏差的换算公式如下:

$$E_{ws} = E_{sns}\cos\alpha - 0.72F_r\sin\alpha$$
$$E_{wi} = E_{sni}\cos\alpha + 0.72F_r\sin\alpha \tag{9.10}$$

模数、齿数和标准压力角相同的内齿轮的公称公法线长度和外齿轮长度相同,跨齿数相同。内齿轮的公法线长度极限偏差和外齿轮符号相反,即正、负号相反。

内齿轮公法线长度偏差的换算公式如下:

$$E_{ws} = -E_{sni}\cos\alpha - 0.72F_r\sin\alpha$$
$$E_{wi} = -E_{sns}\cos\alpha + 0.72F_r\sin\alpha \tag{9.11}$$

9.4.3 图样上齿轮精度等级的标注

当齿轮所有精度指标的公差(偏差允许值)同为某一精度等级时,图样上可标注该精度等级和标准号。例如,同为7级时,可标注为

$$7 \quad GB/T\ 10095.1-2008$$

当齿轮各个精度指标的公差(偏差允许值)的精度等级不同时,图样上可按齿轮传递运动准确性、齿轮传动平稳性和轮齿载荷分布均匀性的顺序分别标注它们的精度等级及带括号的对应偏差允许值的符号和标准号。例如,齿距累积总偏差允许值 F_p 和单给齿距偏差允许值 f_{pt}、齿廓总偏差允许值 F_α 均为8级,而螺旋线总偏差 F_β 为7级时,则标注为

$$8(F_p, f_{pt}, F_\alpha), 7(F_\beta) \quad GB/T\ 10095.1-2008$$

或标注为

$$8-8-7 \quad GB/T\ 10095.1-2008$$

按照 GB/T 6443—1986《渐开线圆柱齿轮图样上注明的尺寸数据》的规定,将齿厚(公法线长度)的极限偏差数值,注在图样右上角参数表中。

9.4.4 齿轮毛坯公差

齿轮切齿加工前的齿轮毛坯基准表面的精度对齿轮的加工精度和安装精度影响很大,控制齿轮毛坯精度可以保证且提高齿轮的加工精度。

(1) 齿轮轴的齿轮毛坯公差。

如图 9.21 所示,齿轮轴的基准表面是安装滚动轴承的两个轴颈,齿顶圆柱面。齿轮轴的齿轮毛坯公差主要有:

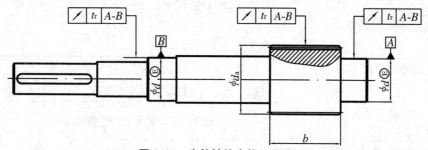

图 9.21 齿轮轴的齿轮坯公差

两个轴颈直径尺寸公差(包容要求)和形状公差,根据滚动轴承的公差等级确定。

齿顶圆柱面的直径尺寸公差,按齿轮精度等级从表 9.9 中选用。

两个轴颈分别对它们的公共基准轴线 A-B 的径向圆跳动公差,该公差 t_r 值由齿轮齿距累积总偏差 F_p 按下式(9.12)确定:

$$t_r = 0.3F_p \tag{9.12}$$

(2) 盘形齿轮的齿轮毛坯公差。

如图 9.22 所示,盘形齿轮的基准表面是:齿轮安装在轴上的基准孔,切齿时的定位端

面,齿顶圆柱面。盘形齿轮的齿轮毛坯公差项目主要有:基准孔的尺寸公差并采用包容要求,齿顶圆柱面直径的尺寸公差,定位端面对基准孔轴线的端面圆跳动公差。有时还要规定齿顶圆柱面对基准孔轴线的径向圆跳动公差。

基准孔尺寸公差和齿顶圆柱面的直径尺寸公差按齿轮精度等级从表9.9中选用。

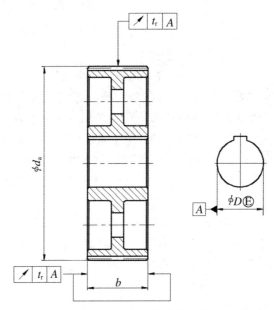

图 9.22　盘形齿轮的齿轮坯公差

切齿时,如果齿顶圆柱面用来在切齿机床上将齿轮基准孔轴线相对于工作台回转轴线找正;或者以齿顶圆柱面作为测量齿厚的基准时,则需规定齿顶圆柱面对齿轮基准孔轴线的径向圆跳动公差。该公差 t_r 由齿轮齿距累积总偏差 F_p 按公式(9.12)确定。

基准端面对基准孔轴线的端面圆跳动公差 t_t 由该端面的直径 D_d、齿宽 b 和齿轮螺旋线总偏差允许值 F_β 按公式(9.13)确定。

$$t_t = 0.2(D_d/b)F_\beta \tag{9.13}$$

齿轮毛坯公差值见表9.9。

表 9.9　齿轮毛坯公差

齿轮精度等级	1	2	3	4	5	6	7	8	9	10	11	12
盘形齿轮基准孔直径尺寸公差	IT4				IT5	IT6	IT7		IT8		IT9	
齿轮轴轴颈直径尺寸公差和形状公差	通常按滚动轴承的公差等级确定											
齿顶圆直径尺寸公差	IT6			IT7			IT8			IT9	IT11	
基准端面对齿轮基准轴线的轴向圆跳动公差 t_t	$t_t = 0.2(D_d/b)F_\beta$											
基准圆柱面对齿轮基准轴线的径向圆跳动公差 t_r	$t_r = 0.3F_p$											

注:① 齿轮的三项精度等级不同时,齿轮基准孔的尺寸公差按最高精度等级确定。
② 齿顶圆柱面不作为测量齿厚的基准时,齿顶圆直径公差按IT11给定,但不大于 $0.1\,m_n$。
③ t_t 和 t_r 的计算公式引自 GB/Z 18620.3—2008。
④ 齿顶圆不作为基准面时,图样上不必给出 t_r。
资料来源:摘自 GB/T 10095—1988。

9.4.5 齿轮齿面和基准面的表面粗糙度轮廓要求

齿轮齿面粗糙度影响齿轮的传动精度、表面承载能力和弯曲强度,因此必须控制。齿轮齿面、盘形齿轮的基准孔、齿轮轴的轴颈、基准端面、径向找正用的圆柱面和作为测量齿厚基准点齿顶圆柱面的轮廓的算术平均偏差 Ra 的上限值,可按表 9.10 确定。

表 9.10 齿轮齿面和齿轮坯基准面的表面粗糙度轮廓幅度参数 Ra 上限值

(单位:μm)

齿轮精度等级	3	4	5	6	7	8	9	10
齿面	≤0.63	≤0.63	≤0.63	≤0.63	≤1.25	≤5	≤10	≤10
盘形齿轮的基准孔	≤0.2	≤0.2	0.4～0.2	≤0.8	1.6～0.8	≤1.6	≤3.2	≤3.2
齿轮轴的轴颈	≤0.1	0.2～0.1	≤0.2	≤0.4	≤0.8	≤1.6	≤1.6	≤1.6
端面、齿顶圆柱面	0.2～0.1	0.4～0.2	0.8～0.4	0.8～0.4	1.6～0.8	3.2～1.6	≤3.2	≤3.2

注:齿轮的三项精度等级不同时,按最高精度等级确定。齿轮轴轴颈的值可按滚动轴承的公差等级确定。

9.4.6 齿轮副中心距极限偏差和轴线平行度公差

齿轮是成对使用的,齿轮副轴线的中心距和平行度误差受齿轮副的制造和安装误差的综合影响,进而影响齿轮的使用要求。

如图 9.23 所示,二级圆柱齿轮减速器的箱体上有三对轴承孔,这三对轴承孔分别用来支承三根轴与两对相互啮合齿轮。这三对轴承孔的公共轴线应平行,它们之间的距离称为齿轮副中心距。中心距偏差影响侧隙的大小,轴线平行度误差影响轮齿载荷分布的均匀性。

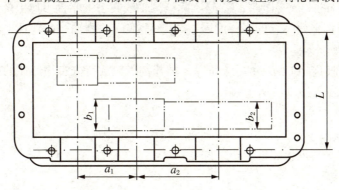

b_1,b_2—齿宽; L—轴承跨距; a_1,a_2—公称中心距

图 9.23 箱体上轴承跨距和齿轮副中心距

1. 齿轮副中心距的极限偏差

如图 9.23 所示,齿轮副中心距偏差 Δf_a 指在箱体两侧轴承跨距 L 的范围内,齿轮副的两条轴线之间的实际距离(实际中心距)与公称中心距 a 的代数差。标准中给出齿轮不同精度等级时的中心距偏差值 $\pm f_a$,见表 9.11 所示。齿轮副中心距的合格条件是实际偏差在中心距极限偏差的范围内,即 $-f_a \leq \Delta f_a \leq +f_a$。

表 9.11　齿轮副中心距极限偏差 $\pm f_a$

(单位:μm)

齿轮精度等级		1~2	3~4	5~6	7~8	9~10	11~12
f_a		$\frac{1}{2}$IT4	$\frac{1}{2}$IT6	$\frac{1}{2}$IT7	$\frac{1}{2}$IT8	$\frac{1}{2}$IT9	$\frac{1}{2}$IT11
齿轮副中心距 (mm)	>80~120	5	11	17.5	27	43.5	110
	>120~180	6	12.5	20	31.5	50	125
	>180~250	7	14.5	23	36	57.5	145
	>250~315	8	16	26	40.5	65	160
	>315~400	9	18	28.5	44.5	70	180

资料来源:摘自 GB/T 10095—1988。

2. 齿轮副轴线的平行度公差

齿轮副轴线平行度误差与其向量方向有关,因此在两个互相垂直的方向计值,对轴线平面内和垂直平面上的平行度误差作了不同的规定。

轴线平面内的平行度误差 $\Delta f_{\Sigma\delta}$ 是在两轴线的公共平面上测量的,这个公共平面是用两轴承跨距中较长的一个 L 和另一根轴上的轴承来确定的,如果两对轴承的跨距相同,则用小齿轮轴和大齿轮轴的一个轴承来确定。垂直平面上的平行度误差 $\Delta f_{\Sigma\beta}$ 是在与轴线公共平面相垂直的交错轴平面上测量的。

图 9.24 中,箱体三对轴承的跨距分别为 220 mm、220 mm 和 223 mm,选取跨距 223 mm 的轴线为基准轴线。公共平面[H]是包含基准轴线并通过被测轴线与一个轴承中间平面的交点所确定的平面;垂直平面[V]是通过上述交点确定的垂直于公共平面[H]且平行于基准轴线的平面。

公共平面[H]的平行度误差 $\Delta f_{\Sigma\delta}$ 是实际被测轴线在公共平面[H]上的投影对基准轴线的平行度误差;垂直平面[V]的平行度误差 $\Delta f_{\Sigma\beta}$ 是实际被测轴线在垂直平面[V]上的投影对基准轴线的平行度误差。

$\Delta f_{\Sigma\delta}$ 的公差值 $f_{\Sigma\delta}$ 和 $\Delta f_{\Sigma\beta}$ 的公差值 $f_{\Sigma\beta}$ 推荐按齿轮载荷分布均匀性的精度等级分别根据公式(9.14)和公式(9.15)计算确定。

$$f_{\Sigma\delta} = (L/b)F_\beta \qquad (9.14)$$
$$f_{\Sigma\beta} = 0.5(L/b)F_\beta = 0.5f_{\Sigma\delta} \qquad (9.15)$$

因此,齿轮副轴线平行度误差的合格条件是:$\Delta f_{\Sigma\delta} \leqslant f_{\Sigma\delta}$ 且 $\Delta f_{\Sigma\beta} \leqslant f_{\Sigma\beta}$。

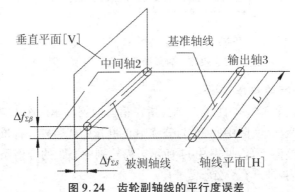

图 9.24　齿轮副轴线的平行度误差

9.4.7 圆柱齿轮精度设计

圆柱齿轮精度设计包括以下内容：确定齿轮精度等级；确定齿轮强制性检测精度指标的公差（偏差允许值）；确定齿轮的侧隙指标及其极限偏差；确定齿面的表面粗糙度轮廓幅度参数及上限值；确定齿轮毛坯公差；此外，应包括确定齿轮副中心距的极限偏差和轴线的平行度公差。下面以两级直齿圆柱齿轮减速器为例进行圆柱齿轮精度设计。

例 两级直齿圆柱齿轮减速器，传动功率 6.91 kW，中间轴（小齿轮）转速 $n_2 = 136$ r/min，主、从动齿轮为标准直齿轮，采用油池润滑。模数 $m = 2.5$ mm，标准压力角 $\alpha = 20°$，小齿轮和大齿轮的齿数分别为 $z_3 = 34$ 和 $z_4 = 104$，齿宽分别为 $b_3 = 95$ mm 和 $b_4 = 85$ mm，大齿轮基准孔的公称直径尺寸为 φ65 mm。齿轮材料为钢，线膨胀系数 $\alpha_1 = 11.5 \times 10.6\ \text{℃}^{-1}$；箱体材料为铸铁，线膨胀系数 $\alpha_2 = 10.5 \times 10.6\ \text{℃}^{-1}$；减速器工作时，齿轮温度增至 $t_1 = 45\ ℃$ 和箱体温度增至 $t_2 = 30\ ℃$，箱体的输入轴、中间轴和输出轴跨距分别为 $L_1 = 220$ mm、$L_2 = 220$ mm 和 $L_3 = 223$ mm。对大齿轮进行精度设计，确定齿轮中心距的极限偏差和两轴线的平行度公差，并将各项技术要求标注到齿轮零件图上和箱体零件图上。

解：(1) 确定齿轮的精度等级

小齿轮的分度圆直径：
$$d_3 = mz_3 = 2.5 \times 34 = 85\ (\text{mm})$$

大齿轮的分度圆直径：
$$d_4 = mz_4 = 2.5 \times 104 = 260\ (\text{mm})$$

公称中心距：
$$a = (d_3 + d_4)/2 = (85 + 260)/2 = 172.5\ (\text{mm})$$

齿轮圆周速度：
$$v_{z3} = v_{z4} = \pi d_3 n_2 / 1000 = 3.14 \times 85 \times 136 / 1000 = 36.30\ (\text{m/min}) \approx 0.60\ (\text{m/s})$$

参考表 9.4 和表 9.5 所列的通用减速器齿轮及精度等级，根据齿轮圆周速度，确定齿轮传动准确性、传动平稳性和载荷分布均匀性的精度等级分别为 8 级、8 级和 7 级。为此，将该齿轮精度等级在图样上的标注为

8-8-7 GB/T 10095.1—2008

(2) 确定齿轮强制性精度指标的公差（允许值）

查表 9.3，大齿轮的强制性精度指标的公差（偏差允许值）为：齿距累积总公差 $F_p = 70\ \mu m$，单个齿距极限偏差 $\pm f_{pt} = \pm 18\ \mu m$，齿廓总公差 $F_\alpha = 25\ \mu m$，螺旋线总公差 $F_\beta = 21\ \mu m$。

(3) 确定公称齿厚及其极限偏差

按公式(9.1)计算分度圆上的公称弦齿高：
$$h_{nc} = r_a - \frac{mz}{2}\cos\left(\frac{\pi + 4x\tan\alpha}{2z}\right) = 132.5 - \frac{2.5 \times 104}{2}\cos\left(\frac{180°}{2 \times 104}\right) \approx 2.50\ (\text{mm})$$

按公式(9.2)计算分度圆上的公称弦齿厚：
$$s_{nc} = mz\sin\left(\frac{\pi + 4x\tan\alpha}{2z}\right) = 2.5 \times 104\sin\left(\frac{180°}{2 \times 104}\right) = 3.93\ (\text{mm})$$

确定齿厚极限偏差时，首先确定齿轮副所需的最小法向间隙 $j_{bn\min}$，减速器标准温度条

件(20 ℃)下开始工作,齿轮温度上升 $\Delta t_1 = 25$ ℃,箱体温度上升 $\Delta t_2 = 10$ ℃。

由式(9.8)确定补偿热变形所需要的侧隙:

$$j_{bn1} = a(\alpha_1 \Delta t_1 - \alpha_2 \Delta t_2) \times 2\sin\alpha$$
$$= 172.5 \times (11.5 \times 25 - 10.5 \times 10) \times 10^{-6} \times 2\sin 20° = 0.022 \text{ (mm)}$$

减速器采用油池润滑,由表9.6查得保证正常润滑所需的侧隙:

$$j_{bn2} = 0.01m = 0.01 \times 2.5 = 0.025 \text{ (mm)}$$

因此最小法向间隙为

$$j_{bn\,min} = j_{bn1} + j_{bn2} = 0.022 + 0.025 = 0.049 \text{ (mm)}$$

按公式(9.6)确定补偿齿轮和箱体的制造及安装误差引起侧隙减小量 J_{bn}。箱体轴承跨距为223 mm。

$$J_{bn} = \sqrt{1.76 f_{pt}^2 + [2 + 0.34(L_3/b_4)^2]F_\beta^2}$$
$$= \sqrt{1.76 \times 18^2 + [2 + 0.34 \times (223/85)^2] \times 21^2} = 49.81 \text{ (}\mu\text{m)} = 0.050 \text{ (mm)}$$

令大小齿轮齿厚上偏差相同,按式(9.7),由表9.11查得中心距极限偏差 $f_a = 31.5$ μm,因此大齿轮齿厚上偏差为

$$E_{sns4} = -\left(\frac{j_{bn\,min} + J_{bn}}{2\cos\alpha} + f_a \tan\alpha\right) = -\left(\frac{0.049 + 0.050}{2\cos 20°} + 0.0315\tan 20°\right) = -0.065 \text{ (mm)}$$

查表9.8得齿轮径向跳动公差 $F_r = 56$ μm $= 0.056$ mm,从表9.7查取切齿径向进刀公差:

$$b_r = 1.26 IT9 = 1.26 \times 0.13 = 0.164 \text{ (mm)}$$

因此齿厚公差按式(9.9)为

$$T_{sn4} = 2\tan\alpha \sqrt{b_r^2 + F_r^2} = 2\tan 20° \sqrt{0.164^2 + 0.065^2} = 0.126 \text{ (mm)}$$

齿厚下偏差:

$$E_{sni4} = E_{sns4} - T_{sn4} = (-0.065) - 0.126 = -0.191 \text{ (mm)}$$

(4) 确定公称法向公法线长度及其偏差

若用公法线长度极限偏差控制齿轮副侧隙,则公差弦齿厚及其上、下极限偏差和公称弦齿厚不在图样上标注。

跨齿数对于标准直齿圆柱齿轮($x = 0$)时的跨齿数 k 按下式计算:

$$k = \frac{z_4 \times \alpha}{180°} + 0.5 = 104/9 + 0.5 \approx 12$$

按式(9.3),公法线长度:

$$W = m\cos\alpha[(k - 0.5)\pi + z_4 \cdot \text{inv}\alpha + 2\tan\alpha \cdot x]$$
$$= 2.5\cos 20°[(12 - 0.5) \times 3.14 + 104 \times 0.014904] = 88.516 \text{ (mm)}$$

按式(9.10),确定公法线长度的上、下偏差为

$$E_{ws4} = E_{sns4} - 0.72 F_r \sin\alpha = -0.065\cos 20° - 0.72 \times 0.056\sin 20° = -0.076 \text{ (mm)}$$
$$E_{wi4} = E_{sni4} + 0.72 F_r \sin\alpha = -0.191\cos 20° + 0.72 \times 0.056\sin 20° = -0.166 \text{ (mm)}$$

根据计算结果,图样上的标注为 $88.516_{-0.166}^{-0.076}$ mm。

(5) 确定大齿轮齿面的表面粗糙度轮廓的幅度参数及上限值

按齿轮精度要求,由表9.10查得齿轮齿面的表面粗糙度轮廓的幅度参数 Ra 上限值为1.25 μm。

(6) 确定齿轮毛坯公差

按表 9.9,基准孔直径尺寸公差为 IT7,其公差带确定为 $\phi 65H7$,采用包容要求。齿顶圆柱面直径尺寸公差带确定为 $\phi 265h11$。

按式(9.13),由基准端面直径 d_a、齿宽和螺旋线总偏差 F_β 确定齿轮毛坯基准端面对基准孔轴线的圆跳动公差 t_t:

$$t_t = 0.2(D_d/b_4)F_\beta = 0.2 \times (253.75/85) \times 0.021 \approx 0.013 \text{ (mm)}$$

大齿轮零件图如图 9.25 所示。

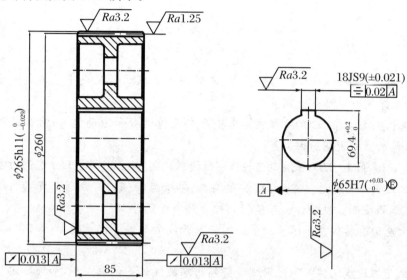

图 9.25 齿轮零件图

大齿轮的技术参数如表 9.12 所示。

表 9.12 大齿轮的技术参数

模 数		m	2.5 mm
齿 数		Z_4	85
标准压力角		α	20°
变位系数		x	0
螺旋角		β	0°
精度等级			8 - 8 - 7 GB/T 10095.1—2008
齿距累积总偏差允许值		F_p	0.07 mm
单个齿距偏差允许值		$\pm f_{pt}$	± 0.018 mm
齿廓总偏差允许值		F_α	0.025 mm
螺旋线总偏差允许值		F_β	0.021 mm
公法线长度	跨齿数	k	12
	公称值及极限偏差	$W^{+E_{ws}}_{+E_{wi}}$	$88.516^{-0.076}_{-0.166}$

(7) 确定齿轮副中心距的极限偏差和两轴线的平行度公差

中心距极限偏差 $\pm f_a = \pm 31.5 \mu m$,因此中心距为 172.5 ± 0.032 mm。

箱体三对轴承的跨距分别为 220 mm、220 mm 和 223 mm,都为 223 mm,选取跨距

223 mm的轴线为基准轴线。

轴线平面的平行度公差按式(9.14)确定：
$$f_{\Sigma\delta} = (L/b)F_\beta = (223/85) \times 0.021 \approx 0.055 \text{ (mm)}$$

垂直平面的平行度公差按式(9.15)确定：
$$f_{\Sigma\beta} = 0.5f_{\Sigma\delta} \approx 0.028 \text{ (mm)}$$

箱体零件图如图10.8所示。

习 题 9

1. 试述对齿轮传动的四项使用要求。不同用途不同工作条件下的齿轮的使用要求的侧重点有什么不同？试举例说明。

2. 在滚齿机上滚齿加工齿轮，被切齿轮存在几何偏心和运动偏心，对齿轮传递运动准确性有什么影响？并说明原因。

3. GB/T 10095.1—2008规定的齿轮强制性检测精度指标有哪些？试述它们的名称和符号。

4. 什么是齿距累积总偏差、齿距累积偏差、单个齿距偏差？分别是评定齿轮哪一项精度要求的强制性检测精度指标？各项指标的合格条件是什么？

5. 什么是齿廓总偏差？根据测量得到的渐开线齿廓偏差记录图形，如何确定齿廓总偏差的数值？

6. 什么是螺旋线总偏差？根据测量得到的螺旋线偏差记录图形，如何确定螺旋线总偏差的数值？

7. 试述齿轮的侧隙指标中的齿厚偏差和公法线长度偏差的定义？侧隙指标的合格条件是什么？

8. GB/T 10095.1/2—2008对单个渐开线圆柱齿轮的精度是如何规定的？齿轮精度等级如何选择？图样上齿轮精度等级如何标注？

9. 齿轮副所需要的最小侧隙如何确定？最小侧隙大小与齿轮精度等级是否有关？

10. 盘形齿轮的齿轮坯公差项目有哪些？齿轮轴的齿轮坯公差项目有哪些？为什么要规定这些公差项目？

11. 齿轮箱体上支承相互啮合齿轮的两对轴承孔公共轴线的几何误差对齿轮传动的使用要求有什么影响？为了保证使用要求，应该对箱体上的这两条公共轴线间的位置规定哪些几何公差项目？

12. 有一直齿轮，齿数 $z=40$，模数 $m=4$ mm，齿宽 $b=30$ mm，压力角 $\alpha=20°$，其精度标注为 6GB/T 10095.1—2008，查出下列项目公差值。
① 单个齿距偏差 f_{pt}；② 齿距累计总偏差 F_p；③ 齿廓总偏差 F_α；④ 螺旋线总偏差 F_β。

13. 齿轮减速器中相互啮合的直齿圆柱齿轮的模数 $m=3$ mm，标准压力角 $\alpha=20°$，变位系数为零，小齿轮齿数 $z_1=25$，齿宽 $b_1=75$ mm，大齿轮齿数 $z_2=74$，齿宽 $b_2=70$ mm，传递功率 7 kW，基准孔直径分别为 $d_1=\phi40$ mm 和 $d_2=\phi55$ mm。主动齿轮转速 $n_1=1280$ r/min。采用油池润滑。工作时受热引起温度升高，要求最小侧隙 0.21 mm。试确定：

(1) 大、小齿轮的精度等级。

(2) 大、小齿轮的应检精度指标的公差或极限偏差。

(3) 大、小齿轮齿厚的极限偏差。
(4) 大、小齿轮公称公法线长度及相应的跨齿数、极限偏差。
(5) 大、小齿轮的齿轮坯公差。
(6) 大、小齿轮齿面的表面粗糙度轮廓幅度参数及其允许值。
(7) 画出小齿轮的零件图,并将上述技术要求标注在齿轮零件图上。

14. 某 7 级精度直齿圆柱齿轮的模数 $m=5$ mm,齿数 $z=12$,标准压力角 $\alpha=20°$。该齿轮加工后采用绝对法测量各个左齿面齿距偏差,测量数据(指示表示值)列于表 9.13。试处理这些数据,确定该齿轮的齿距累积总偏差和单个齿距偏差,并判断它们合格与否。

表 9.13

齿距序号	p_1	p_2	p_3	p_4	p_5	p_6	p_7	p_8	p_9	p_{10}	p_{11}	p_{12}
理论累计齿距角	30°	60°	90°	120°	150°	180°	210°	240°	270°	300°	330°	360°
指示表示值(μm)	+6	+10	+16	+20	+16	+6	−1	−6	−8	−10	−4	0

注:$F_p=50$ μm,$\pm f_{pt}=\pm 20$ μm。

15. 某 8 级精度直齿圆柱齿轮的模数 $m=5$ mm,齿数 $z=12$,标准压力角 $\alpha=20°$。该齿轮加工后采用相对法测量各个右齿面齿距偏差,测量数据(指示表示值)列于表 9.14。试处理这些数据,确定该齿轮的齿距累积总偏差和单个齿距偏差,并判断它们合格与否。

表 9.14

齿距序号	p_1	p_2	p_3	p_4	p_5	p_6	p_7	p_8	p_9	p_{10}	p_{11}	p_{12}
指示表示值(μm)	0	+8	+12	−4	−12	+20	+12	+16	0	+12	+12	−4

注:$F_p=50$ μm,$\pm f_{pt}=\pm 20$ μm。

第 3 部分

几何量精度综合设计与检测

第 10 章　几何量精度综合设计与综合实验

10.1　实验目的

(1) 基本掌握对机器及零(部)件的几何精度设计技能。
(2) 学会选择通用计量器具和常用测量方法。
(3) 熟悉常用计量器具的结构和测量原理,并能正确使用。
(4) 通晓一种或几种零件的几何精度设计和全部几何量的检测过程与方法。

10.2　实验内容

综合设计与综合实验是由几何精度设计和相应几何量检测实验两部分组成。

实验内容建议采用圆柱齿轮减速器;也可以选用齿轮变速箱或其他传动装置;也可以不进行几何精度设计,只给出零件图样,进行综合实验;还可以适当增减综合设计与实验的内容,如增加螺纹的设计与检测、综合量规设计、用光滑极限量规和综合量规检验等。最好与《机械设计》课程设计结合起来进行,也可以在课程教学过程中穿插进行。

实验中还应鼓励学生动手拆装减速器,以加深对配合、几何公差等以及各种误差对机器性能的影响的认识。

以直齿圆柱齿轮减速器为例,如图 10.1。已知的技术要求为:功率为 6.91 kW,输入轴转速 $n = 537$ r/min,所有齿轮皆为标准齿轮,$z_1 = 20, z_2 = 79, z_3 = 34, z_4 = 104$,模数 $m = 2.5$ mm,基准齿形角 $\alpha = 20°$。该减速器小批生产。

10.3　实验要求

1. 几何量精度综合设计

(1) 根据机器的使用要求,确定各部位配合种类并选定配合代号。如图 10.1 中,轴与齿轮、轴与轴承、轴与挡圈;轴承与箱体孔、轴承端盖与箱体孔;键与轴键槽、键与齿轮轮毂键槽的配合等。

(2) 根据机器结构图测绘(或根据实物测绘)典型零件图,如图 10.1 中,输入轴、中间

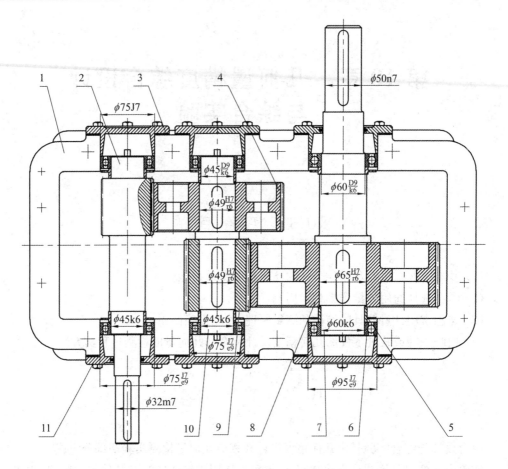

1—箱体； 2—输入轴； 3—垫片； 4—齿轮Ⅱ； 5—挡圈； 6—轴承； 7—输出轴；
8—齿轮Ⅳ； 9—齿轮Ⅲ； 10—中间轴； 11—轴承端盖

图 10.1 圆柱齿轮减速器

轴、输出轴、齿轮Ⅱ、齿轮Ⅲ、齿轮Ⅳ、轴承端盖、箱体等零件。在零件图上标注公称尺寸和尺寸公差、几何公差以及表面粗糙度轮廓参数值等，即进行零件的全部几何精度设计。

(3) 确定齿轮的精度等级和齿厚极限偏差以及齿轮的强制性检测精度指标的公差和齿坯公差。

(4) 设计用于检验与滚动轴承配合的箱体孔和轴颈的工作量规。

2．综合实验

在进行几何精度设计的零件中选择几个典型零件（如轴、齿轮、箱体）作为综合实验对象（被测工件）。根据零件图样上规定的技术要求，分别设计实验内容，确定测量方法，然后进行测量，以通晓整个零件的全部测量过程。综合实验的内容应包括如下几项：

(1) 按尺寸公差大小，确定验收极限，选择相应的计量器具进行测量，检测实际尺寸是否在规定的两个验收极限尺寸范围内。

(2) 按几何公差要求，选择不同计量器具与不同测量方法，检测几何误差，如轴的径向圆跳动、轴键槽的对称度、齿轮及箱体的有关几何误差。

(3) 对不同的表面及表面粗糙度轮廓参数值，分别采用标准样块比较、光切显微镜进行测量。

(4) 根据齿轮的精度设计要求,按设计给定的检验项目,选择不同计量器具进行测量。

(5) 若在零件的几何精度设计中,涉及螺纹的几何精度设计,还应对螺纹误差进行检测。

10.4 综合设计与综合实验报告书内容

对于每个零件,除绘制零件图并标注相关技术要求外,还要说明以下内容。

(1) 几何精度设计说明,如配合代号和尺寸公差代号的选择;几何公差项目与公差值及基准的选择;表面粗糙度轮廓参数值的选择;齿轮精度等级和检验项目以及齿坯公差的选择等。

(2) 验收极限的确定,计量器具的选择。

(3) 检测方法的确定,包括被测对象和被测量、选定的测量仪器及仪器的主要技术指标、测量方案的组成等。

(4) 测量数据处理和测量结果。

10.5 几何量精度设计与实验案例

下面以减速器(图 10.1)中两个典型零件(轴、箱体)作为综合设计与综合实验的对象为例。

1. 轴的几何量精度设计与检测

几何精度设计标注图样如图 10.2 所示。

(1) 几何量精度设计。

① 尺寸精度设计。

根据配合精度要求(由已选定的装配图上可知,配合种类设计说明略),两个 ϕ45k6 轴颈分别与两个相同规格的 0 级滚动轴承内圈配合,ϕ32m7 轴头与带轮或其他传动件的孔配合,为了保证配合性质,都按包容要求Ⓔ给出尺寸公差。平键配合按一般联结为 10N9,轴键槽深 t 按第 6 章选择,取 $d-t$,为 $27_{-0.2}^{\ 0}$;其余尺寸按未注公差处理。

② 几何精度设计。

ϕ45 mm 按滚动轴承轴肩的端面分别为两个滚动轴承的轴向定位基准,并且两个轴颈是齿轮轴在箱体上的安装基准。为了保证滚动轴承在齿轮轴上的安装精度,按滚动轴承有关标准的规定,选取两个轴肩的端面分别对公共基准轴线 $A\text{-}B$ 的轴线圆跳动公差值为 0.012 mm。按滚动轴承有关标准的规定,应对两个轴肩颈的形状精度提出更高的要求。按滚动轴承的公差等级 0 级,因此选取轴颈圆柱度公差值为 0.04 mm。为了保证齿轮轴的使用性能,两个轴颈和轴头应同轴线,因此按圆柱齿轮精度和小齿轮的精度等级,确定两个轴颈分别对它们的公共基准线 $A\text{-}B$ 的径向圆跳动公差值为 0.016 mm;用类比法确定轴头对公共基准轴线 $A\text{-}B$ 的径向圆跳动公差值为 0.025 mm。为了避免键与轴头键槽、传动件轮毂键槽装配困难,应规定轴头的 10N9 键槽相对于轴头轴线 C 的对称度公差值为 0.015 mm。齿轮轴上其余要素的几何精度皆按未注几何公差处理。

③ 表面粗糙度的确定。

两个与滚动轴承配合的轴颈，选择 Ra 上限值为 $0.8~\mu m$；$\phi 32m7$ 轴头与联轴器内孔配合，选择 Ra 上限值为 $1.6~\mu m$；$\phi 45~mm$ 两轴肩端面分别选取 Ra 上限值为 $3.2~\mu m$，键槽侧面选取 Ra 上限值为 $3.2~\mu m$；其余表面 Ra 上限值为 $6.3~\mu m$。

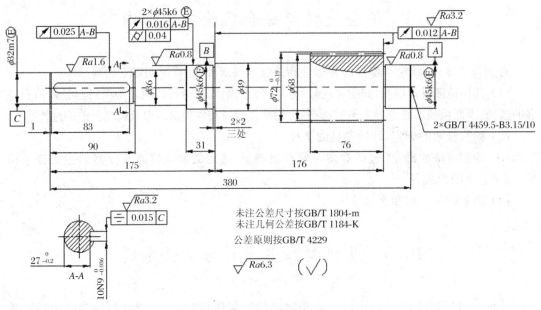

图 10.2　输入轴

(2) 综合实验。

两个轴颈和一个轴头采用包容要求，考虑尺寸公差与形状公差的相互关系，实际尺寸和形状误差的综合结果应符合极限尺寸判断原则(泰勒原则)的规定。可考虑：采用光滑极限量规检验工件实体是否超越最大实体边界(工件的作用尺寸是否超越最大实体尺寸)，工件的实际尺寸是否超越最小实体尺寸。光滑极限量规的检验用于批量生产的零件，因此，实验时可不采用此种检验方式，而用两点法测量实际尺寸；采用测量特征参数原理评定形状误差。

采用两点法测量实际尺寸时，首先要确定验收极限并选择相应的计量器具。

轴颈的圆柱度误差测量。利用光学分度头测量。如图 10.3 所示，把输入轴安装在分度头的顶尖间，使主动轴的轴线与分度头回转轴线(测量轴线)同轴。在轴颈的若干个横截面内测量，并把各截面的测得轮廓投影在垂直于测量轴线的投影面上(如图 10.4)；然后用同心圆模板包容这些投影轮廓，取最小包容同心圆的半径差作为被测轴颈圆柱度误差值(指示表采用千分表)。

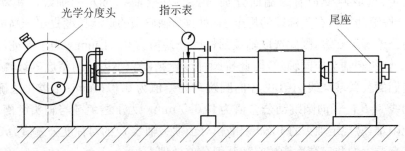

图 10.3　用光学分度头测量圆柱度误差的示意图

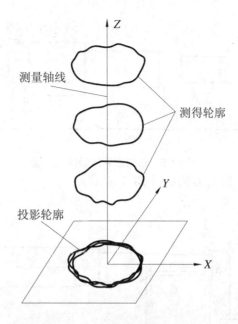

图 10.4　圆柱度误差的评定

轴颈的径向圆跳动误差测量方法如图 10.5 所示，被测轴的轴线由放在平板上的 V 形块来模拟，轴向位置通过圆球支承进行定位。测量时将指示表指针预压半圈，转动表盘，使表盘的零位标尺标记对准指针（这样可以保证有一定的起始测量力，同时既能读出正数，也能读出负数）。将被测轴在无轴向移动的条件下，绕 V 形块 1 和 2 体现的公共基准轴线回转一周，由位置固定的指示表在指示表测杆轴线与公共基准轴线垂直且相交的测量方向上，读出指示表的最大变动量，即为该测量截面处的径向圆跳动误差。按同样方法测量若干个截面，取各截面跳动量的最大值作为该被测轴颈的径向圆跳动误差。

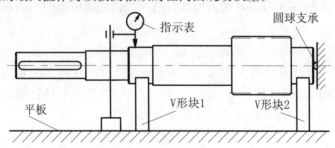

图 10.5　轴颈径向圆跳动误差测量

端面圆跳动误差测量方法如图 10.6 所示，被测轴的轴线由放在平板上的 V 形块来模拟，轴向位置通过圆球支承进行定位。将被测轴在无轴向移动的条件下，绕 V 形块 1 和 2 体现的公共基准轴线回转一周，由位置固定的杠杆千分表在指示表测杆轴线与公共基准轴线平行的方向上，读出指示表的最大变动量，即为该测量圆柱面处的端面圆跳动误差。按同样方法测量若干个任一直径圆柱面截面上的端面圆跳动误差，取各圆柱端面跳动量的最大值作为该被测轴的端面圆跳动误差。

表面粗糙度测量方法参见第 11 章，在此不再详述。

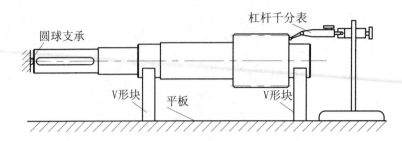

图 10.6 轴端面圆跳动误差测量

键槽对称度的测量。测量方法如图 10.7 所示。

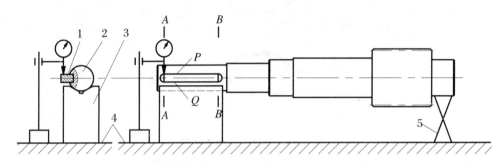

图 10.7 轴键槽对称度误差测量

工件 2 的基准轴线用放置在平板 4 上的 V 形块 3 来模拟体现,并在工件的一端放置辅助支承 5,被测键槽的中心平面用量块(或定位块)1 来模拟体现。首先,转动 V 形块上的工件,以调整量块测量面的位置,使它沿工件径向与平板平行;然后用指示表在工件键槽长度两端的径向截面(A-A 和 B-B 截面)内分别测量从量块 P 面到平板的距离,得到示值 h_{AP} 和 h_{BP}。将工件翻转 $180°$,再在 A-A 和 B-B 截面内分别测量从量块 Q 面到平板的距离,得到示值 h_{AQ} 和 h_{BQ}。计算在 A-A 和 B-B 截面内各自两次测量的示值差的一半 Δ_1 和 Δ_2:

$$\Delta_1 = (h_{AP} - h_{AQ})/2 \tag{10.1}$$

$$\Delta_2 = (h_{BP} - h_{BQ})/2 \tag{10.2}$$

两次计算结果中,以绝对值大者为 Δ_1,并取正值。若 Δ_1 的正值是由式(10.1)(或式(10.2))的计算结果改变符号得到的,则由式(10.2)(或式(10.1))计算的 Δ_2 也须改变符号。之后,把它们代入式(10.3),求解键槽对称度误差值 f:

$$f = \frac{d(\Delta_1 - \Delta_2) + 2\Delta_2 \times t}{d - t} \tag{10.3}$$

式中,d——轴的直径;

t——轴键槽深度。

2. 箱体的几何精度设计与检测

箱体由箱盖和箱座两部分组成,在此只以箱座为例。

(1) 几何精度设计 图 10.8 为减速器箱座的零件图样,箱座几何精度要求如图所示,设计说明略。

(2) 检测时,将箱盖与箱座合上,且定位锁紧,检测项目及方法参见表 10.1。

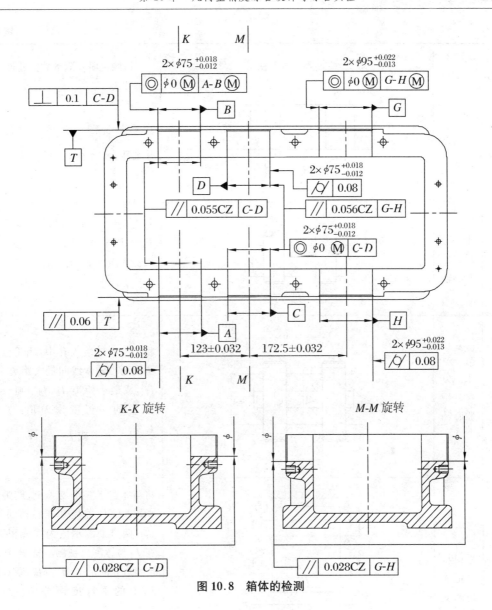

图 10.8 箱体的检测

表 10.1 箱体的检测

检测项目	实验设备	检 测 方 法	检测说明和测量数据处理
孔径	内径百分表或内径千分尺		用内径百分表测量时,按标准环规或量块调整量仪零位
孔圆柱度误差	内径百分表	在三个横截面内,两个相互垂直的方向上测量	在三个横截面内两个方向上取最大与最小示值之差的一半作为圆柱度误差值(此种方法只适用于认定孔的轴线直线度无误差的情况)

续表

检测项目	实验设备	检测方法	检测说明和测量数据处理
两孔中心距	千分尺	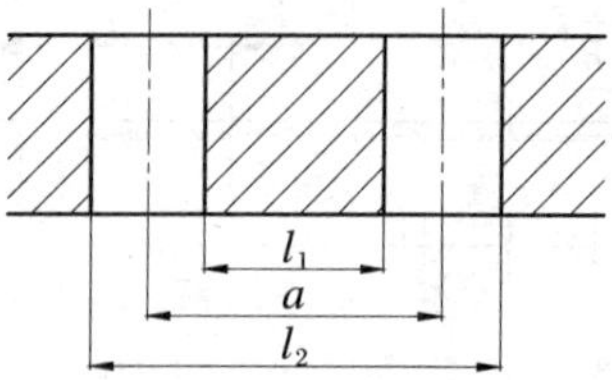	用千分尺测出孔边距 l_1 和 l_2，则中心距：$a = \dfrac{l_1 + l_2}{2}$
	千分尺、检验心轴	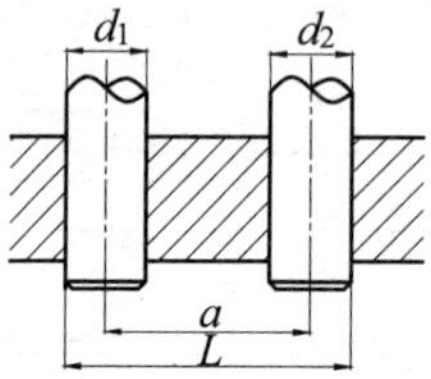	将直径为 d_1, d_2 的检验心轴装入孔中，用千分尺测出两心轴素线间最大距离 L，则中心距：$a = L - \dfrac{1}{2}(d_1 + d_2)$
两孔轴线平行度误差	千分尺、检验心轴	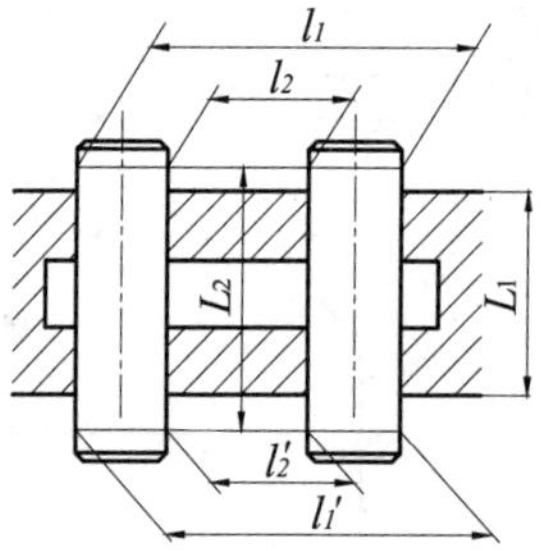	将检验心轴装入孔中，用千分尺测出两心轴素线间最大距离 l_1，$l_1{'}$，或最小距离 l_2，$l_2{'}$，则长度 L_1 上的平行度误差值：$f = \dfrac{L_1}{L_2}\lvert l_1 - l_1{'} \rvert$ 或 $f = \dfrac{L_1}{L_2}\lvert l_2 - l_2{'} \rvert$
	平板，固定和可调支承，指示表及其表架或水平仪，检验心轴	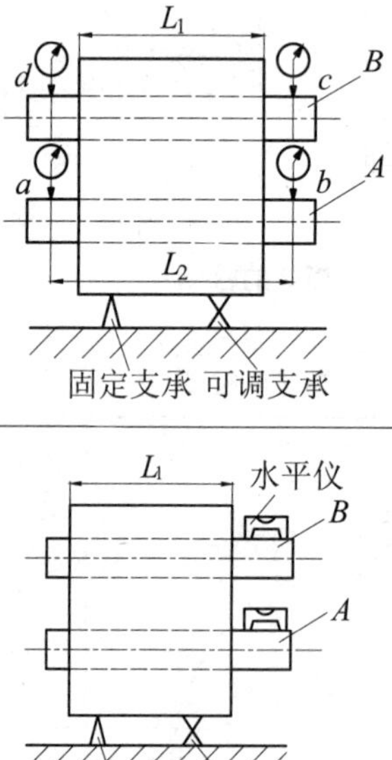	将箱体置于三个支承上，调整支承，在 L_2 位置使基准心轴 A 上 a，b 两点处的示值为零或相等。在 L_2 位置测出被测心轴 B 上 c，d 两点处的示值 M_c，M_d，则长度 L_1 上的平行度误差值：$f = \dfrac{L_1}{L_2}\lvert M_c - M_d \rvert$
		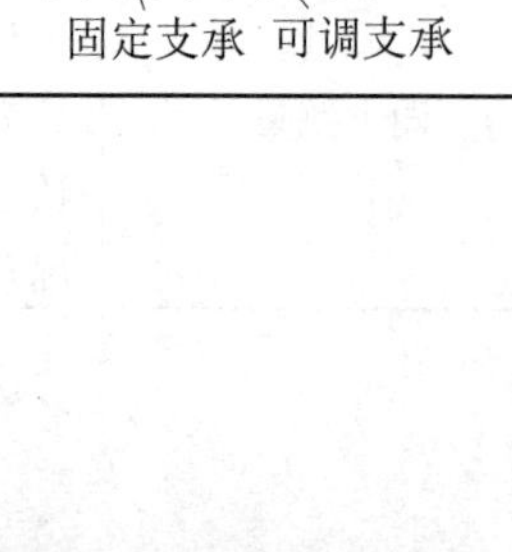	调整支承，使基准心轴 A 位于水平位置，如把水平仪放置在被测轴 B 上测出示值 M（格数），则长度 L_1 上的平行度误差值为 $f = L_1 \cdot C \cdot M$ 式中，C——水平仪分度值（线值）

续表

检测项目	实验设备	检测方法	检测说明和测量数据处理

两孔轴线平行度误差	平板，固定和可调支承，指示表及其表架或水平仪，检验心轴	针对图 10.8 中标注的孔轴线平行度要求，测量时需要注意：
		1) 输入轴安装孔轴线与中间轴安装孔轴线平行度的测量基准为变速箱中间轴安装孔的公共轴线 $C\text{-}D$；
		2) 中间轴安装孔轴线与输出轴安装孔轴线平行度的测量基准为变速箱输出轴安装孔的公共轴线 $G\text{-}H$；
		3) 项目 $\boxed{// \ 0.055\text{CZ} \ C\text{-}D}$ 和 $\boxed{// \ 0.056\text{CZ} \ G\text{-}H}$ 要求测量变速箱输入轴与中间轴安装孔轴线的在水平方向上的平行度误差，其中 CZ 代表被测孔的轴线有共线要求；
		4) 项目 $\boxed{// \ 0.028\text{CZ} \ C\text{-}D}$ 和 $\boxed{// \ 0.028\text{CZ} \ G\text{-}H}$ 要求测量变速箱输入轴与中间轴安装孔轴线的在竖直方向上的平行度误差，其中 CZ 代表被测孔的轴线有共线要求

端面对基准轴线的垂直度误差	平板、检验心轴、圆球支承、指示表、轴套	（图：指示表、箱盖、圆球支承、检测心轴、轴套、箱座、平板）	端面对基准轴线的垂直度误差可通过端面圆跳动误差体现。检测时，需将箱盖与箱座安装在一起后进行测量。通过检测心轴模拟基准轴线。指示表通过轴套安装在心轴上，测量时，使测头与被测端面的最大直径处接触，并将表针预压半圈，将心轴向圆球支承推紧并旋转一周，记录指示表上的最大读数和最小读数，取两读数差作为垂直度误差

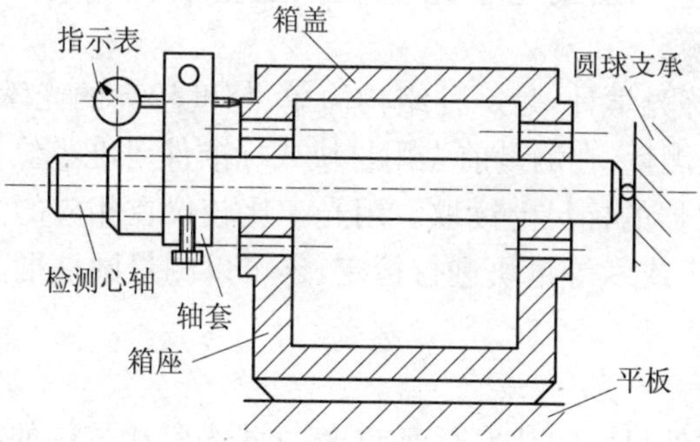

第 11 章 几何量精度的检测

11.1 线性尺寸测量

线性尺寸可以用相对测量法（比较测量法）进行测量，常用的量仪有机械、光学、电感和气动比较仪等。

11.1.1 光学计量仪器——立式光学比较仪测量塞规

光学比较仪简称光较仪，也称光学计，是一种结构简单、精度较高的光学机械式计量仪器。光学比较仪主要用于相对法测量，在测量前先用量块或标准件对准零位，被测尺寸和量块（或标准件尺寸）的差值可在仪器的标尺上读取。用光学比较仪在相应的测量条件下，以四等或五等量块为标准，可对五等或六等量块进行检定，还可以测量圆柱形、球形等工件的直径以及各种板形工件的厚度。

1．实验目的

掌握相对测量法精确测量线性尺寸的基本原理，了解立式光学比较仪的结构组成，熟悉操作步骤和使用方法，熟悉量块的使用和维护方法。

2．实验内容

用光学比较仪测量塞规线性尺寸。

3．计量器具及其测量原理

图 11.1 为立式光学比较仪的外形示意图，量仪主要有底座 1、立柱 2、横臂 4、光管 9 和工作台 6 等主要部件组成。其中，立柱 2 固定在底座 1 上，工作台 6 安装在底座上。工作台 6 可通过四个工作台调整螺钉 15 调节前后左右的位置，横臂升降螺母 3 可使横臂沿立柱上下移动，位置确定后，用横臂紧固螺钉 5 紧固。光管 9 插入横臂 4 的套管中，其一端是测杆及测头 7，另一端是目镜 12。光管细调手轮 11 可以调节光管 9 作微量上下移动。调整好以后，用光管细调紧固螺钉 10 紧固。光管 9 下端装有测杆提升器 8，以便安装被测工件。光管是光较仪的主要组成部分，整个光学系统都安装在光管内。

光学比较仪利用光学杠杆的放大原理，将微小的位移量转换为光学影像的移动。如图 11.2 所示，从物镜焦点 C 发出的光线，经过物镜后变成一束平行光，投射到平面反射镜 P 上。如果平面反射镜垂直于物镜主光轴，则从反射镜 P 反射回来的光束原路返回到焦点 C，像点 C' 与焦点 C 重合，即目镜刻线上零刻线的影像与固定指示线重合，量仪示值为零。如果被测尺寸移动，测杆产生微小的直线位移 s，推动反射镜 P 绕支点 O 摆动一个角度 α，根据反射定律，反射光束与入射光束间的夹角为 2α，经过物镜后光束汇聚于像点 C''，从而使刻

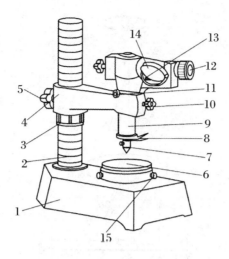

1—底座； 2—立柱； 3—横臂升降螺母； 4—横臂； 5—横臂紧固螺钉； 6—工作台；
7—测杆及测头； 8—测杆提升器； 9—光管； 10—光管细调紧固螺钉；
11—光管细调手轮； 12—目镜； 13—微调螺钉； 14—反光镜； 15—工作台调整螺钉

图 11.1　立式光学比较仪

线尺影像产生位移 l。根据刻线尺影像相对于固定指示线的位移大小即可确定被测尺寸的位移量。

像点 C'' 与焦点 C 的距离 l 为

$$l = f \tan 2\alpha \tag{11.1}$$

式中，f——物镜的焦距；

　　　α——平面反射镜偏转角度。

测杆位移 s 与平面反射镜偏转角度 α 的关系为

$$s = b \tan \alpha \tag{11.2}$$

式中，b——测杆到平面反射镜支点 O 的距离。

这样，刻线尺影像位移 l 对测杆位移 s 的比值即为光管的放大倍数 n，即光学杠杆的传动比为

$$n = \frac{l}{s} = \frac{f \tan 2\alpha}{b \tan \alpha} \tag{11.3}$$

由于 α 角度很小，取 $\tan 2\alpha \approx 2\alpha$，$\tan \alpha \approx \alpha$，则

$$n = 2f/b \tag{11.4}$$

假设目镜的放大倍数为 m，则光学比较仪的总放大倍数 K：

$$K = mn = 2mf/b \tag{11.5}$$

假设光管中的物镜的焦距 $f = 200$ mm，测杆到平面反射镜支点 O 的距离 $b = 5$ mm，目镜放大倍数为 12，因此量仪的放大倍数 $K = 2 \times 12 \times 200/5 = 960 \approx 1000$ 倍。

因此当测杆移动一个微小的距离 0.001 mm 时，放大 1000 倍后，相当于在目镜中看到刻线移动 1 mm。

量仪的示值范围为 ±100 μm，测量范围 1~180 mm。

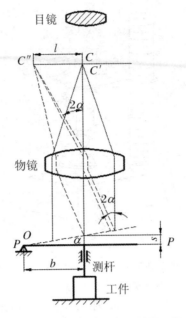

图 11.2 光学比较仪的测量原理图

4．测量步骤

光学比较仪测量塞规直径尺寸的测量步骤如下：

（1）根据零件的表面形状选择测头并把它安装在测杆上，测头与被测表面的接触应为点接触。

（2）以塞规工作部分的尺寸或极限尺寸选取量块，并把它们研合成量块组。

（3）量块组放在工作台 6 中央，并使测头 7 对准量块组的上测量面的中心点，按下列步骤进行量仪示值零位调整。

粗调整：松开横臂紧固螺钉 5，转动横臂升降螺母 3，使横臂 4 缓缓下降，直到测头 7 与量块组上测量面的中心点轻微接触，并且从目镜 12 中的视场中能够看到刻线尺影像，然后将横臂紧固螺钉拧紧。

细调整：松开光管细调紧固螺钉 10，转动光管细调手轮 11，直至在目镜 12 中观察到标尺影像零刻线与固定刻度线 A 接近为止（±10 格以内），然后拧紧光管细调紧固螺钉 10。细调整后的目镜视场如图 11.3(a)所示。

微调整：转动标尺微调螺钉 13，使标尺零刻线影像与固定刻度线重合，微调整后的目镜视场如图 11.3(b)所示。

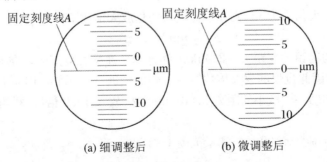

(a) 细调整后　　　(b) 微调整后

图 11.3 目镜视场

(4) 按动测杆提升器 13,使测头 7 反复起落数次(不少于 5 次),使零位稳定。要求零位变动范围不超过 1/10 格,否则查找原因,并重新调整直到示值零位稳定不变。

(5) 按动测杆提升器 8,使测头 7 抬起,取出量块组,然后放入被测塞规,测量其直径。松开测杆提升器 8,使测头 7 与被测塞规工作表面相互接触,如图 11.4 所示。在塞规工作表面均布的三个横截面 1-1,2-2,3-3,分别对互相垂直方向的两个直径尺寸 A-A',B-B' 进行测量。被测塞规表面在测头下缓缓前后移动,读取示值中的最大值,即刻线尺影像移动方向的转折点,该测量值就是被测塞规工作部分局部尺寸相对于量块组尺寸的偏差。

(6) 取下被测塞规,再次放上量块组检查示值零位,保证零位误差不超过 ±0.5 μm。

(7) 确定被测塞规工作部分的局部尺寸,并按塞规图样判断被测塞规的合格性。

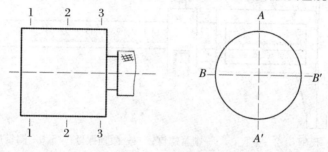

图 11.4 塞规测量

思考题

(1) 用立式光学比较仪测量塞规属于何种测量方法?绝对测量与相对测量各有何特点?

(2) 什么是量仪分度值、刻度间距?量仪的测量范围和示值范围有何不同?

(3) 怎么正确地选用量块和研合量块组?本实验中是按"级"还是按"等"使用量块?

(4) 仪器的测量范围和刻度尺的示值范围区别是什么?

11.1.2 机械式计量仪器

常用的机械式计量器具按工作原理分为游标计量器具、螺旋副计量器具、机械比较仪。

1. 实验目的

(1) 了解常用机械计量器具测量线性尺寸的测量原理和方法。

(2) 掌握用内径指示表进行比较测量的原理。

2. 实验内容

用游标卡尺、螺旋副计量器具和百分表测量线性尺寸。

3. 计量器具及其测量原理

(1) 游标计量器具。

游标计量器具按用途分为游标卡尺、深度游标卡尺、高度游标卡尺等,读数装置都由主尺和游标两部分组成,读数原理和读数方法都分别相同,都用于测量线性尺寸。

游标卡尺(卡尺)是利用仪器上两测量爪的相对移动,对所分隔距离进行读数的一种通用测量工具,主要用于测量内尺寸、外尺寸、高度和深度等。卡尺根据测量部位的不同,分为长度卡尺、深度卡尺、高度卡尺和齿厚卡尺四种。

其工作原理是游标原理,即将两根按一定要求标记的直尺对齐或重叠后,其中一根固定不动,另一根沿着它做相对滑动。固定不动的直尺称为主尺,沿主尺滑动的直尺称为游标,游标尺能进行准确读数。

游标卡尺如图 11.5 所示,装有游标的尺框 1 沿着主尺 2 移动。测量工件时,尺框在主尺上移动到适当位置后,锁紧螺钉 3 拧紧,在旋转微动螺母 4 还可以使尺框(游标)移动一段微小距离。两副测量爪 5 和 6 的内测量面都用于测量外尺寸(轴),测量爪 6 的外测量面用于测量内尺寸(孔)。

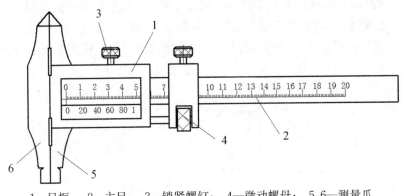

1—尺框; 2—主尺; 3—锁紧螺钉; 4—微动螺母; 5,6—测量爪
图 11.5 游标卡尺

测量值的计算如下:
测量值 = 主尺读数 + 游标尺的读数
     = 主尺的小格数(mm) + 精度 × 游标与主尺对齐的游标尺小格数(mm)
读数方法:"三看两读"。
三看:看游标尺(看游标尺的分度,明确其精度的大小);
     看游标尺的"0"刻度线(为了读主尺的整数部分);
     看主尺与游标尺对齐的线(为了读游标尺的小数部分)。
两读:读主尺的整数部分、游标尺的小数部分。
20 分度 0.05 mm 的游标卡尺读数实例如下:
如图 11.6 所示,主尺读数为 14 mm,游标尺的第 17 条刻度线与主尺的某一刻度线重合,所以,游标的读数为 17 × 0.05 = 0.85 mm,最终读数为 14 + 0.85 = 14.85 mm。

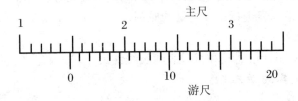

图 11.6 20 分度游标卡尺读数

(2) 螺旋副计量器具。

螺旋副计量器具是利用螺旋副的运动原理进行测量和读数的一种测微量具。按用途分内径千分尺、外径千分尺、深度千分尺及专用的测量螺纹中径尺寸的螺纹千分尺和测量齿轮公法线长度的公法线千分尺等。

外径千分尺的结构如图 11.7 所示,读数装置由固定套管 4 和微分筒 5 组成。固定套管

4 的外面为刻度间距为 0.5 mm 的纵向刻度标尺，里面有螺距为 0.5 mm 的调节螺母。微分筒 5 上有等分 50 格的圆周刻度，并且与螺距为 0.5 mm 的测微螺杆 2 固定成一体。

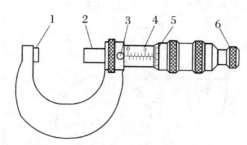

1—测量砧； 2—测微螺杆； 3—锁紧装置； 4—固定套管； 5—微分筒； 6—棘轮

图 11.7 外径千分尺

测量时，利用测微螺杆 2 与调节螺母构成的螺旋副，将微分筒 5 的角位移转换为测微螺杆的轴向直线位移。当微分筒旋转一周，测微螺杆的轴向位移为 0.5 mm；当微分筒 5 旋转一格，测微螺杆的轴向位移为 0.5/50 = 0.01 mm，即千分尺的分度值，因此千分尺测量长度时可以精确到 0.01 mm。

先旋转微分筒 5，当测微螺杆 2 及测量砧 1 与工件快要接触时，改用右手握测力装置棘轮 6 并且缓慢旋转，在弹簧的作用下，棘轮 6 经棘爪带动微分筒 5 旋转，使测量砧表面保持标准的测量压力。直到棘爪发出"咔，咔……"响声，表示压力合适，此时工件已经和测微螺杆 2 及测量砧 1 接触。

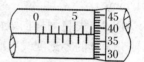

图 11.8 外径千分尺读数

锁紧装置 3 锁紧后再读数，先从固定套管 4 读出整数毫米部分和 0.5 mm 部分，再从微分筒 5 读取小于 0.5 mm 部分，三者相加得到被测工件尺寸的数值。

如图 11.8 所示，外径千分尺所测长度的测量值为：$7 + 0.374 = 7.374$ mm。

(3) 指示表。

指示表按照分度盘的分度值分为百分表（分度值为 0.01 mm）和千分表（分度值为 0.005 mm，0.002 mm 或 0.001 mm），利用齿轮传动将测杆的微量直线位移放大转换成指针的角位移，在分度盘上指示出来，用于测量线性尺寸、几何误差和齿轮误差。

① 钟表型百分表及其测量原理。

钟表型百分表的测量原理如图 11.9 所示，测量时具有齿条的测杆 1 作直线运动，带动与该齿条啮合的小齿轮 z_2 转动，从而使与小齿轮 z_2 固定在同一根轴上的大齿轮 z_3 及短指针转动。大齿轮 z_3 带动小齿轮 z_1 与它固定在同一根轴上的长指针转动。这样测杆的微量直线位移经齿轮传动放大为长指针的角位移，由分度盘指示出来。

百分表的放大倍数 K 按下式计算：

$$K = \frac{2R}{mz_1} \cdot \frac{z_3}{z_2} \tag{11.6}$$

式中，z_1, z_2, z_3——齿数；

m——齿轮模数(mm)；

R——长指针的长度(mm)。

百分表中，$R = 24$ mm，$m = 0.199$ mm，$z_1 = 10$，$z_2 = 16$，$z_3 = 100$，因此 $K = 150$，分度盘

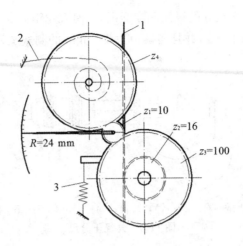

1—齿条测杆； 2—游丝； 3—弹簧
图 11.9　钟表型百分表测量原理图

圆周刻有 100 格等分刻度，而刻度间距 $a = 1.5$ mm，百分表的分度值 $i = a/K = 1.5/150 = 0.01$ mm。

测量时，先将测杆向表内压缩 1～2 mm，即长指针顺时针方向转动 1～2 圈，转动分度盘，使分度盘的零刻度线对准长指针，以调整示值零位。长指针旋转一周，短指针旋转 1 格。根据短指针所在位置，可以确定长指针相对于分度盘零刻线的旋转方向和旋转的周数。

使用钟表型指示表时，其测杆的轴线应垂直于被测平面，或通过圆截面中心线，否则会产生测量误差。

② 内径指示表测量孔径。

内径指示表用于测量孔径，特别适合测量深孔的直径尺寸。量仪由指示表和装有杠杆系统的测量装置组成，结构如图 11.10 所示。当使用分度值为 0.01 mm 的百分表测量时，手握隔热手柄 1，使活动测头 2 和固定测头 3 分别与被测孔的孔壁接触。活动测头 2 向表座体内移动，位移经等臂直角杠杆，推动挺杆 4 向上移动，使内部弹簧压缩，并推动指示表 5 的测杆，使指示表 5 的指针回转。弹簧的反作用力使活动测头 2 从表座向外伸，对孔壁产生测量力。在活动测头 2 上套着定心板 6，在内部两根弹簧作用下始终对称地与孔壁接触。定心板 6 与孔壁两接触点的连线与被测孔的直径线互相垂直，使测头 2 和 3 位于该孔的直径方向上。

用内径指示表测量孔径，是采用相对(比较)测量的方法进行，用具有确定内尺寸 l 的标准环规或装在量块夹子中的量块组所组成的确定内尺寸 l，调整内径指示表的示值零位，然后测量孔径，此时指示表的示值即为被测实际孔径对确定内尺寸 l 的偏差 δ，因此被测孔实际孔径 $D_a = l + \delta$。

内径指示表的结构如图 11.11 所示，测量孔径的步骤如下：

a. 根据被测孔的公称尺寸或一个极限尺寸 l 选择几块量块，并研合成量块组。将量块组 1 和两个量爪 2 一起装入量块夹 3 中夹紧，构成具有标准内尺寸的卡规(或使用具有确定内尺寸的标准环规)。

b. 根据被测孔的公称尺寸选择合适的固定测头 4，并拧入内径指示表上相应的螺孔中，然后拧紧螺母 5。

c. 用量块夹(或标准环规)调整指示表示值零位。将内径指示表的固定测头 4 和活动测头

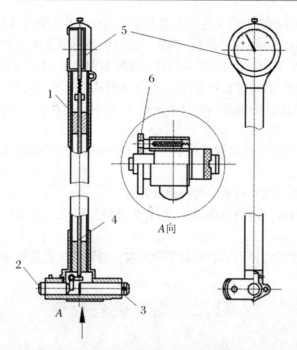

1—隔热手柄； 2—活动测头； 3—固定测头； 4—挺杆； 5—指示表； 6—定心板

图 11.10 内径指示表

6 放入量块夹 3 中的两个量爪 2 之间(先放入活动测头 6,压紧定心板 7,放入固定测头 4)。手握隔热手柄 8,按图 11.11(a)所示的箭头方向摆动量仪。当指示表 9 指针回转到转折点(最小示值)时,表示两个测头的轴线与量块夹的量爪表面垂直。转动指示表 9 的表盘(分度盘),使表盘指针的零刻线对准长指针。反复多次,直到指针稳定在零刻线处转折点为止。

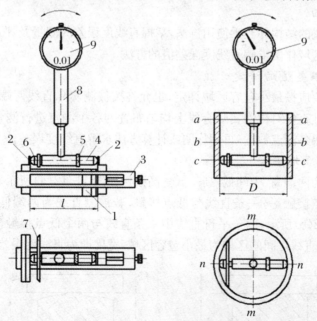

1—量块组； 2—量爪； 3—量块夹； 4—固定测头； 5—锁紧螺母；
6—活动测头； 7—定心板； 8—隔热手柄； 9—指示表

图 11.11 内径百分表测量孔径

d. 将内径指示表的两个测头按照上述方法放入被测孔中测量工件孔径,手握隔热手柄8,使两测头分别与被测孔的孔壁接触,按图11.11(b)所示箭头方向摆动量仪。记录指示表9的指针回转到转折点时的示值。该示值就是实际被测孔径 D 对量块组尺寸 l(或标准环规的内尺寸)的实际偏差 δ,被测孔径实际尺寸 D_a 为量块组尺寸 l 与实际偏差 δ 的代数和。

在被测孔均布的三个横截面 $a\text{-}a$,$b\text{-}b$,$c\text{-}c$ 上,对相互垂直的两个方向 $m\text{-}m$,$n\text{-}n$ 上的孔径分别进行测量。

e. 根据零件图上标注的被测孔极限尺寸或极限偏差,判断被测孔径是否合格。

思考题

(1) 内径百分表测量孔径属于何种测量方法?

(2) 如果内径百分表的测头磨损了,用它们调整指示表示值零位对孔径的测量结果是否有影响?

(3) 为什么在摆动内径指示表时对零和读数?指针转折点是最小值还是最大值?

11.2 几何误差检测

几何误差是被测实际要素对其理想要素的变动量,是几何公差控制的对象。当几何误差值不大于相应的几何公差值时,则认为合格。

11.2.1 直线度误差测量

零件的直线度误差可以用自准直仪和合像水平仪来测量。

1. 实验目的

了解自准直仪的结构并熟悉使用方法,掌握直线度误差的测量及评定方法,掌握按两端连线和最小包容区域作图求解直线度误差值的方法。

2. 直线度误差值的评定方法

直线度误差值应按最小包容区域评定,也允许按被测实际直线两端点的连线或其他方法评定。采用自准直仪对被测实际直线上均匀布置的各个测点进行测量,通过测量相邻两测点的高度差获得各测点数据,再用作图或计算方法求解直线度误差。

(1) 最小包容区域法。

若被测直线为两端高、中间低(高—低—高)时,如图11.12(a)所示,两条平行直线中一条直线与两个高点接触,另一条直线与低点接触;若被测直线为两端低、中间高(低—高—低)时,如图11.12(b)所示,两条平行直线中一条直线与两个低点接触,另一条直线与高点接触,则两条平行直线之间的区域为最小包容区域,宽度即为直线度误差值。

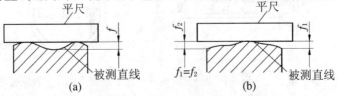

图 11.12 最小包容区域法测量直线度误差

(2) 按两端点连线评定直线度误差值。

如图 11.13 所示，以被测实际直线的两个端点 B 和 E 的连线 l_{BE}（两端点连线）作为评定基准，取各个测点相对于该连线的偏离值 h_i 中，测点在连线 l_{BE} 上方的最大偏离值为 h_{max}，测点在连线 l_{BE} 下方的最小偏离值为 h_{min}（负值），两者代数差作为直线度误差值，即 $f_{MZ} = h_{max} - h_{min}$。

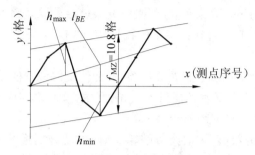

图 11.13　两端点连线法测量直线度误差

3. 计量器具及其测量原理

自准直仪是一种精密测角仪器，由本体和平面反射镜组成，应用自准直仪原理进行测量。光源发出的光线（主光轴）作为测量基准，如图 11.14 所示。

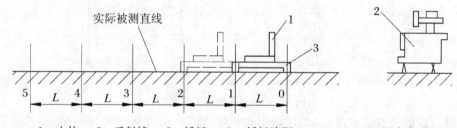

1—本体；　2—反射镜；　3—桥板；　L—桥板跨距；　$0,1,2,\cdots,n$—测点序号

图 11.14　用自准直仪测量直线度误差

测量时，自准仪本体 2 安放在被测工件体外固定位置上，反射镜 1 安装在桥板 3 上，桥板安放在被测实际表面上。把整条被测实际直线按照桥板跨距 L 的长度进行等距分段，然后均匀布置各个测点，首尾衔接逐段移动桥板，能依次测出被测实际直线上各相邻两测点相对于主光轴的高度差。

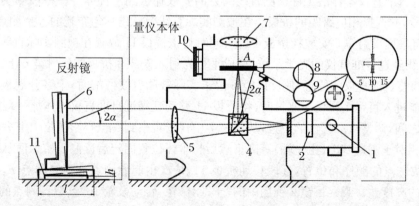

1—光源；　2—滤光片 1；　3—十字分划板；　4—立方棱镜；　5—物镜；　6—反射镜；
7—目镜；　8—可动分划板；　9—固定分划板；　10—读数鼓轮；　11—桥板

图 11.15　自准直仪的光学系统图

如图 11.15 所示，自准直仪的光源 1 发出的光线，经过滤光片 2，照亮十字分划板 3，经过立方棱镜 4 和物镜 5 形成平行光束，将十字分划板 3 的"十"字投射到反射镜 6 的镜面上，经过反射后，成像在目镜 7 的视场中。在目镜视场中能够观察到可动分划板 8 的指示线，固定分划板 9 下部的刻线尺和反射回来的"十"字影像。

当反射镜 6 的镜面与平行光束垂直时，平行光束就沿着原光路返回，"十"字影像经过立方棱镜 4 并被半透明膜向上反射到目镜 7 的视场中。"十"字影像位于目镜视场中央，如图 11.16(a)所示。

当桥板两端分别接触的两测点存在高度差 h，而使反射镜 6 的镜面与平行光束不垂直，反射镜的倾斜角度为 α，这样反射光轴与入射光轴（主光轴）之间成 2α 角，"十"字影像偏离中央产生偏移量 Δ，如图 11.16(b)所示。

为了确定偏离量 Δ 的数值，转动读数鼓轮 10 使可动分划板 8 的指示线瞄准"十"字影像，该指示线沿着固定分划板 9 的刻度尺移动一段距离。鼓轮 10 的圆周上刻有等分 100 格刻度，鼓轮 10 刻度的一格为固定分划板 8 刻度尺一格的 1%。

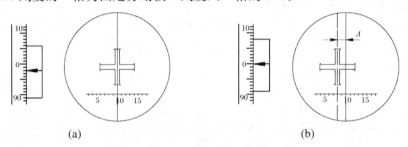

图 11.16 测量时示值的读数

自准直仪的分度值 τ 为 $1''$，也可以用 0.005 mm/m 或者 0.005/1000 表示，读数鼓轮 10 转动格数 Δ_i，桥板跨距 L(mm)与桥板两端分别接触的两个测定相对于主光轴的高度差 h_i（线性值）的关系为

$$h_i = \tau \Delta_i L = 0.005 \Delta_i L \ (\mu m) \tag{11.7}$$

4. 测量步骤

如图 11.14 和图 11.15 所示，直线度误差的测量步骤如下：

(1) 将自准直仪本体沿工件被测直线的方向安放在被测工件体外。将被测实际直线等分成若干段，并选择相应跨距的桥板。在被测实际直线旁标出均匀布置的各个测点的位置。

(2) 将平面反射镜 6 安放在桥板 11 上，同时将该桥板 11 放置在被测实际直线上。接通电源 1，光线经过自准直仪的光学系统，形成平行光射入安放在桥板的反射镜 6 上。

(3) 调整自准直仪的位置，使反射镜 6 位于实际被测直线两端时，十字分划板 3 的"十"字影像均能进入目镜 7 视场。测量时，将桥板 11 移动到靠近自准直仪本体那一端，即测点 0 和测点 1 之间，调整自准直仪的位置，从目镜 7 中视场观察到"十"字影像位于中央，即测点 0 和测点 1 相对于测量基准（主光轴）等高。然后将本体位置固定后读取起始示值 Δ_i（格数）。

(4) 按测点的顺序和位置，逐段移动桥板 11，依次由起始测点 0 到终测点 n，测量各相邻测点间的高度差。观察目镜 2 视场中的"十"字影像，转动鼓轮 10，读取各测点的示值 Δ_i。

(5) 记录各测点示值 Δ_i 处理数据，求解直线度误差值。

5. 数据处理

用分度值 0.005 mm/m 的自准直仪测量长度为 2 m 的机床导轨平面的直线度误差，所采用的桥板跨距为 200 mm，被测直线分为等距 10 段进行测量，测量数据见表 11.1 第三行所示。

表 11.1　自准直仪测量直线度误差的测量数据

测点序号 i	0	1	2	3	4	5	6	7	8	9	10
测量位置(m)（桥板所在位置）	0~0.2		0.2~0.4	0.4~0.6	0.6~0.8	0.8~1.0	1.0~1.2	1.2~1.4	1.4~1.6	1.6~1.8	1.8~2.0
各测点示值 Δ_i	/	+22	+24	+25	+22	+26	+25	+17	+19	+22	+28
$\Delta_i - \Delta_1$	0	0	+2	+3	0	+4	+3	-5	-3	0	-6
$y_j = \sum_{i=2}^{j}(\Delta_i - \Delta_1)$	0	0	+2	+5	+5	+9	+12	+7	+4	+4	-2

按表 11.1 的第四行各测点 Δ_i 与 Δ_1 的代数差值，画出图 11.17。从误差折线图上找出两个低极点 $(0,0)$、$(10,-2)$ 及一个高极点 $(6,12)$，采用低—高—低原则作出两条平行直线，得到最小包容区域。因此直线度误差值为

$$f_{MZ} = \tau \Delta_i L = 0.005 \times 12.6 \times 200 = 12.6 \ \mu m$$

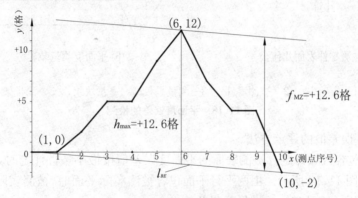

图 11.17　作图法求解直线度误差

思考题

(1) 最小包容区域法评定直线度误差值有什么特点？
(2) 改用指示表和平板测量，数据处理过程有什么不同？

11.2.2　平面度、平行度和位置度误差的测量

零件的平面度误差、平行度误差和位置度误差可以用指示表和平板来测量。如图 11.18(a) 所示，零件图样中同一被测表面标注了平面度公差、平行度公差和位置度公差。

1．实验目的

了解指示表的原理和结构，熟悉指示表和精密平板测量平面度误差的方法。掌握评定平面度误差值、面对面平行度误差值、面对面位置度误差值的评定方法和数据处理方法。

2．平面度误差的测量和评定

(1) 平面度误差的测量原理。

平面度误差可以用测量直线度误差的各种量仪来测量。如用精密平板、指示表和量块

组测量该表面的平面度误差。被测零件及几何公差如图 11.18(a)所示,测量装置如图 11.18(b)所示。

测量时,被测零件 2 以底面 A 为基准放置在测量平板 3 的工作面上,该工作面作为测量基准,调整放置在平板 3 工作面上的指示表 1 的示值零位。调整好的指示表测量实际被测表面各测点对量块组尺寸的偏差,它们分别由指示表在各测点($a_1, a_2, a_3, b_1, b_2, b_3, c_1, c_2, c_3$)的示值读出,根据这些示值,经过数据处理,求解平面误差值。

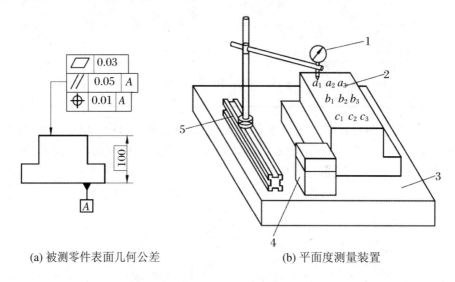

(a) 被测零件表面几何公差　　　　　(b) 平面度测量装置

1—指示表；　2—被测零件；　3—测量平板；　4—量块组；　5—测量架

图 11.18　平面度误差的检测

(2) 平面度误差值的评定方法。

① 按最小包容区域评定。被测表面的平面度误差值按最小条件评定时,与直线度的评定准则相同,如图 11.19 所示。由两平行平面包容被测实际平面时,被测实际表面至少有 4 点分别与该两平行平面接触,并满足下列条件之一。

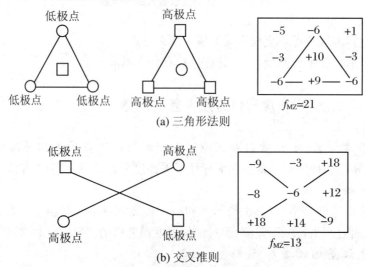

图 11.19　按最小包容区域评定平面度误差

三角形准则:如图 11.19(a)所示,至少有三个高(低)极点与一平面接触,有一低(高)极点与另一平面接触,并且这一个低(高)极点的投影落在上述三个高(低)极点连成的三角形内,或者落在该三角形的一条边上。

交叉准则:如图 11.19(b)所示,至少有两个高极点和两个低极点分别与这两个平行平面接触,并且两个高极点的连线和两个低极点的连线在空间呈交叉状态,或者有两个高(低)极点与两个平行包容平面中的一个平面接触,还有一个低(高)极点与另一个平面接触,且该低(高)点的投影落在两个高(低)极点的连线上。

② 按对角线平面评定。用通过被测实际表面的一条对角线且平行于另一条对角线的平面作为评定基准,以各测点对此评定基准的偏离值中的最大偏离值与最小偏离值的代数差作为平面度误差值。测点在对角线平面上方时,偏离值为正值。测点在对角线平面下方时,偏离值为负值。

3. 面对面平行度误差的评定和测量

被测表面对基准表面的平行度误差值用定向最小包容区域评定。如图 11.20 所示,两个平行平面平行于基准平面 A,并且包容实际被测表面 S,若实际被测表面各个测点中至少有一个高极点和一个低极点分别与这两个平行平面接触,那么这两个平行平面之间的区域 U 称为最小包容区域。该区域的宽度 f_U 即平行度误差值。

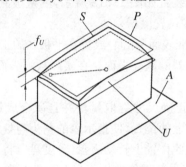

图 11.20 被测表面对基准面 A 的平行度误差值最小包容区域判别准则

用指示表和精密平板测量平行度误差,如图 11.18 所示。将被测零件 2 放置在精密平板 3 上,以平板 3 的工作面作为测量基准,同时也是测量平行度误差所用的模拟基准平面。首先放置在平板工作面上的量块组 4 调整指示表 1 的示值零位,然后在整个被测表面上按规定测量线测量各测点对量块组尺寸的偏差,取指示表的最大与最小示值之差作为该零件的平行度误差值。

4. 面对面位置度误差的评定和测量

被测表面对基准表面的位置度误差值用最小包容区域评定。首先确定理想平面(评定基准)P 的位置:平行于基准平面 A 并且距基准平面 A 的距离为图样上标注的理论正确尺寸 100 mm。

两个平行平面平行于基准平面 A,相对于理想平面 P 对称,并且包容实际被测表面 S,若实际被测表面各个测点中只要有一个极点与这两个平行平面中的任何一个平面接触,则这两个平行平面之间的区域 U 称为定位最小包容区域,该区域的宽度即位置度误差 f_U,等于该极点至理想平面 P 的距离 h_{max} 的两倍,即 $f_U = 2h_{max}$。

用指示表、精密平板和量块组测量位置度误差,如图 11.18 所示。将被测零件 2 放置在精密平板 3 上,以平板 3 的工作面作为测量基准,同时也是测量位置度误差所用的模拟基准平面。按图样上标注的理论正确尺寸 100 mm 选取组合尺寸为 100 mm 的量块组 4,该量块组放置在平板 3 的工作面上。调整指示表 1 的示值零位,然后用指示表测量实际被测表面各个测点相对于量块组尺寸的偏差。如图 11.21 所示,这些示值中绝对值最大的示值的两倍即为位置度误差值 f_U。

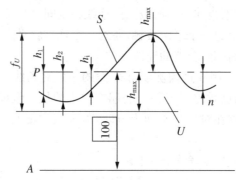

图 11.21　被测表面对基准面 A 的位置度误差值最小包容区域判别准则

5. 实验步骤

被测零件图样标注和测量装置如图 11.18 所示,测量被测平面的平面度误差和该平面对基准平面 A 的平行度误差和位置度误差。

(1) 被测零件 2 以实际基准表面(底面)放置在平板 3 的工作面上,该工作面既是测量基准又是测量平行度和位置度误差的基准平面。在实际被测表面上均匀布置若干个测点并标出测点的位置。

(2) 按图样上标注的理论正确尺寸选取量块并且研合成量块组,放置在平板 3 工作面上。调整指示表 1 在测量架 5 上的位置,使指示表的测头与量块组 4 的上测量面接触,并使指示表指针正转一定角度。在此位置上转动表盘(分度盘),将零刻度线对准指针。

(3) 移动测量架,用调整好示值零位的指示表 1 测量各测点到平板 3 工作面的距离对理论正确尺寸的偏差,分别由指示表在各测点的示值读出,同时记录这些示值。

(4) 由测得的指示表在各测点的示值求解几何误差值,并判断几何误差值是否合格。

6. 数据处理和计算实例

被测零件图样标注和测量装置如图 11.18 所示,在实际被测表面均匀布置 9 个测点,如图 11.22(a)所示。将分度值为 0.002 mm 的指示表按量块组尺寸 100 mm 调整示值零位,然后测量平面度误差、平行度误差和位置度误差。9 个测点示值如图 11.22(b)所示。

a_1	a_2	a_3
b_1	b_2	b_3
c_1	c_2	c_3

+6	−12	+10
0	+4	+12
−20	+14	+16

0	−18	+4
−6	−2	+6
−26	+8	+10

(a) 各测点坐标值　　(b) 各测点至测量基准距离(μm)　(c) 各测点至坐标系原点的坐标值(μm)

图 11.22　实际被测表面 9 个测点的测量数据

(1) 平面度误差测量数据的处理方法。

首先求出图 11.22(b)所示的 9 个测点的示值与第一个测点 a_1 的示值(+6)的代数差,得到图 11.22(c)所示 9 个测点的数据。

评定平面度误差值时,首先将测量数据进行坐标变换,把被测实际表面上各测点对测量基准的坐标值变换成对评定方法所规定的评定基准的坐标值。每个测点在坐标变换前后的坐标值的差值称为旋转量。在空间直角坐标系中,以 x 和 y 坐标轴作为旋转轴。设绕 x 轴旋转的单位旋转量为 y,设绕 y 轴旋转的单位旋转量为 x,则测量基准绕 x 轴旋转,再绕 y 轴旋转。各测点的综合旋转量见图 11.23 所示。各测点的原坐标值加上综合旋转量,得到坐标变换后的各测点的坐标值。坐标变换前后各测点间的相对位置保持不变,按对角线平面评定平面度误差值。

0	x	$2x$	...	nx
y	$x+y$	$2x+y$	...	$nx+y$
$2y$	$x+2y$	$2x+2y$	...	$nx+2y$
⋮	⋮	⋮	⋮	⋮
my	$x+my$	$2x+my$	...	$nx+my$

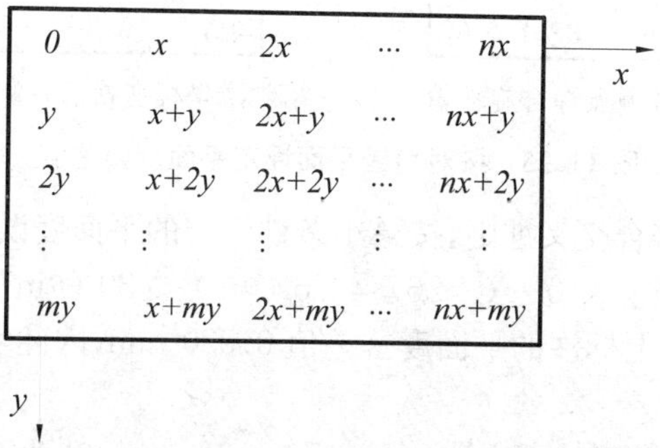

图 11.23 各测点的综合旋转量

根据图 11.22(c)所示数据,实际被测表面上两个角点 $a_1(0)$,$c_3(+10)$ 和另两个角点 $a_3(+4)$,$c_1(-26)$ 旋转变换后分别等值,得出下列方程组:

$$\begin{cases} 10 + 2x + 2y = 0 \\ 4 + 2x = -26 + 2y \end{cases}$$

解方程组,求得绕 y 轴旋转的单位旋转量为 $x = -10\ \mu m$,绕 x 轴旋转的单位旋转量 $y = +5\ \mu m$。

因此各测点的综合旋转量如图 11.24(a)所示,将图 11.22(c)和图 11.24(a)中的对应数据分别相加,则得到第一次坐标变换后各测点的数据见图 11.24(b)所示。

0	-10	-20
$+5$	-5	-15
$+10$	0	-10

0	-28	-16
-1	-7	-9
-16	$+8$	0

(a) 各测点综合旋转量　　(b) 第一次坐标变换后各测点数据

图 11.24 按对角线平面评定平面度误差值

因此平面度误差为

$$f_{DL} = (+8) - (-28) = 36\ (\mu m)$$

零件上表面的平面度公差值 30 μm,因此需要进一步确定最小条件。根据 11.24(b)所示数据,实际被测表面呈马鞍形,选取两个高极点 $a_1(0)$,$c_2(+8)$ 和两个低极点 $a_2(-28)$,$c_1(-16)$,两高极点连线和两低极点连线在空间呈对角线交叉状态,旋转变换后分别等值,得出下列方程组:

$$\begin{cases} 8 + x + 2y = 0 \\ -28 + x = -16 + 2y \end{cases}$$

解方程组,求得绕 y 轴旋转的单位旋转量为 $x = 2$ μm,绕 x 轴旋转的单位旋转量 $y = -5$ μm。

因此各测点的综合旋转量如图 11.25(a)所示,将图 11.24(b)和图 11.25(a)中的对应数据分别相加,则得到第二次坐标变换后各测点的数据见图 11.25(b)所示。

0	+2	+4
-5	-3	-1
-10	-8	-6

(a) 各测点综合旋转量

0	-26	-12
-6	-10	-10
-26	0	-6

(b) 第二次坐标变换后各测点数据

图 11.25 按对角线平面评定平面度误差值

图 11.25(b)中数据符合交叉准则,按最小条件评定的平面度误差值为
$$f_{MZ} = 0 - (-26) = 26 \ (\mu m) < 30 \ (\mu m)$$
平面度误差小于图样上标注的平面度公差值 0.030 mm,因此实际被测表面的平行度误差符合要求,合格。

(2) 平行度误差测量数据处理方法。

如图 11.20 和图 11.22(b)所示,实际被测表面各个测点中至少有一个高极点 $c_1(+16)$ 和一个低极点 $c_3(-20)$ 分别与这两个平行平面接触,则这两个平行平面之间的区域 U 称为最小包容区域。平行度误差值 f_U 为
$$f_U = 16 - (-20) = 36 \ (\mu m) < 40 \ (\mu m)$$
平行度误差小于图样上标注的平行度公差值 0.04 mm,因此实际被测表面的平行度误差符合要求,合格。

(3) 位置度误差测量数据处理方法。

如图 11.25(b)所示,实际被测表面各个测点中距离评定基准最远的一点为 $c_2(-26)$。位置度误差值 f_U 为
$$f_U = 2 \times |-26| = 52 \ (\mu m) < 60 \ (\mu m)$$
位置度误差小于图样上标注的位置度公差值 0.06 mm,因此实际被测表面的位置度误差符合要求,合格。

思考题

(1) 用指示表测量导轨的直线度误差,读得的示值为对理想直线的变动量,分 7 段测量的 8 个读数为:0,+1,+1,0,-1,-1.5,+1,+0.5(单位:μm)。试按最小包容区域法求直线度误差值。

(2) 如图 11.26 中(a),(b),(c)所示分别为 3 块平板表面测得的不平的实际情况,各相对值单位为 μm,试按对角线平面法和最小条件法求解各自的平面度误差。

0	+50	+10
-30	+80	+5
+10	-40	0

(a)

0	-15	-34
-20	-5	-21
-40	-12	-2

(b)

-4	-3	+9
+3	-5	0
+9	+7	+2

(c)

图 11.26

(3) 用坐标法测量图 11.27 所示零件的位置度误差。测得四个孔的轴线的实际坐标尺寸列于表 11.2。试确定该零件上各孔的位置度误差值,并判断合格与否?

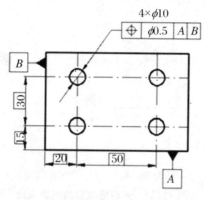

图 11.27

表 11.2　四个孔的轴线的实际坐标尺寸

坐标值	孔序号			
	1	2	3	4
x(mm)	20.10	70.10	19.90	69.85
y(mm)	15.10	14.85	44.82	45.12

11.3　表面粗糙度轮廓幅度参数测量

11.3.1　用光切显微镜测量轮廓的最大高度

1. 实验目的

(1) 了解用光切法测量表面粗糙度轮廓幅度参数最大高度 Rz 的原理。
(2) 了解光切显微镜的结构并熟悉它的使用方法。
(3) 加深对表面粗糙度轮廓最大高度 Rz 的理解。

2. 计量器具及其测量原理

光切法是指利用光线切开被测表面的原理(光切原理)测量表面粗糙度轮廓的方法。属于非接触测量方法。采用光切原理制成的量仪称为光切显微镜(又叫双管显微镜)。光切法通常用于测量 Rz 值为 $1.6\sim 63\ \mu m$ 的平面和外圆柱面。

参看图 11.28(a),光切显微镜具有两个轴线相互垂直的光管,左光管为观察管,右光管为照明管。在照明管中,由光源 1 发出的光线经狭缝 2 及照明管的物镜 3 后形成平行光束。该光束以与两光管轴线夹角平分线成 45°的入射角投射到被测表面上,把表面轮廓切成窄长的光带。由于被测表面上微观的粗糙度轮廓的起伏不平,因此光带的形状是弯曲的。光带边缘的形状即为被测工件在 45°截面上的表面形状。这光带以与两光管轴线夹角平分线成 45°的反射角反射到观察管的物镜 4 成像于目镜 5 的分划板 6 上。由于在目镜视场内所看到的影像是与被测表面呈 45°分析截面上的轮廓曲线,并经物镜放大了 M 倍,所以表面峰谷的

实际高度 h 与影像高度 h' 有如下关系：

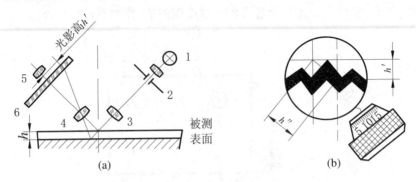

1—光源； 2—狭缝； 3—照明管物镜； 4—观察管物镜； 5—目镜； 6—分划板

图 11.28 光切显微镜的测量原理

$$h = \frac{h'\cos45°}{M} \tag{11.8}$$

式中，M——观察管的放大倍数。

由图 11.28(b)可以说明，测微器中的十字线与测微器读数方向成 $45°$，当用十字线中的任一直线与影像峰、谷相切来测量波高时，波高 $h' = h''\cos45°$，其中，h'' 为测微器两次读数的差值，则被测表面的凹凸不平的高度 h 为

$$h = \frac{h''\cos45°\cos45°}{M} = \frac{1}{2M}h'' = i \cdot h'' \tag{11.9}$$

式中，$i = 1/(2M)$，它是使用不同放大倍数的物镜时鼓轮的分度值。由量仪说明书给定或从表 11.3 中查出。实际应用时通常用量仪附带的标准刻线尺来校定，本实验所用的量仪已校定好。

表 11.3 物镜放大倍数与可测 Rz 值的关系

物镜放大倍数	分度值 $i(\mu m/格)$	目镜视场直径(mm)	可测范围 $Rz(\mu m)$
7	1.28	2.5	32～125
14	0.63	1.3	8～32
30	0.29	0.6	2～8
60	0.16	0.3	1～2

3. 测量步骤

(1) 按零件的图样标注或目测被测工件的表面粗糙度轮廓数值，对照表 4.2 确定取样长度 lr 和评定长度 ln。按表选择适当放大倍数的一对物镜，分别安装在量仪照明管和观察管上。步骤(2)～(5)参见图 11.29 所示。

(2) 通过变压器接通电源，使光源 1 照亮。将被测工件安置在工作台 11 上(或工作台的 V 形块上)。松开螺钉 3，转动螺母 6，使横臂 5 沿立柱 2 下降(注意物镜头与被测表面之间必须留有微量空隙)，进行粗调焦，直至目镜视场中出现绿色光带为止。转动工作台 11，使光带与被测表面的加工痕迹垂直，然后锁紧螺钉 3 和螺钉 9。

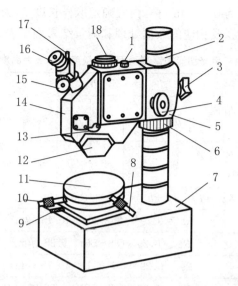

1—光源； 2—立柱； 3—锁紧螺钉； 4—微调手轮； 5—横臂； 6—升降螺母； 7—底座；
8—工作台纵向移动千分尺； 9—工作台固定螺钉； 10—工作台横向移动千分尺； 11—工作台；
12—物镜组； 13—手柄； 14—壳体； 15—测微鼓轮； 16—测微目镜头；
17—紧固螺钉； 18—照相机插座

图 11.29 光切显微镜外形结构

(3) 从目镜头 16 观察光带。旋转手轮 4 进行微调焦，使目镜视场中央出现最窄且有一边缘较清晰的光带。

(4) 松开螺钉 17，转动目镜头 16，使视场中十字线中的水平线与光带总的方向平行，然后锁紧螺钉 17，使目镜头 16 位置固定。

(5) 转动目镜测微鼓轮 15，在取样长度 lr 范围内使十字线中的水平线分别与所有轮廓峰高中的最大轮廓峰高(轮廓各峰中的最高点)和所有轮廓谷深中的最大轮廓谷深(轮廓各谷中的最低点)相切。

从目镜测微鼓轮 15 上分别测出轮廓上的最高点至测量基准线 C 的距离 h_p 和最低点至测量基准线 C 的距离 h_v。

$$Rz = i \times (h_p - h_v)(\mu m) \tag{11.10}$$

式中，h_p 和 h_v 的单位均为格；分度值 i 的数值由表 11.2 查出。

当取样长度大于物镜视场直径时，应该在两个视场中读取。可以通过转动工作台纵向百分尺 8 来移动工件。

(6) 按上述方法测出连续五段取样长度上的 Rz 值，若这五个 Rz 值都在图样上所规定的允许值范围内，则判定为合格。若其中一个 Rz 值超差，按"最大规则"判定，则判定为不合格。按"16%规则"判定，则应再测量一段取样长度，若这一段的 Rz 值不超差，就判定为合格；如果这一段的 Rz 值仍超差，就判定为不合格。

4. 数据处理和计算实例

用光切显微镜测量一个表面的粗糙度轮廓最大高度 Rz。将被测表面与粗糙度比较样块进行对比后，评估被测表面 Ra 值为 $1.25~\mu m$，按国标 GB/Z 18620.4—2008 中 Ra 与 Rz 数值对照表代换成 Rz 值为 $8~\mu m$。按此评估结果，由表选用放大倍数为 30 倍的一对物镜，相应的测微鼓轮分度值 i 为 0.29 μm/格；由表确定取样长度 lr 为 0.8 mm。在连续五段取样长度上测量所得到的数据及相应的数据处理和测量结果列于表 11.4 中。

表 11.4 用光切显微镜测量表面粗糙度轮廓最大高度 Rz 值

	取样长度 lr_i	lr_1		lr_2		lr_3		lr_4		lr_5	
测量记录及计算	轮廓最高点和最低点值测量基准线的距离的代号	h_{p1}	h_{v1}	h_{p2}	h_{v2}	h_{p3}	h_{v3}	h_{p4}	h_{v4}	h_{p5}	h_{v5}
	轮廓最高点和最低点值测量基准线的距离的测量值(格)	90	45	85	50	88	56	87	52	85	53
	$Rz_1 = i \cdot (h_p - h_v) = 0.29 \times (90-45) = 13.05\ (\mu m)$											
	$Rz_2 = 0.29 \times (85-50) = 10.15\ (\mu m)$											
	$Rz_3 = 0.29 \times (88-56) = 9.28\ (\mu m)$											
	$Rz_4 = 0.29 \times (87-52) = 10.15\ (\mu m)$											
	$Rz_5 = 0.29 \times (85-53) = 9.28\ (\mu m)$											
测量结果	同一评定长度范围内所有的 Rz 实测值中，最大实测值为 13.05 μm，最小实测值为 9.28 μm											

11.3.2 用干涉显微镜测量轮廓的最大高度

1. 实验目的

(1) 了解用干涉显微镜测量表面粗糙度轮廓幅度参数最大高度 Rz 的原理。

(2) 了解干涉显微镜的结构并熟悉它的使用方法。

(3) 加深对表面粗糙度轮廓最大高度 Rz 的理解。

2. 计量器具及其测量原理

干涉显微镜是指利用光波干涉原理和显微系统测量精密加工表面上微观的粗糙度轮廓的方法，属于非接触测量方法。采用干涉显微法原理制成的表面粗糙度轮廓测量仪称为干涉显微镜，它用光波干涉原理反映出被测表面粗糙度轮廓的起伏大小，用显微系统进行高倍数放大后观察和测量。干涉显微镜适宜于测量轮廓最大高度 Rz 值为 0.063～1.0 μm 的平面、外圆柱面和球面。

干涉显微镜的测量原理如图 11.30 所示。从光源 1 发出的光束经过聚光镜组 2 变成平行光束，由反光镜 3 转向后，经分光镜 7 分成两路：一路透过分光镜 7 经补偿镜 8、物镜 9 射向被测工件表面 10，并从被测工件表面 10 反射后经原路反射回分光镜 7；另一路由分光镜 7 反射后通过物镜 12 射向标准镜 13，再由标准镜镜面反射后通过物镜 12 至分光镜 7，在此它与第一路相遇，产生干涉，此干涉条纹经转向棱镜、目镜组 14，射向观察目镜。在目镜视野中可以看到这种明暗相间的干涉条纹，如图 11.31 所示。根据光波干涉原理，在光程差每相差半个波长($\lambda/2$)处就要产生一个干涉条纹。所以，只要测出干涉条纹的弯曲量 a 和两个相邻干涉条纹之间的距离 b，利用式(11.11)就可以得到被测粗糙度轮廓的轮廓最大高度：

$$h = \frac{a}{b} \times \frac{\lambda}{2} \quad (11.11)$$

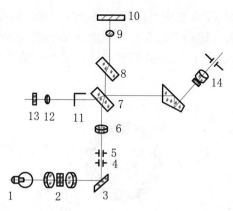

1—光源； 2—聚光镜组； 3—反光镜； 4—孔径光阑；
5—视场光阑； 6,9,12—物镜； 7—分光镜； 8—补偿镜；
10—被测工件表面； 11—遮光板； 13—标准镜； 14—目镜组

图 11.30　干涉显微镜的工作图

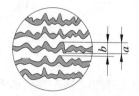

图 11.31　干涉条纹

3．测量步骤

（1）调节仪器，如图 11.32 所示。

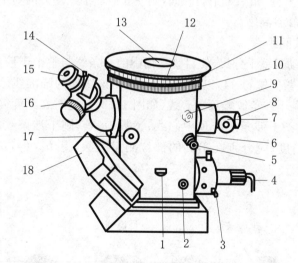

1—光阑调节手轮； 2—手柄； 3—螺钉； 4—光源； 5,6,7,8—手轮；
9—遮光板调节手柄（显微镜背面）； 10,11,12—滚花轮； 13—工作台；
14—螺钉； 15—目镜千分尺； 16—目镜测微鼓轮； 17—手轮； 18—相机

图 11.32　干涉显微镜的外形结构

① 开亮灯泡，将手轮 17 转到目镜位置。转动遮光板调节手柄 9，使图 11.30 中的遮光板 11 移出光路。旋转螺钉 3 调整灯泡位置，使视场亮度均匀。转动手轮 7，使目镜视场中弓形直边清晰，如图 11.33(a)所示。

② 在工作台上放置好洗净的工件，被测表面向下，朝向物镜。转动遮光板调节手柄 9，使遮光板进入光路。推动滚花轮 12，使工作台在任意方向移动。转动滚花轮 10，使工作台 13 升降（此时为调焦）直到在目镜视场中观察到清晰的工件表面加工痕迹为止。再转动遮光板调节手柄 9，使遮光板移出光路。

③ 松开螺钉14,取下目镜千分尺15,从观察管中可以看到两个灯丝像。转动光阑调节手轮1,使11.30中的孔径光阑4开至最大。转动手轮5和6,使两个灯丝像完全重合,同时调节螺钉3,使灯丝像位于孔径光阑中央,如图11.33(b)所示。然后装上目镜千分尺15,旋紧螺钉14。

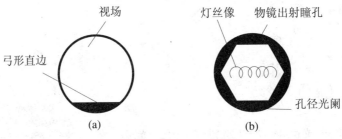

图 11.33　视场的调节

④ 将手柄2向左推到底,使滤色片插入光路,在目镜视场中就会出现单色的干涉条纹。微转手轮8,使条纹清晰。将手柄2向右拉到底,使滤色片退出光路,目镜视场中就会出现彩色的干涉条纹,用其中仅有的两条黑白条纹进行测量。转动手轮5和6并且配合转动手轮7和8,可以得到所需亮度和宽度的干涉条纹。转动滚花轮11以旋转工作台13,使要测量的截面与干涉条纹方向平行,如果未指明界面,则使表面加工纹理方向与干涉条纹方向垂直。

(2) 测量轮廓的峰谷高度。

① 测量干涉条纹间距。

松开螺钉14,转动目镜千分尺,使目镜视场中的一条线与整个干涉条纹的方向平行,以体现轮廓中线。旋紧紧固螺钉14,以后测量时,就用该线作为瞄准线。转动目镜测微鼓轮16,使瞄准线对准一条干涉条纹峰顶中心线(如图11.34),这时在刻度筒上的读数为 N_1,然后再对准相邻的另一条干涉条纹峰顶中心线,读数为 N_2,则干涉条纹的间距为 $b = N_1 - N_2$。为了提高测量精度,应分别在不同的部位测量三次,得 b_1, b_2, b_3,取它们的平均值 b_{av},则

$$b_{av} = \frac{b_1 + b_2 + b_3}{3} \tag{11.12}$$

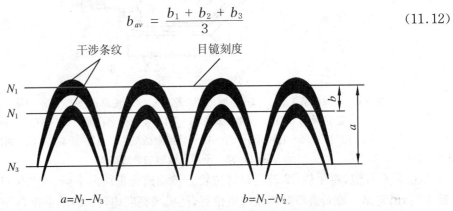

图 11.34　测量干涉条纹的弯曲量 a 和间距 b

② 测量干涉条纹弯曲量。

瞄准线对准一条干涉条纹的最高峰顶中心读数为 N_{1max} 后,移动瞄准线,对准同一干涉条纹的最低谷底中心,读数为 N_{3min}。

轮廓最大高度 Rz 为

$$Rz = \frac{|N_{1\max}| - |N_{3\min}|}{b_{av}} \times \frac{\lambda}{2} \tag{11.13}$$

(3) 判断合格性。

16%规则如下:

① 在评定长度内,依次测量 5 个取样长度内的 Rz_i,如果均不超过图样给定的允许值,则合格。

② 如果有 1 个测量值超过允许值,则再连续测量一个取样长度内的 Rz 值,如果不超过允许值,则可判定合格,否则不合格。

③ 如果有超过 1 个测量值超过允许值,则判定不合格。

最大规则:在评定长度内,依次测量 5 个取样长度内的 Rz_i,如果均不超过图样给定的允许值,则合格。

思考题

(1) 用光波干涉原理测量表面粗糙度轮廓,就是以光波为尺子(标准量)来测量被测表面上微观的峰、谷之间的高度,此说法是否正确?

(2) 用干涉显微镜测量表面粗糙度轮廓最大高度 Rz 时分度值如何体现?

11.4 圆柱螺纹测量

在螺纹成批生产中,可采用光滑极限量规和螺纹量规联合对螺纹进行综合检验。至于单项测量则主要用于检查精密螺纹及分析各个参数的误差产生原因。常用的单项测量方法有螺纹百分尺测量、三针测量和工具显微镜测量(常用的包括大型工具显微镜和小型工具显微镜测量)。下面具体讨论大型工具显微镜的螺纹测量方法。

1. 实验目的

(1) 了解工具显微镜的结构和工作原理。

(2) 熟悉用大型工具显微镜测量外螺纹主要几何参数的方法。

(3) 掌握螺纹测量数据的处理方法,加深对螺纹作用中径概念的理解。

2. 计量器具及其测量原理

工具显微镜具有直角坐标测量系统、光学系统和瞄准装置、角度测量装置。直角坐标测量系统由纵向、横向标准量和可移动的工作台构成。被测工件的轮廓用光学系统投影放大成像后,由瞄准装置瞄准被测轮廓的某一几何要素,从标准量细分装置上读出纵、横两个方向的坐标值,然后移动工作台及安装在其上的被测工件,瞄准被测轮廓的另一几何要素并读出其坐标值,则被测轮廓上这两个要素之间的距离即可确定。被测轮廓上某两要素间的角度的数值由瞄准装置和角度测量装置读出。

工具显微镜适用于测量线性尺寸及角度,可测量螺纹、样板和孔、轴等。按测量精度和测量范围,工具显微镜分为小型、大型、万能和重型等四种形式。在工具显微镜上使用的测量方法有影像法、轴切法、干涉法等。

本实验的内容是在大型工具显微镜上用影像法测量外螺纹的主要几何参数。

图 11.35 为大型工具显微镜的外形图。它的主要组成部分为:底座,立柱,工作台及纵向、横向千分尺,光学投影系统和显微镜系统。

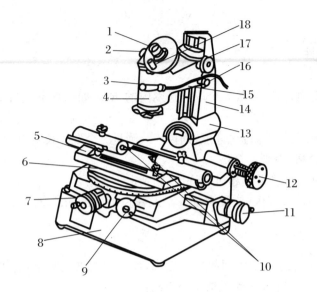

1—目镜；2—米字线旋转手轮；3—角度度数目镜光源；4—显微镜筒；5—顶尖座；6—圆工作台；
7—横向千分尺；8—底座；9—圆工作台转动手轮；10—顶尖；11—纵向千分尺；12—立柱倾斜手轮；
13—连接座；14—立柱；15—支臂；16—紧定螺钉；17—升降手轮；18—角度示值目镜

图 11.35　大型工具显微镜

图 11.36 为大型工具显微镜的光学系统图，由主光源 1 发出的光经光阑 2、滤光片 3、反射镜 4、聚光镜 5 成为平行光，透过玻璃工作台 6，将被测工件的投影轮廓经物镜组 7、反射棱镜 8 放大成像于目镜 10 的焦平面处的目镜分划板 9 上，通过目镜 10 观察到放大的轮廓影像，在角度示值目镜 11 中读取角度值。此外，可用反射光源照亮被测工件表面，同时可通过目镜 10 观察到被测工件轮廓的放大影像。

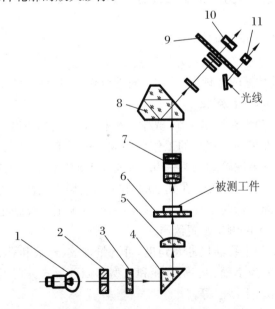

1—光源；2—光阑；3—滤光片；4—反射镜；5—聚光镜；6—玻璃工作台；
7—物镜组；8—反射棱镜；9—目镜分划板；10—目镜；11—角度示值目镜

图 11.36　大型工具显微镜的光学系统图

影像法测量螺纹是指由照明系统射出的平行光束对被测螺纹进行投影,由物镜将螺纹投影轮廓放大成像于目镜10的视场中,用目镜分划板上的米字线瞄准螺纹牙廓的影像,利用工作台的纵向、横向千分尺和角度示值目镜读数,来实现螺纹中径、螺距和牙侧角的测量。

3. 测量步骤

(1)经变压器接通电源,调节视场及调整物镜组的工作距离。

转动目镜1上的视场调节环,使视场中的米字线清晰。把调焦棒(图11.37)安装在两个顶尖10之间,把它顶紧但可稍微转动,切勿让它掉下,以免打碎玻璃工作台。移动工作台6,使调焦棒中间小孔内的刀刃成像在目镜1的视场中。松开紧定螺钉16,之后用升降手轮17使支臂15缓慢升降,直至调焦棒内的刀刃清晰地成像在目镜1的视场中。然后取下调焦棒,将被测螺纹工件安装在两个顶尖10之间。

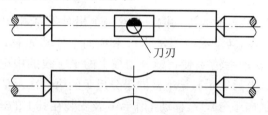

图11.37 用调焦棒对焦示意图

(2)根据被测螺纹的中径,选取适当的光阑孔径,调整光阑的大小。

光阑孔径见表11.5。

(3)用立柱倾斜手轮12把立柱14倾斜成螺纹升角,使牙廓两侧的影像都清晰。

螺纹升角 ϕ 由表11.6查取或按公式计算,$\phi = \arctan(nP/\pi d_2)$,式中 n 为螺纹线数;P 为螺距基本值(mm);d_2 为基本中径(mm)。倾斜方向视螺纹旋向(右旋或左旋)而定。

表11.5 光阑孔径(牙型角 $\alpha = 60°$)

螺纹中径 d_2(mm)	10	12	14	16	18	20	25	30	40
光阑孔径(mm)	11.9	11	10.4	10	9.5	9.3	8.6	8.1	7.4

表11.6 立柱倾斜角 ϕ(牙型角 $\alpha = 60°$,单线)

螺纹大径 d(mm)	10	12	14	16	18	20	22	24	27	30	36	42
螺距基本值 P(mm)	1.5	1.75	2	2	2.5	2.5	2.5	3	3	3.5	4	4.5
立柱倾斜角 ϕ	3°01′	2°56′	2°52′	2°29′	2°47′	2°27′	2°13′	2°27′	2°10′	2°17′	2°10′	2°07′

(4)测量时采用压线法和对线法瞄准。

如图11.38(a)所示,压线法是把目镜分划板上的米字线的中虚线 A-A 转到与牙廓影像的牙侧方向一致,并使中虚线 A-A 的一半压在牙廓影像之内,另一半位于牙廓影像之外,它用于测量长度。如图11.38(b),对线法是使米字线的中虚线 A-A 与牙廓影像的牙侧间有一条宽度均匀的细缝,它用于测量角度。

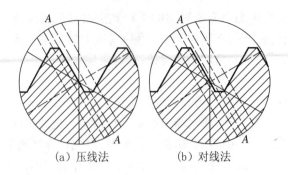

(a) 压线法 (b) 对线法

图 11.38 瞄准方法

(5) 测量螺纹中径。

测量中径是沿螺纹轴线的垂直方向测量螺纹两个相对牙廓侧面间的距离。该距离用压线法测量:如图 11.35 所示,转动纵向千分尺 11 和横向千分尺 7,移动工作台 6,使被测牙廓影像呈现在视场中。再转动手轮 2,使目镜分划板上的米字线的中虚线 A-A 瞄准牙廓影像的一个侧面(如图 11.39 上部所示),记下横向千分尺 7 的第一次示值。然后把立柱 14 反转一个螺旋升角 ϕ,转动横向千分尺 7,移动工作台 6 及安装在其上的螺纹工件,把中虚线 A-A 瞄准螺纹轴线另一侧的同向牙廓侧面(如图 11.39 下部所示),记下横向千分尺 7 的第二次示值。以这两次示值的差值作为中径的实际尺寸。

为了消除被测螺纹轴线与量仪测量轴线不重合所引起的安装误差的影响,应在牙廓左、右侧面分别测出中径 $d_{2左}$ 和 $d_{2右}$,取两者的平均值作为中径的实际尺寸 $d_{2实际}$,即

$$d_{2实际} = \frac{d_{2左} + d_{2右}}{2} \tag{11.14}$$

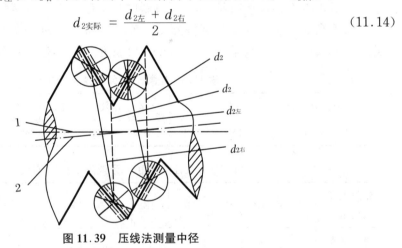

图 11.39 压线法测量中径

(6) 测量螺纹螺距。

螺距是指相邻同侧牙廓侧面在中径线上的轴向距离。该距离用压线法测量:如图 11.35 所示,转动手轮 2,使目镜分划板上的米字线的中虚线 A-A 瞄准牙廓影像的一个侧面(如图 11.40 所示),记下纵向千分尺 11 的第一次示值。然后转动纵向千分尺 11,移动工作台 6 及安装在其上的螺纹工件,再把中虚线 A-A 瞄准相邻牙廓影像的同向侧面,记下纵向千分尺 11 的第二次示值。这两次示值的差值即为螺距实际值。

同样,为了消除工件安装误差的影响,应在牙廓左、右侧面分别测出螺距 $P_{左}$ 和 $P_{右}$,取两者的平均值作为螺距的实际值 $P_{实际}$,即

$$P_{实际} = \frac{P_左 + P_右}{2} \tag{11.15}$$

依次测量出螺纹的每一个螺距偏差 $\Delta P = P_{实际} - P$（式中 P 为螺距基本值），并将它们依次累加（代数和），则累计值中最大值与最小值的代数差的绝对值即为螺距累积误差 ΔP_Σ。实际上，可用在螺纹全长范围内或在螺纹旋合长度范围内，n 个螺距之间的实际距离 $\Delta P_{\Sigma 实际}$ 与其基本距离 nP 之差的绝对值作为螺距累积误差 ΔP_Σ，即

$$\Delta P_\Sigma = |P_{\Sigma 实际} - nP| \tag{11.16}$$

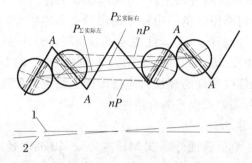

图 11.40 压线法测量螺距

(7) 测量螺纹牙侧角。

牙侧角是指在螺纹牙型上，牙侧与螺纹轴线的垂线间的夹角。牙侧角用对线法测量：如图 11.35 所示，当角度示值目镜 18 中显示的示值为 $0°0'$ 时，则表示目镜分划板上的米字线的中虚线 A-A 垂直于工作台纵向轴线。把中虚线 A-A 瞄准牙廓影像的一个侧面（如图 11.41 所示），此时目镜中的示值即为该侧牙侧角的实际值（测角读数方法见图 11.42）。

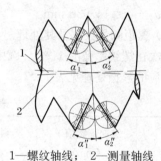

1—螺纹轴线； 2—测量轴线

图 11.41 对线法测量牙侧半角

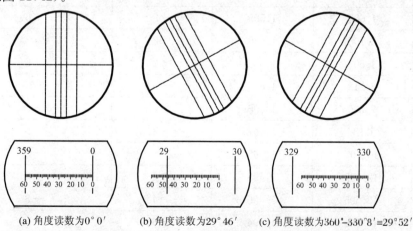

(a) 角度读数为 $0°0'$ (b) 角度读数为 $29°46'$ (c) 角度读数为 $360'-330°8'=29°52'$

图 11.42 测角读数示例

为了消除螺纹工件安装误差的影响，应在图 11.41 所示的四个位置测量出牙侧角 α_1'，α_2'，α_1''，α_2''，并按下式计算左牙侧角 α_1 和右牙侧角 α_2：

$$\alpha_1 = \frac{\alpha_1' + \alpha_1''}{2}, \quad \alpha_2 = \frac{\alpha_2' + \alpha_2''}{2} \tag{11.17}$$

将 α_1 和 α_2 分别于牙侧角基本值 $\frac{\alpha}{2}$ 比较,则求得左、右牙侧角偏差:

$$\Delta\alpha_1 = \alpha_1 - \frac{\alpha}{2}, \quad \Delta\alpha_2 = \alpha_2 - \frac{\alpha}{2} \tag{11.18}$$

(8) 判断被测螺纹的合格性。

按泰勒原则判断普通螺纹的合格条件是:实际螺纹的作用中径不超出最大实体牙型的中径,并且实际螺纹上任何部位的单一中径不超出最小实体牙型的中径。若本实验的内容为测量普通外螺纹,则可以按 $d_{2m} \leqslant d_{2max}$ 且 $d_{2s} \geqslant d_{2min}$ 判断合格性,式中 d_{2m} 和 d_{2s} 分别为实际螺纹的作用中径和单一中径;d_{2max} 和 d_{2min} 分别为被测螺纹中径的上、下极限尺寸。

对于特定的螺纹(如螺纹量规的螺纹),应按图样上给定的各项极限偏差或公差分别判断所测出的对应各项实际偏差或误差的合格性。

4. 数据处理和计算示例

在大型工具显微镜上测量普通外螺纹 M16×1.5-4h 的中径、螺距和牙侧角。其中径基本尺寸 $d_2 = 15.026$ mm,中径公差 $T_{d_2} = 90\ \mu m$,中径基本偏差(上偏差)es = 0,下偏差 ei $= es - T_{d_2} = -90\ \mu m$。因此,中径上极限尺寸 $d_{2max} = d_2 + es = 15.026$ mm,下极限尺寸 $d_{2min} = d_2 + ei = 14.936$ mm。

(1) 螺距测量数据及其处理。

依次在螺纹影像的 11 个牙廓中点上瞄准,并从纵向千分尺度数,测得这 11 个螺距的数据及相应的数据处理见表 11.7。

表 11.7 螺距测量数据处理

牙序 i	纵向读数值 r_i (mm)	实测螺距值 P_i (mm)	单个螺距偏差 $\Delta P_i (\mu m)$	螺距偏差逐牙累计值 $\sum_{i=1}^{j}(\Delta P_i), j=1,2,\cdots,10(\mu m)$
0	0.103			
1	1.608	1.505	+5	+5
2	3.106	1.498	-2	+3
3	4.608	1.502	+2	+5
4	6.113	1.505	+5	+10
5	7.609	1.496	-4	+6
6	9.106	1.497	-3	+3
7	10.601	1.495	-5	-2
8	12.099	1.498	-2	-4
9	13.595	1.496	-4	-8
10	15.089	1.494	-6	-14

根据数据处理结果,得到单个螺距的最大、最小实际偏差为

$$\Delta P_{max} = +5\ \mu m;\quad \Delta P_{min} = -6\ \mu m$$

螺距累积误差为

$$\Delta P_\Sigma = |+10\ \mu m - (-14\ \mu m)| = 24\ \mu m = 0.024\ mm$$

(2) 牙侧角测量数据及其处理。

在图 11.41 所示的四个牙侧角位置读得的角度示值 $\alpha'_1, \alpha'_2, \alpha''_1, \alpha'''_2$ 分别为 $29°51'$, $329°40', 330°15', 30°14'$。则

$$\alpha_1 = [20°51' + (360° - 330°15')]/2 = 29°48'$$
$$\alpha_2 = [(360° - 329°40') + 30°14']/2 = 30°17'$$
$$\Delta\alpha_1 = 29°48' - 30° = -12'$$
$$\Delta\alpha_2 = 30°17' - 30° = +17'$$

(3) 中径测量数据及其处理。

在图 11.39 所示位置测出的 $d_{2左}$ 和 $d_{2右}$ 分别为 14.948 mm 和 14.962 mm。因此有

$$d_{2实际} = (14.948 + 14.962)/2 = 14.955\ (mm)$$

(4) 判断被测螺纹的合格性。

根据泰勒原则,按 $d_{2m} \leq d_{2max}$ 且 $d_{2s} \geq d_{2min}$ 判断合格性。其中,单一中径 d_{2s} 用所测的实际中径 $d_{2实际}$ 代替,作用中径按下式计算:

$$d_{2m} = d_{2s} + f_P + f_\alpha \tag{11.19}$$

式中,f_P——螺距累积误差的中径当量(mm);

f_α——牙侧角偏差的中径当量(mm)。

螺距累积误差的中径当量按下式计算:

$$f_P = 1.732|\Delta P_\Sigma| = 1.732 \times 0.024 = 0.042\ mm$$

牙侧角偏差的中径当量按下式计算:

$$f_\alpha = 0.073P(K_1|\Delta\alpha_1| + K_2|\Delta\alpha_2|)$$
$$= 0.073 \times 1.5(3 \times |-12'| + 2 \times |+17'|) = 7.7\ (\mu m) \approx 0.008\ (mm)$$
$$d_{2m} = d_{2s} + f_p + f_\alpha = 14.955 + 0.042 + 0.008 = 15.005\ (mm)$$

由此可见,$d_{2m} = 15.005$ mm $< d_{2max} = 15.026$ mm,能够保证旋合性;且 $d_{2s} = 14.955$ mm $> d_{2min} = 14.936$ mm,能够保证连接强度。所以,该外螺纹合格。

思考题

(1) 影像法测量螺纹时,工具显微镜的立柱为什么要倾斜一个螺纹升角?

(2) 在工具显微镜上测量外螺纹的主要几何参数时,为什么要在牙廓影像左、右侧面分别测取数据,然后取它们的平均值作为测量结果?

11.5 圆柱齿轮测量

为了评定齿轮传递运动准确性、平稳性和载荷分布均匀性三项精度,GB/T 10095.1—2008 规定了齿距累积偏差(单个齿距偏差、齿距累积偏差、齿距累积总偏差)、齿廓总偏差和螺旋线总偏差。为了评定齿轮的齿厚减薄量,常用的指标是齿厚偏差和公法线长度偏差。

11.5.1 双测头式齿距比较仪测量单个齿距偏差和齿距累积总偏差

1. 实验目的

了解双测头式齿距比较仪的结构并熟悉使用方法；理解齿距的单个齿距偏差和齿距累积总偏差；掌握根据被测齿轮齿距偏差测量数据求解单个齿距偏差和齿距累积总偏差的方法。

2. 计量器具及其测量原理

单个齿距偏差 Δf_{pt} 是齿轮端平面上，接近齿高中部的一个与齿轮基准轴线同心的圆上，实际齿距与理论齿距的代数差。Δf_{pt} 是评定齿轮传递运动平稳性的应检精度指标，合格条件是被测齿轮所有的单个齿距偏差都在极限偏差 $\pm f_{pt}$ 的范围内，即 $-f_{pt} \leqslant f_{pt\,\max} \leqslant +f_{pt}$。

齿距累积总偏差 ΔF_p 是齿轮端平面上，接近齿高中部的一个与齿轮基准轴线同心的圆上，任意两个同侧齿面之间实际弧长与理论弧长的代数差。ΔF_p 是评定齿轮传递运动准确性的应检精度指标，合格条件是 ΔF_p 不大于齿距累积总公差 F_p，即 $\Delta F_p \leqslant F_p$。

双测头式齿距比较仪相对法测量齿距偏差（单个齿距偏差 Δf_{pt} 和齿距累积总偏差 ΔF_p）的原理如图 11.43 所示。被测齿轮 1 上任意一个实际齿距作为基准齿距，用它调整齿距比较仪指示表 2 的示值零位。量仪调整好后，依次逐齿测量其余齿距对基准齿距的偏差。按圆周封闭原理（同一齿轮所有齿距偏差的代数和为零）进行数据处理，指示表 2 依次逐齿测出各个示值的平均值作为理论齿距，求解 ΔF_p 和 Δf_{pt} 的数值。

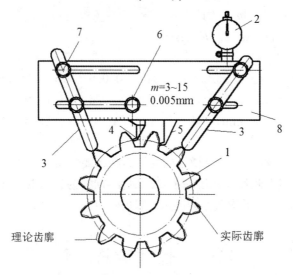

1—被测齿轮； 2—指示表； 3—定位支脚(两个)； 4—固定测头； 5—活动测头；
6—固定测头 4 的紧固螺钉； 7—支脚 3 的固定螺钉(四个)； 8—基体

图 11.43 双测头式齿距比较仪相对法测量齿距偏差的原理图

量仪以被测齿轮的齿顶圆定位，将两个定位支脚 3 分别与齿顶圆接触，并适当调整它们的位置，以使固定测头 4 和活动测头 5 能够在接近齿高中部的一个尽量与被测齿轮基准轴线同心的圆上，分别与任选的相邻两个轮齿的同侧齿面接触（以这两个相邻同侧齿面的齿距作为基准齿距），活动测头 5 的位移经量仪杠杆机构传递给指示表 2 的测杆。测量基准齿距，并将指示表对准零位，随后依次逐齿地测量其余的齿距，并记录每次测得的指示表示值。

3. 测量步骤

双测头式齿距比较仪相对法测量齿距偏差的测量方法和步骤如下：

(1) 将被测齿轮 1 和双测头式齿距比较仪安装在检验平台上。根据被测齿轮的模数调整固定测头 4 的位置。即松开固定测头的紧固螺钉 6，使固定测头上的刻线对准壳体上的刻度（即模数），再拧紧螺钉。

(2) 固定测头 4 和活动测头 5 在被测齿轮 1 的分度圆上与两相邻轮齿的同侧齿面接触，同时将两个定位支脚 3 都与齿顶圆接触，并且使指示表 2 有一定的压缩量（压缩两圈左右），再用四个螺钉 7 将定位支脚固定。

(3) 被测齿轮的两个定位支脚与齿顶圆紧密接触，并使固定测头 4 和活动测头 5 与被测齿面接触（用力均匀，力的方向一致），使指示表 2 的指针对准零位（旋转指示表 2 的盘壳，使表盘的零刻度对准指针），可以多次重复调整，直到示值稳定为止，以此实际齿距作为测量基准。

(4) 对被测齿轮 1 逐齿测量，测量出各实际齿距对测量基准的偏差（方法与上述（3）相同，但不可以转动指示表 2 的表壳，应该直接读出偏差值），将所测得的数据逐一记录。齿轮测量一周后，回到作为测量基准的齿距时，指示表的读数应该回"零"。最后对测量数据进行数据处理，判断精度指标是否合格。

4. 数据处理和计算示例

用相对法测量一个齿数为 12 的直齿圆柱齿轮右齿面的各个实际齿距。以齿距 p_1 作为基准齿距，指示表对它的测量示值为零。用调整好示值零位的量仪依次逐齿测量其余所有齿距，指示表测得示值（测量数据）列于表 11.8 第三行，数据处理结果如表 11.8 所示。

表 11.8 用相对法测量齿距偏差所得数据及处理结果

(单位：μm)

轮齿序号	1→2	2→3	3→4	4→5	5→6	6→7	7→8	8→9	9→10	10→11	11→12	12→1
齿距序号 p_i	p_1	p_2	p_3	p_4	p_5	p_6	p_7	p_8	p_9	p_{10}	p_{11}	p_{12}
指示表示值 Δp_i	0	+5	+7	+10	−22	−12	−20	−19	−9	−9	+15	+6
$\Delta p_m = \frac{1}{12}\sum_{i=1}^{12}\Delta p_i$	\multicolumn{12}{c}{−4}
$\Delta p_i - \Delta p_m = \Delta f_{pt_i}$	+4	+9	+11	+14	−18	−8	−16	−15	−5	−5	+19	+10
$\Delta p_{\Sigma j} = \sum_{i=1}^{j}(\Delta f_{pt_i})$	+4	+13	+24	+38	+20	+12	−4	−19	−24	−29	−10	0

每个齿距的单个齿距偏差 Δf_{pti} 为某齿距的指示表示值 Δp_i 与各示值的平均值 Δp_m 的代数差，轮齿序号为 11 和 12 的相邻两齿单个齿距偏差 Δf_{pt11} 为最大值，即

$$\Delta f_{pt11} = \Delta f_{pt\max} = (+15) - (-4) = +19 \, (\mu m)$$

齿距累积总偏差 ΔF_p 等于齿距偏差逐齿偏差累计值 $\Delta p_{\Sigma j}$ 中的正、负极值之差，即

$$\Delta F_p = (+38) - (-29) = 67 \, (\mu m)$$

3 个齿距累积偏差 ΔF_{p3} 等于连续 3 个齿距的单个齿距偏差的代数和。其中它的评定值为 p_5, p_6, p_7 的单个齿距偏差的代数和：

$$\Delta F_{p3\max} = (-18) + (-8) + (-16) = -42 \, (\mu m)$$

单个齿距偏差 Δf_{pt} 的评定值为 p_{11} 的齿距偏差：
$$\Delta f_{pt\,max} = +19\,(\mu m)$$

思考题

(1) 用相对法测量齿距时，指示表是否一定要调零？为什么？

(2) 试述双测头式齿距比较仪测量齿距偏差的原理。

(3) 单个齿距偏差和齿距累积总偏差对齿轮传动各有什么影响？

(4) 为什么相对齿距偏差减去修正值 p_m 就等于单个齿距偏差？

11.5.2　用齿轮跳动检查仪测量齿轮径向跳动

1．实验目的

了解卧式或立式齿轮径向跳动测量仪的结构并熟悉使用方法；理解齿轮径向跳动及其合格条件。

2．计量器具和测量原理

齿轮径向跳动 ΔF_r 是指量仪测头依次放入被测齿轮的每个齿槽内，在接近齿高中部位置与左、右齿面接触时，距离齿轮基准轴线最大距离与最小距离的代数差。齿轮径向跳动用来评定齿轮传递运动的准确性，合格条件是被测齿轮的齿轮径向跳动 ΔF_r 不大于齿轮的跳动公差 F_r，即 $\Delta F_r \leqslant F_r$。

齿轮的径向跳动可以用齿轮径向跳动测量仪、万能测齿仪或偏摆检查仪来测量。本实验采用齿轮径向跳动测量仪来测量齿轮径向跳动 ΔF_r，评定由齿轮几何偏心所引起的径向误差。测量时将测头依次插入齿槽中部，如图 9.13(a) 所示。从指示表上读数，其最大读数和最小读数之差为齿轮径向跳动 F_r。

齿轮径向跳动测量仪的结构组成如图 11.44 所示。测量时，把盘形齿轮 9 用心轴 5 安装在顶尖架 11 的两个顶尖 10 之间（该齿轮的基准孔与心轴 5 成无间隙配合，用心轴模拟体现该齿轮的基准轴线），或者盘形齿轮直接安装在两个顶尖 10 之间。指示表 6 的位置固定后，使安装在指示表的测杆上的球形测头或锥形测头在齿槽内与齿高中部的双面接触。测头的尺寸大小应该与被测齿轮的模数协调，以保证测头在接近齿高中部与齿槽双面接触。用测头依次插入齿槽，逐个测量相对于齿轮基准轴线的径向位移，该径向位移由指示表 6 的示值反映出来，最大读数和最小读数之差为齿轮径向跳动 F_r。

3．测量步骤

齿轮径向跳动检查仪用来测量齿轮径向跳动 ΔF_r 的测量方法和步骤如下：

(1) 根据被测齿轮的模数，选择尺寸合适的测头，把它安装在指示表 6 的测杆上，并调整测头与被测齿轮的相对位置。把被测齿轮 9 安装在心轴 5 上（该齿轮的基准孔与心轴成无间隙配合），然后把心轴 5 安装在两个顶尖 10 之间。松开滑台 3 的锁紧螺钉，转动手轮 2 使滑台移动，使测头大概位于齿宽中部，然后锁紧螺钉。

(2) 调整量仪指示表 6 示值零位。放下指示表测量扳手 7，松开指示表架锁紧螺钉 13，转动升降螺母 12，使测头随指示表表架下降到与某个齿槽双面接触，把指示表 6 的指针压缩 1～2 转，然后锁紧指示表架。转动指示表 6 的表盘，使表盘的零刻度对准指示表的指针，确定指示表的示值零位。

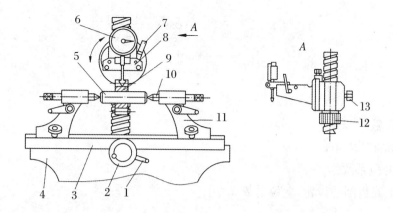

1—手柄；2—手轮顶尖架；3—滑台；4—底座；5—心轴；6—指示表；7—测量扳手；
8—测量支架；9—被测齿轮；10—顶尖；11—顶尖架；12—升降螺母；13—锁紧螺钉

图 11.44 齿轮径向跳动检查仪结构组成

(3) 抬起指示表测量扳手 7，被测齿轮 9 转过一个齿槽，再放下测量扳手 7，使测头进入齿槽内，与该齿槽双面接触，并记录指示表的示值。这样依次记录其余的齿槽。在回转一周后，指示表的"零位"应该不变。

(4) 以指示表读数为纵坐标，绘出一个封闭的误差曲线，如图 9.13(b)所示。曲线最高点与最低点沿纵坐标方向的距离即为齿轮径向跳动值 ΔF_r。最后将测得的误差值与给定的公差值相比较，判断精度指标是否合格。

思考题

(1) 齿轮径向跳动 ΔF_r 如何测量，合格条件是什么？
(2) 试述齿轮跳动检查仪测量齿轮径向跳动误差的原理。
(3) 试述怎样用卧式齿轮径向跳动测量仪测量径向圆跳动和端面(轴向)圆跳动？

11.5.3 用齿厚游标卡尺测量齿厚偏差

1. 实验目的

了解齿厚游标卡尺的结构并熟悉使用方法；掌握齿轮分度圆公称弦齿高和公称弦齿厚的计算公式；理解齿厚偏差并熟悉其测量方法。

2. 计量器具及其测量原理

齿轮齿厚偏差 ΔE_{sn} 是评定齿轮齿厚减薄量的指标，指齿轮分度圆柱面上，实际齿厚与公称齿厚的代数差。对于斜齿轮，齿轮齿厚偏差 ΔE_{sn} 是指法线方向实际齿厚与公称齿厚的代数差。合格条件是被测齿轮各齿的齿厚偏差 ΔE_{sn} 都在齿厚上偏差 E_{sns} 和齿厚下偏差 E_{sni} 范围内，即 $E_{sns} \geqslant \Delta E_{sn} \geqslant E_{sni}$。

齿厚游标卡尺测量齿轮齿厚偏差 ΔE_{sn}，齿厚卡尺由互相垂直的两个游标尺组成，测量时以齿顶圆作为测量基准。垂直游标尺用于按分度圆公称弦齿高 h_{nc} 确定被测部位，水平游标尺则用于测量分度圆弦齿厚实际值 $s_{nc实际}$。

如图 11.45 所示，直齿圆柱齿轮分度圆上的公称弦齿高 h_{nc} 与公称弦齿厚 s_{nc} 分别为

$$h_{nc} = m\left[1 + \frac{z}{2}(1 - \cos\frac{\pi + 4x\tan\alpha}{2z})\right] \tag{11.20}$$

$$s_{nc} = mz\sin(\frac{\pi + 4x\tan\alpha}{2z}) \tag{11.21}$$

式中，m——模数；

z——齿数；

α——标准压力角；

x——变位系数。

对于标准直齿圆柱齿轮，变位系数 $x = 0$。

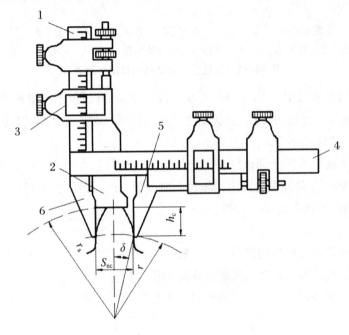

r—分度圆半径； r_a—齿顶圆半径

1—垂直游标尺； 2—高度板； 3—游标； 4—水平游标尺； 5—活动量爪； 6—固定量爪

图 11.45 分度圆弦齿厚的测量

3．测量步骤

齿厚游标卡尺测量齿轮齿厚偏差的测量步骤如下：

(1) 根据被测齿轮的模数 m、齿数 z 和标准压力角 α、变位系数 x 和对齿轮的精度要求，计算齿顶圆公称直径 d_a、分度圆公称弦齿高 h_{nc} 和公称弦齿厚 s_{nc}。

(2) 用外径千分尺测量被测齿轮的齿顶圆实际直径 $d_{a实际}$，按 $[h_{nc} + \frac{1}{2}(d_{a实际} - d_a)]$ 修正值调整齿厚游标卡尺的垂直游标尺 1 的高度板 2 的位置，然后将其游标 3 加以固定。

(3) 齿厚游标卡尺置于被测齿轮的轮齿上，使垂直游标尺 1 的高度板 2 与齿轮齿顶可靠接触。然后移动水平游标尺 4 的量爪 5，使它和另一量爪 6 分别与轮齿的左右齿面接触（齿轮齿顶与垂直游标尺 1 的高度板 2 之间不得出现空隙），从水平游标尺 4 上读出弦齿厚实际数值 $s_{nc实际}$。

(4) 对齿轮圆周上均匀分布的几个轮齿进行测量。测得的实际弦齿厚与公称弦齿厚之差即为齿厚偏差 ΔE_{sn}。取这些齿厚偏差中的最大值和最小值作为评定值,评定值均在齿厚偏极限差范围内,才认定合格。

思考题

(1) 测量齿轮齿厚是为了保证齿轮传动的哪项使用要求?

(2) 齿轮齿厚偏差 ΔE_{sn} 可以用什么评定指标代替?

11.5.4 用齿轮公法线千分尺测量公法线长度偏差

1. 实验目的

了解齿轮公法线千分尺的结构并熟悉使用方法;掌握齿轮公法线长度的计算公式;熟悉公法线长度的测量方法。

2. 计量器具及其测量原理

公法线长度 W 是指齿轮上几个轮齿的两端异向齿廓间所包含的一段基圆圆弧,即该两端异向齿廓间基圆切线段的长度。公法线长度偏差 ΔE_W 是评定齿轮齿厚减薄量的指标,指实际公法线长度 W_k 与公称公法线长度 W 之差。合格条件是被测各条公法线长度的偏差都在公法线长度上偏差 E_{ws} 和下偏差 E_{wi} 范围内,即 $E_{ws} \geqslant \Delta E_W \geqslant E_{wi}$。

公法线千分尺测量被测齿轮的公法线长度 W(见公式(9.3)),测量原理如图 9.19 所示。公法线千分尺的结构、使用和读数方法和外径千分尺相同,不同之处是公法线千分尺的量砧为碟形,能够进入被测齿轮齿槽内测量。被测齿轮的轮齿与量砧接触的两切点的连线相切于基圆,因此如果选择适当的跨齿数,则可以使公法线长度在齿高中部测量得到。因此与测量齿轮齿厚相比较,测量公法线长度时精度不受齿顶圆直径偏差和齿顶圆柱面对齿轮基准轴线的径向圆跳动误差的影响。

3. 测量步骤

公法线千分尺测量公法线长度 W 的测量步骤如下:

(1) 根据被测齿轮的参数和精度要求计算公称公法线长度 W、跨齿数 k、公法线长度上偏差 E_{ws}、下偏差 E_{wi} 的值。

(2) 按公法线长度 W 选择测量范围合适的公法线千分尺,并应注意校准其示值零位。

(3) 测量时注意公法线千分尺的两个碟形量砧的位置,在分度圆附近与齿面相切。

(4) 在被测齿轮圆周上测量均布的 8 条或更多条公法线长度,所测得各个公法线长度偏差均在其上下偏差范围内,才判定为合格。

思考题

(1) 测量公法线长度偏差 ΔE_W 的目的是什么?

(2) 试述公法线千分尺测量公法线长度偏差 ΔE_W 的原理。

参 考 文 献

[1] 中华人民共和国国家质量监督检验检疫总局.GB/T 20000.1—2002 标准化工作指南 第1部分:标准化和相关活动的通用词汇[S].北京:中国标准出版社,2003.

[2] 中华人民共和国国家质量监督检验检疫总局,中国国家标准化管理委员会.GB/T 321—2005 优先数和优先数系[S].北京:中国标准出版社,2005.

[3] 中华人民共和国国家质量监督检验检疫总局.GB/T 6093—2001 几何技术规范(GPS) 长度标准 量块[S].北京:中国标准出版社,2001.

[4] 中华人民共和国国家质量监督检验检疫总局.JJG 146—2011 量块检定规程[S].北京:中国计量出版社,2012.

[5] 国家质量监督检验检疫总局计量司.JJF 1001—2011 通用计量名词及定义[S].北京:中国计量出版社,2012.

[6] 中华人民共和国国家质量监督检验检疫总局,中国国家标准化管理委员会.GB/T 1800.1—2009 产品几何技术规范(GPS) 极限与配合 第1部分:公差、偏差和配合的基础[S].北京:中国标准出版社,2009.

[7] 中华人民共和国国家质量监督检验检疫总局,中国国家标准化管理委员会.GB/T 1800.2—2009 产品几何技术规范(GPS) 极限与配合 第2部分:标准公差等级和孔、轴极限偏差表[S].北京:中国标准出版社,2009.

[8] 中华人民共和国国家质量监督检验检疫总局,中国国家标准化管理委员会.GB/T 1801—2009 产品几何技术规范(GPS) 极限与配合 公差带与配合的选择[S].北京:中国标准出版社,2009.

[9] 国家质量技术监督局.GB/T 1804—2000 一般公差 未注公差的线性和角度尺寸的公差[S].北京:中国标准出版社,2000.

[10] 中华人民共和国国家质量监督检验检疫总局.GB/T 18780.1—2002 产品几何技术规范(GPS)几何要素 第1部分:基本术语和定义[S].北京:中国标准出版社,2003.

[11] 中国国家标准化管理委员会.GB/T 18780.2—2003 产品几何量技术规范(GPS) 几何要素 第2部分:圆柱面和圆锥面的提取中心线、平行平面的提取中心面、提取要素的局部尺寸[S].北京:中国标准出版社,2003.

[12] 中华人民共和国国家质量监督检验检疫总局,中国国家标准化管理委员会.GB/T 1182—2008 产品几何技术规范(GPS) 几何公差形状、方向、位置和跳动公差标注[S].北京:中国标准出版社,2008.

[13] 国家技术监督局.GB/T 1184—1996 形状和位置公差 未注公差值[S].北京:中国标准出版社,1997.

[14] 中华人民共和国国家质量监督检验检疫总局,中国国家标准化管理委员会.GB/T 4249—2009 产品几何技术规范(GPS) 公差原则[S].北京:中国标准出版社,2009.

[15] 中华人民共和国国家质量监督检验检疫总局,中国国家标准化管理委员会.GB/T 16671—2009 产品几何技术规范(GPS) 几何公差 最大实体要求、最小实体要求和可逆要求[S].北京:中国标准出版社,2009.

[16] 中华人民共和国国家质量监督检验检疫总局,中国国家标准化管理委员会.GB/T 1958—2004 产品几何量技术规范(GPS) 形状和位置公差 检测规定[S].北京:中国标准出版社,2005.

[17] 中华人民共和国国家质量监督检验检疫总局,中国国家标准化管理委员会.GB/T 3505—2009 产品

几何技术规范(GPS) 表面结构 轮廓法 术语、定义及表面结构参数[S].北京:中国标准出版社,2009.

[18] 中华人民共和国国家质量监督检验检疫总局,中国国家标准化管理委员会.GB/T 10610—2009 产品几何技术规范(GPS) 表面结构 轮廓法 评定表面结构的规则和方法[S].北京:中国标准出版社,2009.

[19] 中华人民共和国国家质量监督检验检疫总局,中国国家标准化管理委员会.GB/T 131—2006 产品几何技术规范(GPS) 技术产品文件中表面结构的表示法[S].北京:中国标准出版社,2007.

[20] 中华人民共和国国家质量监督检验检疫总局,中国国家标准化管理委员会.GB/T 1031—2009 产品几何技术规范(GPS) 表面结构 轮廓法 表面粗糙度参数及其数值[S].北京:中国标准出版社,2009.

[21] 国家技术监督局.GB/T 275—1993 滚动轴承与轴和外壳孔的配合[S].北京:中国标准出版社,1993.

[22] 中华人民共和国国家质量监督检验检疫总局,中国国家标准化管理委员会.GB/T 307.1—2005 滚动轴承 向心轴承 公差[S].北京:中国标准出版社,2005.

[23] 中华人民共和国国家质量监督检验检疫总局,中国国家标准化管理委员会.GB/T 307.3—2005 滚动轴承 通用技术规则[S].北京:中国标准出版社,2005.

[24] 中国国家标准化管理委员会.GB/T 4604—2006 滚动轴承 径向游隙[S].北京:中国标准出版社,2006.

[25] 中华人民共和国国家质量监督检验检疫总局,中国国家标准化管理委员会.GB/T 3177—2009 产品几何技术规范(GPS) 光滑工件尺寸的检验[S].北京:中国标准出版社,2009.

[26] 中华人民共和国国家质量监督检验检疫总局,中国国家标准化管理委员会.GB/T 1957—2006 光滑极限量规 技术要求[S].北京:中国标准出版社,2006.

[27] 中华人民共和国国家质量监督检验检疫总局,中国国家标准化管理委员会.GB/T 11334—2005 产品几何量技术规格(GPS) 圆锥公差[S].北京:中国标准出版社,2005.

[28] 中华人民共和国国家质量监督检验检疫总局,中国国家标准化管理委员会.GB/T 12360—2005 产品几何量技术规范(GPS) 圆锥配合[S].北京:中国标准出版社,2005.

[29] 国家技术监督局.GB/T 15754—1995 技术制图 圆锥的尺寸和公差标注法[S].北京:中国标准出版社,1996.

[30] 国家技术监督局.GB/T 14791—1993 螺纹术语[S].北京:中国标准出版社,1993.

[31] 中华人民共和国国家质量监督检验检疫总局.GB/T 192—2003 普通螺纹 基本牙型[S].北京:中国标准出版社,2004.

[32] 中华人民共和国国家质量监督检验检疫总局.GB/T 197—2003 普通螺纹 公差[S].北京:中国标准出版社,2004.

[33] 中华人民共和国国家质量监督检验检疫总局,中国国家标准化管理委员会.GB/T 10095.1—2008 圆柱齿轮 精度制 第1部分:轮齿同侧齿面偏差的定义和允许值[S].北京:中国标准出版社,2008.

[34] 中华人民共和国国家质量监督检验检疫总局,中国国家标准化管理委员会.GB/T 10095.2—2008 圆柱齿轮 精度制 第2部分:径向综合偏差与径向跳动的定义和允许值[S].北京:中国标准出版社,2008.

[35] 中华人民共和国国家质量监督检验检疫总局,中国国家标准化管理委员会.GB/Z 18620.1—2008 圆柱齿轮 检验实施规范 第1部分:轮齿同侧齿面的检验[S].北京:中国标准出版社,2008.

[36] 中华人民共和国国家质量监督检验检疫总局,中国国家标准化管理委员会.GB/Z 18620.2—2008 圆柱齿轮 检验实施规范 第2部分:径向综合偏差、径向跳动、齿厚和侧隙的检验[S].北京:中国标准出版社,2008.

[37] 中华人民共和国国家质量监督检验检疫总局,中国国家标准化管理委员会.GB/Z 18620.3—2008 圆柱齿轮 检验实施规范 第3部分:齿轮坯、轴中心距和轴线平行度的检验[S].北京:中国标准出版社,2008.

[38] 中华人民共和国国家质量监督检验检疫总局,中国国家标准化管理委员会.GB/Z 18620.4—2008 圆柱齿轮检验实施规范 第4部分:表面结构和轮齿接触斑点的检验[S].北京:中国标准出版社,2008.

[39] 中华人民共和国国家质量监督检验检疫总局.GB/T 1095—2003 平键 键槽的剖面尺寸[S].北京:中国标准出版社,2004.

[40] 中华人民共和国国家质量监督检验检疫总局,中国国家标准化管理委员会.GB/T 1144—2001 矩形花键 尺寸、公差和检验[S].北京:中国标准出版社,2002.

[41] 甘永立.几何量公差与检测[M].10版.上海:上海科学技术出版社,2013.

[42] 甘永立.几何量公差与检测实验指导书[M].6版.上海:上海科学技术出版社,2010.

[43] 王静.机械制图与公差测量实用手册[M].北京:机械工业出版社,2011.

[44] 王伯平.互换性与测量技术基础[M].4版.北京:机械工业出版社,2013.

[45] 李柱,徐振高,蒋向前.互换性与测量技术:几何产品技术规范与认证 GPS[M].北京:高等教育出版社,2004.

[46] 王长春,孙步功.互换性与测量技术基础[M].2版.北京:北京大学出版社,2010.

[47] 张铁.互换性与测量技术[M].北京:清华大学出版社,2012.

[48] 王国顺.互换性与测量技术基础[M].武汉:武汉大学出版社,2011.

[49] 梁国明.新旧六项基础互换性标准问答[M].北京:中国标准出版社,2007.

[50] 薛岩,刘永田.互换性与测量技术知识问答[M].北京:化学工业出版社,2012.